工学结合·基于工作过程导向的项目化创新系列教材
国家示范性高等职业教育机电类“十三五”规划教材

# 数控加工与编程

# Shukong Jiagong yu Biancheng

▲主　编　王　兵　张大林　彭　霞
▲副主编　夏　坤　毛江华　何正文
▲参　编　贺海廷　王华丽　靳　力　蔡伍军

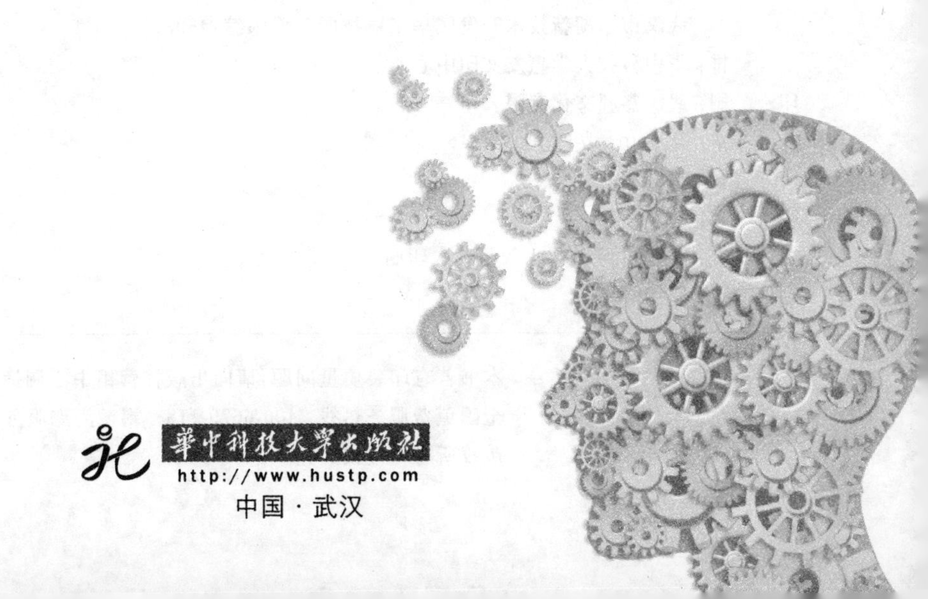

華中科技大學出版社
http://www.hustp.com
中国·武汉

## 内 容 提 要

本书内容包括五个方面：数控机床概述、数控编程基础、数控车加工与编程、数控铣加工与编程和数控线切割加工与编程。本书可作为各类职业院校数控、模具以及机电一体化等专业的教材，又适合作为数控类岗位准入的培训用书，还可作为相关专业技术工人的自学教材。

**图书在版编目(CIP)数据**

数控加工与编程/王兵，张大林，彭霞主编.—武汉：华中科技大学出版社，2017.6
ISBN 978-7-5680-2862-2

Ⅰ.①数… Ⅱ.①王… ②张… ③彭… Ⅲ.①数控机床-程序设计 Ⅳ.①TG659

中国版本图书馆 CIP 数据核字(2017)第 108400 号

**数控加工与编程**
Shukong Jiagong yu Biancheng

王 兵 张大林 彭 霞 主编

策划编辑：倪 非
责任编辑：史永霞
责任监印：朱 玢
出版发行：华中科技大学出版社(中国·武汉) 电话：(027)81321913
武汉市东湖新技术开发区华工科技园 邮编：430223
录 排：华中科技大学惠友文印中心
印 刷：武汉鑫昶文化有限公司
开 本：787mm×1092mm 1/16
印 张：11.5
字 数：305 千字
版 次：2017 年 6 月第 1 版第 1 次印刷
定 价：30.00 元

# 前言 QIANYAN

数控机床是现代工业的重要技术设备，也是先进制造技术的基础设备，其应用水平已成为衡量一个国家制造业综合实力的重要标志。为此，数控技术专业的教学与人才培养更应强调其实用性、先进性和可操作性。

本书的编写有以下三个特点：

(1) 从职业活动的实际需要出发来组织教学，运用简洁的语言，让学生看得明白，学得轻松，用得容易。

(2) 不刻意向其他学科扩展，实现专业教材与工作岗位的有机对接，增强了教材的适用性，使教材的使用更加方便、灵活。

(3) 以一个个典型工件的加工编程整合相应的知识、技能，实现理论与实践的结合，进一步加强了技能方面的训练。

本书由王兵、张大林、彭霞任主编，夏坤、毛江华、何正文任副主编，参加编写的还有贺海廷、王华丽、靳力、蔡伍军。

由于编者水平有限，书中不妥之处在所难免，敬请广大读者批评指正。

**编　者**

**2017 年 5 月**

# 目录 MULU


第1章　数控机床概述 …… (1)
1.1　数控机床的应用与发展 …… (2)
1.1.1　数控机床的产生 …… (2)
1.1.2　数控机床的特点 …… (2)
1.1.3　数控机床的发展 …… (3)
1.1.4　数控机床的适用范围 …… (4)
1.2　数控机床的工作过程 …… (4)
1.2.1　数控机床的组成 …… (4)
1.2.2　数控机床的工作过程 …… (6)
1.3　数控机床的种类 …… (9)
1.3.1　数控机床的分类 …… (9)
1.3.2　常用数控机床的种类 …… (12)
第2章　数控编程基础 …… (19)
2.1　坐标系与原点 …… (20)
2.1.1　认识数控加工中的坐标系 …… (20)
2.1.2　刀具与工件相对位置的确定 …… (24)
2.2　数控程序结构 …… (26)
2.2.1　数控编程的概念 …… (26)
2.2.2　程序结构与程序段格式 …… (29)
2.2.3　功能字 …… (30)
2.3　数控加工用刀具 …… (33)
2.3.1　数控车削用刀具 …… (33)
2.3.2　数控铣削用刀具 …… (40)
2.4　数控加工工艺 …… (44)
2.4.1　数控加工工艺系统概述 …… (44)
2.4.2　数控加工工艺文件 …… (46)
第3章　数控车加工与编程 …… (51)
3.1　数控车床的基本操作 …… (52)
3.1.1　文明生产和安全操作注意事项 …… (52)
3.1.2　数控车床控制系统面板按钮与功能 …… (52)

3.1.3 数控车床的手动操作 …… (57)
3.1.4 数控车床的对刀与换刀 …… (58)
3.1.5 数控程序的编辑 …… (60)
3.1.6 自动加工 …… (62)
3.2 数控车床编程 …… (63)
3.2.1 一般编程指令 …… (63)
3.2.2 单一固定循环指令 …… (65)
3.2.3 复合循环指令 …… (67)
3.2.4 刀尖圆弧半径补偿指令 …… (71)
3.2.5 螺纹编程指令 …… (72)
3.2.6 子程序与宏程序 …… (75)
3.3 数控车加工与编程实例 …… (80)
3.3.1 轴类工件的加工与编程 …… (80)
3.3.2 套类工件的加工与编程 …… (84)
3.3.3 螺纹工件的加工与编程 …… (87)
3.3.4 复杂工件的加工与编程 …… (91)
**第4章 数控铣加工与编程** …… (95)
4.1 数控铣床的基本操作 …… (96)
4.1.1 文明生产和安全操作注意事项 …… (96)
4.1.2 数控铣操作面板和控制面板与功能 …… (96)
4.1.3 数控铣床的手动操作 …… (99)
4.1.4 数控铣床 MDI 操作及对刀 …… (100)
4.1.5 数控程序的编辑与输入 …… (104)
4.1.6 自动加工 …… (106)
4.2 数控铣床编程 …… (106)
4.2.1 圆弧进给 G02/G03 …… (106)
4.2.2 刀具补偿功能 …… (108)
4.2.3 孔加工编程指令 …… (111)
4.2.4 坐标轴旋转 …… (117)
4.2.5 比例缩放指令 G51 和 G50 …… (118)
4.2.6 可编程镜像指令 G51.1 和 G50.1 …… (119)
4.2.7 局部坐标系指令 G52 …… (120)
4.2.8 宏程序 …… (121)
4.3 数控铣加工与编程实例 …… (122)
4.3.1 一般平面工件的加工与编程 …… (122)
4.3.2 直线图形的加工与编程 …… (124)

4.3.3 圆弧图形的加工与编程…………………………………………………………………………（125）
4.3.4 孔工件的加工与编程……………………………………………………………………………（127）
4.3.5 复杂轮廓的加工与编程…………………………………………………………………………（128）
4.3.6 圆柱面的加工与编程……………………………………………………………………………（132）
4.3.7 综合工件的加工与编程…………………………………………………………………………（136）
**第5章 数控线切割加工与编程** ……………………………………………………………………（143）
5.1 线切割机床概述……………………………………………………………………………………（144）
5.1.1 文明生产和安全操作注意事项………………………………………………………………（144）
5.1.2 线切割机床的结构………………………………………………………………………………（144）
5.1.3 线切割机床的型号与主要技术…………………………………………………………………（147）
5.1.4 线切割加工的应用………………………………………………………………………………（148）
5.1.5 线切割机床的操作………………………………………………………………………………（148）
5.2 数控线切割编程……………………………………………………………………………………（161）
5.2.1 3B格式程序编制 ………………………………………………………………………………（161）
5.2.2 4B格式程序编制 ………………………………………………………………………………（164）
5.2.3 ISO指令程序编制………………………………………………………………………………（165）
5.3 数控线切割加工与编程实例………………………………………………………………………（168）
5.3.1 “8”字形凸、凹模零件加工与编程………………………………………………………………（168）
5.3.2 型孔工件加工与编程……………………………………………………………………………（170）
5.3.3 多型孔工件的加工与编程………………………………………………………………………（171）
**参考文献** ……………………………………………………………………………………………（175）

# 第 1 章
# 数控机床概述

数控机床是以数字量作为指令信息形式，通过数控逻辑电路或计算机控制的机床。它综合运用了机械、微电子、自动控制、信息、传感测试、电力电子、计算机、接口和软件编程等多种现代化技术，是典型的机电一体化产品。

## 1.1 数控机床的应用与发展

### 1.1.1 数控机床的产生

数控机床的设想最初是由美国的 T. Parsons 提出来的。1947 年，美国的 Parson 公司在生产直升机机翼检查样板时，为了提高精度和效率，提出了用穿孔卡片来控制机床的方案，这一方案迎合了美国空军为开发航天及导弹产品需要加工复杂零部件的需求，于是得到了空军的经费支持，开始研究以脉冲方式控制机床各轴的运动，进行复杂轮廓加工的装置。

1949 年，在麻省理工学院伺服机构研究所的协助下，T. Parsons 与 MIT(麻省理工学院)的伺服机构研究所一起，历时三年，终于完成了能进行三轴控制的铣床样机，取名为“Numerical Control”，这就是数控机床的第一号机。以后，很多厂家都开展了数控机床的研制开发和生产。1959 年，美国 Keaney & Treckre 公司开发成功了具有刀库、刀具交换装置，回转工作台，可以在一次装夹中对工件的多个面进行钻孔、锪孔、攻螺纹、镗削、平面铣削、轮廓铣削等多种加工的数控机床。它将钻、铣等多种机床的功能集于一身，不但省却了工件的反复搬动、安装、换刀等手续，而且使加工精度大为提高。从此，数控机床的一个新的种类——加工中心(machining center)诞生了，并逐步成为数控机床中的主力。

### 1.1.2 数控机床的特点

**1. 数控机床的优点**

数控机床是一种高效能的自动加工机床，是一种典型的机电一体化产品。采用数控技术的金属切削机床与普通机床相比具有以下一些优点。

(1) 高柔性。用数控机床加工形状复杂的零件或新产品时，不必像普通机床那样需要很多装夹工具，而仅需要少量工夹具和重新编制加工程序，这为单件、小批量零件加工及试制新产品提供了极大的便利。

(2) 高精度。目前数控机床的脉冲当量普遍达到了 0.001 mm，而且进给传动链的反向间隙与丝杠螺距误差等均可由数控装置进行补偿，因此，数控机床能达到很高的加工精度。对于中、小型数控机床，定位精度可达 0.025 mm，重复定位精度可达 0.01 mm。此外，数控机床的自动加工方式避免了生产者的人为操作误差，同一批加工零件的尺寸一致性好，产品合格率高，加工质量稳定。

(3) 高效率。零件加工所需的时间主要包括机动时间和辅助时间两部分。数控机床主轴的转速和进给速度的变化范围比普通机床大，因此，数控机床每一道工序都可选用最有利的切削用量。数控机床的结构刚性好，因此允许进行大切削用量的强力切削，这样提高了数控机床的切削效率，节省了机动时间。数控机床的移动部件空行程运动速度快，工件装夹时间短，辅助时间比普通机床少。数控机床通常不需要专用的工夹具，因而可省去工夹具的设计和制造时间。在加工中心上加工零件时，可实现多道工序的连续加工，生产效率的提高更为明显。

(4) 自动化程度高。数控机床对零件的加工是按事先编好的程序自动完成的，操作者除了操作键盘、装卸工件、关键工序尺寸中间检测以及观察机床运行之外，不需要进行繁重的重复性手工操作，劳动强度大大减轻。

(5) 能加工复杂型面。数控机床可以加工普通机床难以加工的复杂型面零件。

(6) 便于现代化管理。用数控机床加工零件，能精确地估算零件的加工工时，有助于精确编制生产进度表，有利于生产管理的现代化。数控机床使用数字信息与标准代码输入，最适宜于数字计算机联网，便于实现计算机辅助制造(CAM)和发展柔性生产。

**2. 数控机床的不足之处**

(1) 数控机床的价格较贵。

(2) 调试和维修比较复杂，需要专门的技术人员。

(3) 对编程人员和操作人员的技术水平要求较高。

### 1.1.3 数控机床的发展

数控机床是以微电子技术发展为推动力的，其开发历程见表1-1。

**表1-1 数控系统的开发历程**

| 发展阶段与时间 | | 发展历史 | 发展阶段与时间 | | 发展历史 |
|---|---|---|---|---|---|
| 第一阶段 | 1952年 | 第一代电子管数控系统 | 第四阶段 | 1970年 | 第四代小型计算机数控系统 |
| 第二阶段 | 1959年 | 第二代晶体管数控系统 | 第五阶段 | 1974年 | 第五代微处理器数控系统 |
| 第三阶段 | 1965年 | 第三代集成电路数控系统 | 第六阶段 | 1990年 | 第六代基于工业PC的通用CNC系统 |

目前数控技术已经应用在各种加工机床上，例如数控车床、数控铣床、数控冲床、数控齿轮加工机床、数控电火花、线切割、激光加工机床等。

数控机床已发展到不但具有刀具自动交换装置，而且具有工件自动供给、装卸寿命检测、排屑等各种附加装置，可以进行长时间的无人运转加工。其可靠性和功能逐步得到很大的提高，而其价格、体积和能耗却大为下降。

当今的数控机床已经在机械加工部门占有非常重要的地位，是FMS(flexible manufacturing system)即柔性制造系统、CIMS(computer integrated manufacturing system)即计算机集成制造系统的基本构成单位。

近年来，为充分利用通用计算机技术的丰富资源和利于发展延续，基于PC的CNC技术已经成为发展方向。同时，CNC技术除进一步向高速度、高精度控制能力发展外，还正向着开放式体系结构发展，以适应下一代的集成化、网络化的先进制造模式的需要，并能及时方便地纳入新技术、新方法。开放式数控技术具有如下几个重要技术特征：

(1) 迅速运用高速发展的计算机技术、信息技术、网络技术。

(2) 用户可以在较大范围内根据需要选择和配置硬件，如主轴轴数、伺服轴数和PLC-I/O点数等。

(3) 用户可以在开放式环境下扩充系统的功能，例如，开发最适合自己用途的人机界面，或者利用标准NC控制功能开发自己的专有控制功能。

(4) 系统能够直接运行其他标准应用软件，如CAD、数据库等，利用现有软件开发出能满足自己产品要求的最佳控制系统。

### 1.1.4 数控机床的适用范围

数控机床具有普通机床所不具备的许多优点，数控机床的应用范围正在不断扩大，但它并不能完全代替普通机床，也还不能以最经济的方式解决机械加工中的所有问题。

数控机床最适合加工以下零件。

(1) 多品种小批量零件。图 1-1 表示了通用机床、专用机床和数控机床加工批量(产品件数)与生产成本的关系，从图中可以看出零件加工批量增大对于选用数控机床是不利的。

(2) 形状结构比较复杂的零件。从图 1-2 中可以看出，数控机床非常适合加工形状复杂的零件。

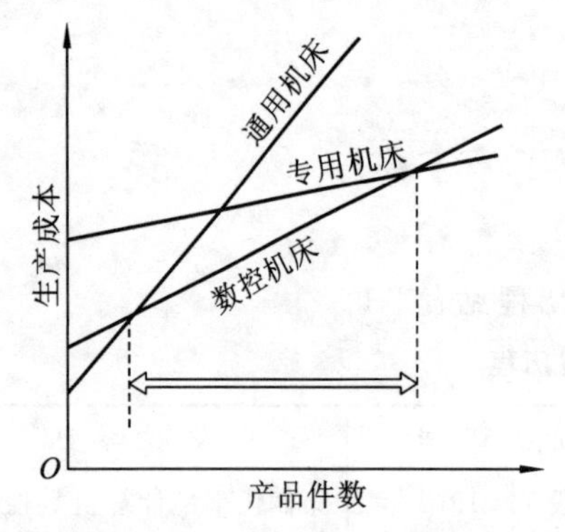

图 1-1 各种机床的加工批量与生产成本的关系

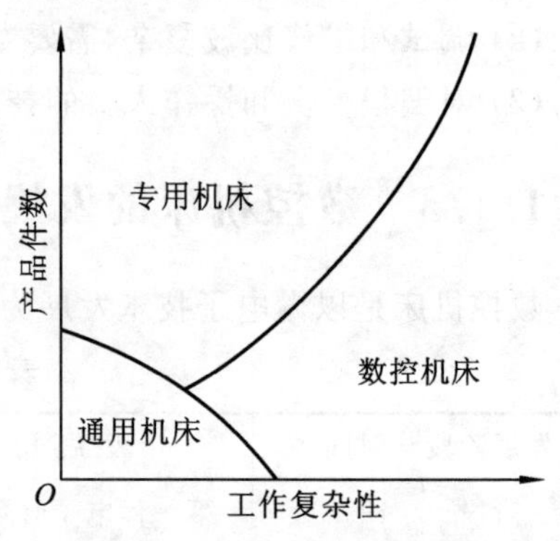

图 1-2 各种机床的使用范围

(3) 需要频繁改型设计的零件。

(4) 价格昂贵、不允许报废的关键零件，如飞机大梁零件。此类零件加工数量虽不多，但若加工中出现差错而报废，将造成巨大的经济损失。

(5) 必须严格控制位置要求的零件，如箱体类零件、航空附件壳体等。

## 1.2 数控机床的工作过程

### 1.2.1 数控机床的组成

数控机床由数控系统、伺服系统和机床本体三个基本部分组成，如图 1-3 所示。

**1. 数控系统**

数控系统是数控机床的核心，它是一个专用的计算机系统，由硬件和软件两个部分组成。数控系统的硬件包括总线、CPU、电源、存储器、操作面板和显示器、位控元件、可编程序控制器逻辑控制单元与数据输入/输出接口等。

数控系统接受从机床输入装置输入的控制信号代码，经过输入、缓存、译码、寄存、运算、存储等步骤转变成控制指令，实现直接或通过可编程序控制器(PLC)对伺服系统的控制。输入/输出装置是机床数控系统和操作人员进行信息交流、实现人机对话的交互设备，包括键盘、磁盘驱动器、RS232 口或网口、控制面板、LCD 显示器等，如图 1-4 所示。

**2. 伺服系统**

伺服系统是机床工作的动力装置，它接受数控系统发出的进给脉冲信号，经过放大后，驱动

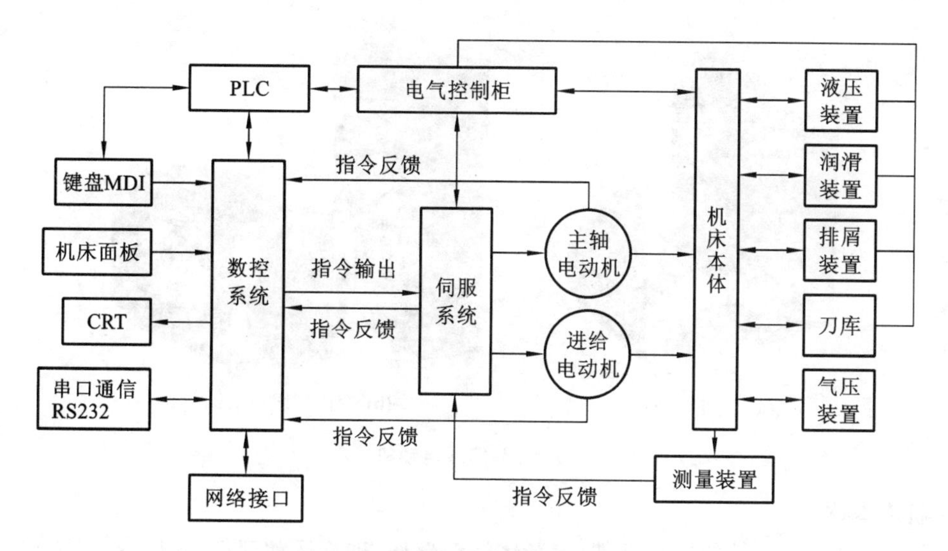


图 1-3 数控机床的组成

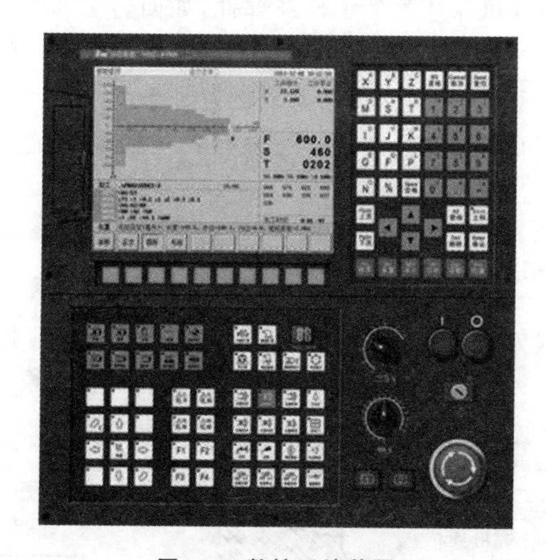

图 1-4 数控系统装置

机床主机实现机床的进给运动。伺服系统由伺服单元、执行元件以及位置检测装置组成。伺服驱动系统主要包括伺服驱动装置和电动机。

伺服单元是数控系统与机床本体的联系环节，它把来自数控系统的微弱指令信号放大成控制驱动装置的大功率信号。伺服单元分为主轴驱动单元和进给驱动单元等。

执行元件的作用是把经过伺服单元放大的指令信号变为机械运动。常用的执行元件有步进电动机、直流伺服电动机和交流伺服电动机。常用的伺服电动机有步进电动机、直流伺服电动机和交流伺服电动机，如图 1-5 所示。根据接收指令的不同，伺服驱动有脉冲式和模拟式两种。模拟式伺服驱动方式按驱动电动机的种类，可分为直流伺服驱动和交流伺服驱动。步进电动机采用脉冲式驱动方式，交流、直流伺服电动机采用模拟式驱动方式。

多数数控机床还具有位置检测装置。位置检测元件包括脉冲编码器、旋转变压器、感应同步器、光栅、磁尺和激光等，常用的是长光栅或圆光栅的增量式位移编码器。检测元件将执行元件（如电动机、刀架或工作台等）的速度和位移量检测出来，经过相应的电路将所测得信号反馈给伺服驱动装置或数控系统，构成半闭环或全闭环系统，补偿进给电动机的速度或执行机构的运动误差，以达到提高运动机构精度的目的。

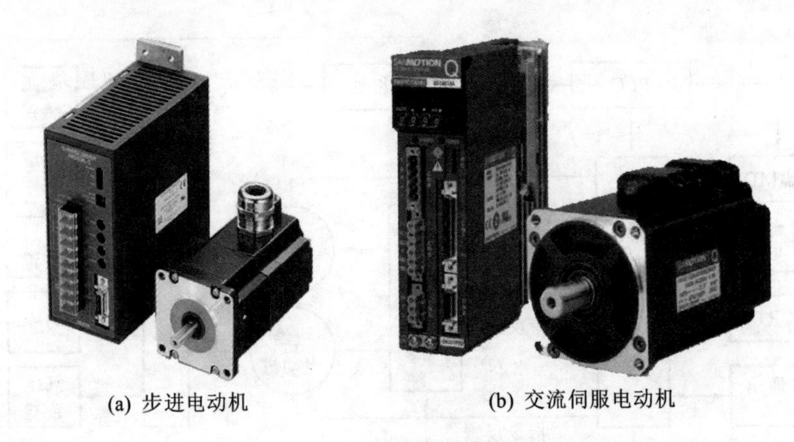

(a) 步进电动机　　(b) 交流伺服电动机

图 1-5　伺服电动机

**3. 机床本体**

机床本体是加工运动的机械部件，包括主运动部件、进给运动部件（工作台、刀架）和支承部件（床身、立柱）等。有些数控机床还配备了特殊部件，如回转工作台、刀库、自动换刀装置和托盘自动交换装置等。数控机床的本体结构与传统机床的相比，发生了很大变化，由于普遍采用滚珠丝杠和滚动导轨，其传动效率更高，传动系统更为简单。

此外，为保证数控机床功能的充分发挥，还设有一些辅助系统，如冷却、润滑、液压（或气动）、排屑、防护系统等。

## 1.2.2　数控机床的工作过程

数控机床的工作过程如图 1-6 所示，其主要任务是进行刀具和工件之间的相对运动的控制。

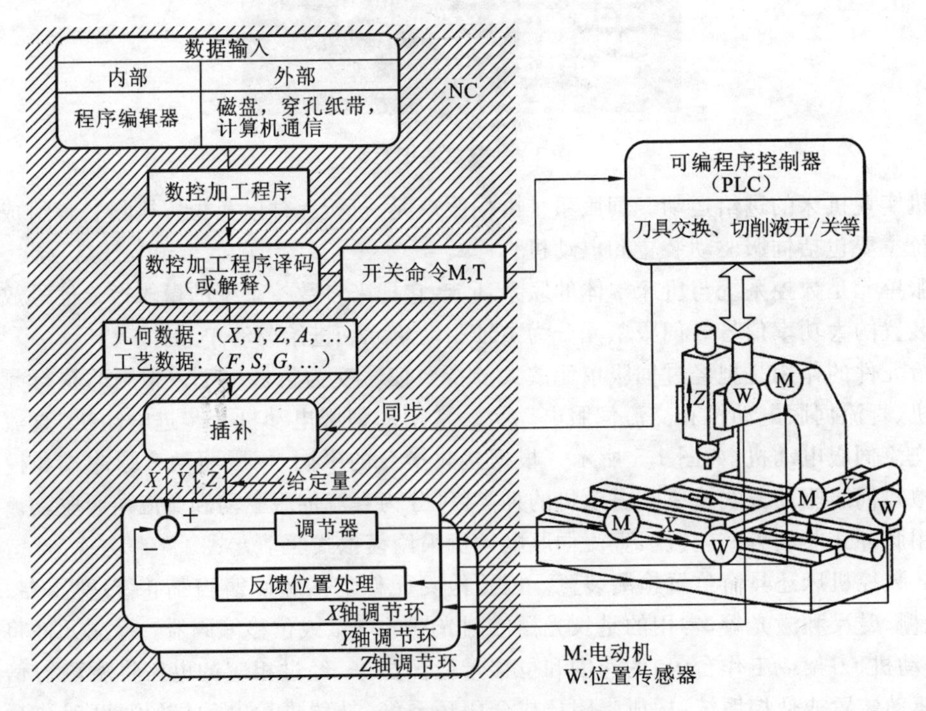


图 1-6　数控机床的工作过程

首先，根据零件加工图样的要求确定零件加工的工艺过程、工艺参数和刀具位移数据，且按编程手册的有关规定编写零件加工程序。其次，把零件加工程序输入到数控系统。数控装置的系统程序将对加工程序进行译码与运算，发出相应的命令，通过伺服系统驱动机床的各运动部件，并控制所需要的辅助动作，最后加工出合格的零件。系统程序存于计算机内存中。所有的数控功能基本上都依靠该程序完成，例如输入、译码、数据处理、插补、伺服控制等。

**1. 输入**

现代数控装置都使用标准串行通信接口与微型计算机相连接，实现零件加工程序和参数的传送，改变了以前零件加工程序通常由光电阅读机读入数控装置的方式。零件加工程序较短时，也可直接用系统操作面板的键盘将程序输入到数控装置。

零件加工程序较长时，目前大都通过系统各自的 RS-232 通信接口与微型计算机相连接，利用通信软件传输零件加工程序。传输方式有两种：一种是数控装置内存许可时，将零件加工程序直接传输到系统内部存储器；另一种是加工程序太大，数控装置内存不足，只能边传输边加工。

**2. 译码**

输入的程序段含有零件的轮廓信息(起点、终点，直线还是圆弧等)、要求的加工速度以及其他的辅助信息(换刀、换挡、冷却液等)，计算机依靠译码程序来识别这些数据符号。译码程序将零件加工程序翻译成计算机内部能识别的语言。

**3. 数据处理**

数据处理程序一般包括刀具半径补偿、速度计算以及辅助功能的处理。刀具半径补偿是把零件轮廓轨迹转化为刀具中心轨迹。这是因为轮廓轨迹的实现是靠刀具的运动来实现的。速度计算是解决该加工数据段以什么样的速度运动的问题。加工速度的确定是一个工艺问题。CNC 系统仅仅是保证这个编程速度的可靠实现。另外，辅助功能如换刀、换挡等亦在这个程序中处理。

**4. 插补**

在实际加工中，加工程序提供的刀具运动轨迹应准确地按照零件的轮廓形状生成。但对于复杂的曲线轮廓，直接计算刀具运动轨迹是很麻烦的，其计算工作不仅非常大，同时也不能满足数控加工的实时控制要求。要想实现所需曲线的运动轨迹，需要将两轴或两个以上的进给轴的直线运动合成。例如，在加工图 1-7 所示的一段圆弧时，已知起点 $A$ 和终点 $B$ 及圆心 $O$ 的坐标与半径 $R$，这时我们必须把圆弧段$\widehat{AB}$之间各点的坐标值计算出来，然后把这些点填补到 $A$、$B$ 之间，也就是对各进给坐标所需进给脉冲的个数、频率及方向进行分配，才能把圆弧$\widehat{AB}$段描绘出来，以实现进给轨迹控制。

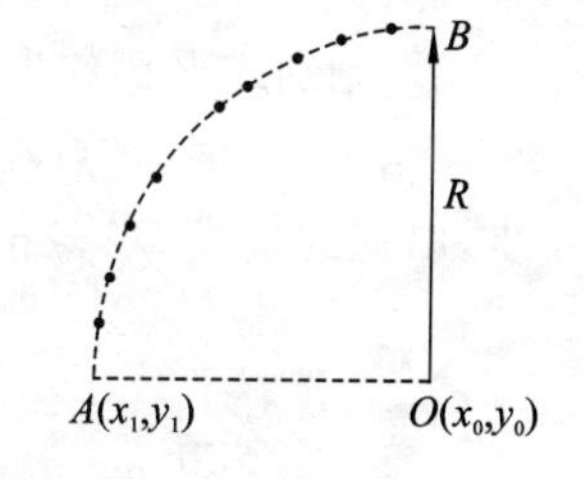


图 1-7 插补的概念

1) 脉冲增量插补

脉冲增量插补的特点是每次插补的结果仅仅产生一个行程增量，以单个脉冲方式输出给步进电动机。它通常仅用于加法和位移就可以完成插补的情况，容易用硬件来实现，且运算时速度特快。脉冲增量插补输出的速率主要受插补程序所花时间的制约，因而它仅适用于中等精度和中等速度以及步进电动机为执行机构的机床数控系统。

2) 数据采样插补

数据采样插补是将加工一段直线或圆弧的时间划分为若干相等的插补周期，每一个插补周期内的进给量，从曲线段的起点到终点，须经多次计算和加工。与脉冲增量插补不同，采用数据采样插补时，根据加工直线或圆弧段的进给速度，计算出每一个插补周期内的插补进给量。

对于曲线插补，插补步长越短，插补精度越高。即可得出：插补周期越短，插补精度越高；进给速度越快，插补精度越低。

3)数据采样的直线与圆弧插补过程

对于多坐标数控加工，一般只采用直线插补。

直线插补的脉冲分配：如图1-8所示，以$O$点为坐标原点。加工直线段$OA$，需沿$X$轴方向走4步，即4个脉冲；沿$Y$轴方向走5步，即5个脉冲，最后到终点。

直线插补过程以第一象限直线为例说明：如图1-9所示，设直线$OA$的始点$O$为原点，终点$A$的坐标为$(x_e, y_e)$，当前加工点为$P$，坐标为$(x_i, y_i)$。若$P$点在直线$OA$上或在其上方，则有$\frac{y_i}{x_i} \geqslant \frac{y_e}{x_e}$，即$x_e y_i - x_i y_e \geqslant 0$。

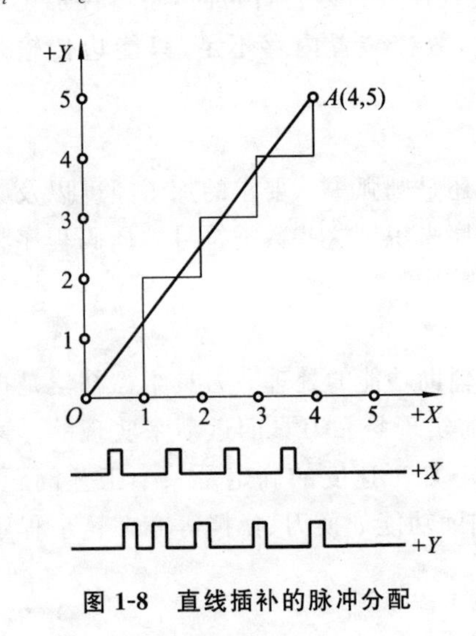


图1-8 直线插补的脉冲分配

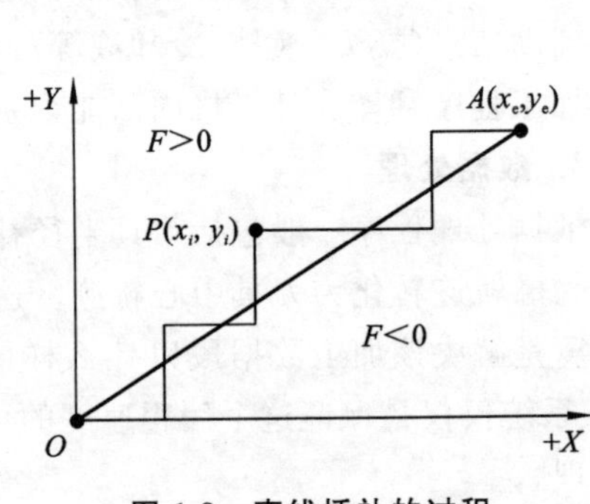


图1-9 直线插补的过程

若$P$点在直线$OA$的下方，则有$\frac{y_i}{x_i} < \frac{y_e}{x_e}$，即$x_e y_i - x_i y_e < 0$。

取判别式$F$函数为$F = x_e y_i - x_i y_e$，这样就可通过$F$值判别$P$点与直线$OA$的相对位置了。

当$F \geqslant 0$时，$P$点在直线上或其上方，这时应向$+X$方向发出一个脉冲，使刀具向上前进一步，以逼近直线$OA$；当$F < 0$时，则$P$点在直线$OA$的下方，这时应向$+Y$方向发出一个脉冲，使刀具在$+Y$轴方向前进一步，逼近直线$OA$。这样，以原点$O$到终点$A$，每走一步，计算一步。当两个方向所走的步数与终点$A$的坐标值$(x_e, y_e)$相等时，停止插步，也就是加工完成。

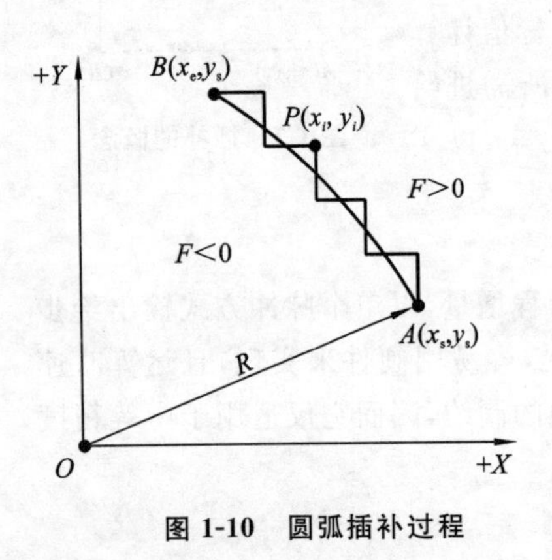


图1-10 圆弧插补过程

圆弧插补过程与直线插补过程基本相同，只是$P$点相对应的参考不同而已。如图1-10所示，要加工第一象限内的逆时针圆弧$\widehat{AB}$段，即起点$A$，坐标为$(x_s, y_s)$，终点$B$，坐标为$(x_e, y_e)$，半径为$R$，当前加工点$P$，其坐标为$(x_i, y_i)$。

若$P$点在圆弧段上或在其外侧，则有$x^2 + y^2 \geqslant R^2$，推出$x^2 + y^2 - R^2 \geqslant 0$；若$P$点在圆弧内侧，则有$x^2 + y^2 < R^2$，推出$x^2 + y^2 - R^2 < 0$。

取判别式$F$函数为：$F = x^2 + y^2 - R^2$。

当 $F \geqslant 0$ 时，$P$ 点在圆弧上或在其外侧，这时应在 $-X$ 方向上发出一个脉冲，使刀具向圆弧内进一步；当 $F<0$ 时，$P$ 点在圆弧内侧，这时应在 $+Y$ 方向上发出一个脉冲，使刀具向圆弧外进一步。这样每走一步就判断和计算一次，至终点完毕。

**5. 伺服控制**

伺服控制的功能是根据不同的控制方式（如开环、闭环），把来自数控系统插补输出的脉冲信号经过功率放大，通过驱动元件和机械传动机构，使机床的执行机构按规定的轨迹和速度加工。

伺服系统的性能对数控机床的定位性能、生产率、加工精度等多方面有着广泛的影响。因此，数控机床对其伺服系统的工作要求是非常严格的。

（1）要求有很强的承载能力。

（2）要求调速范围宽。

（3）要有较高的控制精度。

（4）要有合理的跟踪速度。

（5）要求系统的工作应稳定和可靠。数控机床的伺服系统除了要自身在运行时稳定可靠外，还要有较好的抗干扰能力。如外界电网电压出现较大幅度的波动、大型或重复设备的强启动电流以及一些大功率的电弧焊接等，这些都会对伺服系统产生干扰，如果系统不具备这种能力，就会发生故障。

**6. 管理程序**

当一个数据段开始插补时，管理程序就着手准备下一个数据段的读入、译码、数据处理，即由它调用各个功能子程序，且保证一个数据段加工过程中同时做下一个程序段的准备工作。一旦本数据段加工完毕，就开始下一个数据段的插补加工。整个零件加工就是在这种周而复始的过程中完成的。

# 1.3 数控机床的种类

## 1.3.1 数控机床的分类

数控机床经过几十年的发展，其规格、型号繁多，品种已达千种，结构与功能也各具特色。从不同的经济技术或经济指标出发，可对数控机床实行各种不同的分类。

**1. 按控制运动的轨迹分类**

数控机床按控制运动的轨迹分类情况见表1-2。

**表1-2 数控机床按控制运动的轨迹分类**

| 分类 | 功用说明 | 图示 | 应用举例 |
| --- | --- | --- | --- |
| 点位控制数控机床 | 其机械运动实行点到点的准确定位控制，而对其点到点之间的运动轨迹不作要求，这是因为刀具在其定位运动过程中不进行切削，而是快速进给到定位位置（即不与工件接触） | | 数控钻床、数控冲床、数控坐标镗床、数控元件插装机等 |

续表

| 分　类 | 功用说明 | 图　示 | 应用举例 |
|---|---|---|---|
| 直线控制数控机床 | 其机械运动方式除了要控制刀具相对工件（或工作台）的起点和终点的准确位置外，还要控制每一程序段的起点与终点间的位移过程，即刀具以给定的进给速度作平行于某一坐标轴方向的直线运动 | | 数控车床、数控磨床等 |
| 连续控制数控机床 | 这类机床又称轮廓控制数控机床，它能够同时对两个或两个以上的坐标进行控制，从而按给定的规律和速度进行准确的轮廓控制，使其运动轨迹成为所需要的直线、曲线或曲面 | | 数控车床、铣床、凸轮磨床、线切割机床等 |

**2. 按工艺用途分类**

按工艺用途分类，数控机床可分为数控钻床、数控车床、数控铣床、数控磨床和轮加工机床等，还有压床、冲床、弯管机、电火花切割机床、火焰切割机床、凸焊机等。

加工中心是带有刀库与自动装置的数控机床，它可在一台机床上实现多种加工。工件一次装夹，可完成多种加工，既节省了辅助工时，又提高了加工精度。

**3. 按控制方式分类**

1）开环控制

开环控制示意图如图 1-11 所示，它是无位置反馈的一种控制方法，它采用的控制对象、执行机构多半是步进式电动机或液压转矩放大器（即电液脉冲马达）。这种控制方法在 20 世纪 60 年代应用很广泛，但随着机械制造业的发展，它逐渐不能适应要求。例如，精度要求愈来愈高，功率也愈来愈大，步进电动机做不成大功率；用电液脉冲马达，机构就相当庞大，所以目前逐渐被其他控制方式所取代。但开环系统由于结构简单、控制方法简便、价格相对便宜，因此对要求精度不高且功率需求不太大的地方，还是可以用的。经济型简易数控车床的应用就是一例。

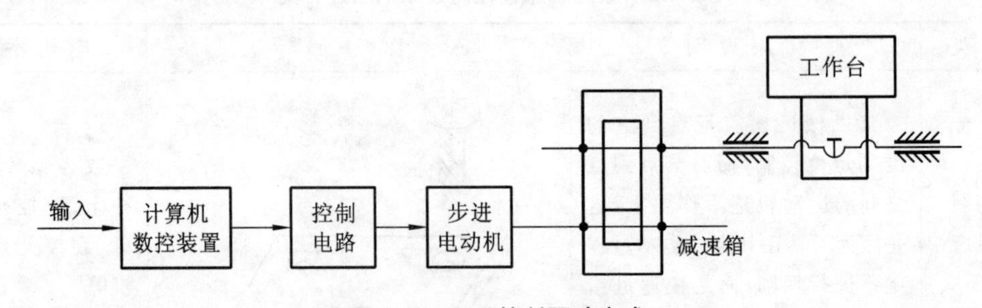


**图 1-11　开环控制驱动方式**

2）半闭环控制系统

半闭环控制系统示意图如图 1-12 所示，它在丝杠上装有角度测量装置（光电编码器、感应同步器或旋转变压器），作为间接的位置反馈。因为零件的尺寸精度应由刀架的运动来测量，但半闭环控制系统不是直接测量刀架的实际位移，而是测量带动刀架的丝杠转动了多大角度，然后根据螺距进行计算，计算出它的位置。这种方法显然是有局限性的，必须要求丝杠加工的精确，确保丝杠上的螺母只有很小的间隙。当然，还可以通过软件进行补偿，但是对这些器件的精度与传动间隙的要求也是必要的。

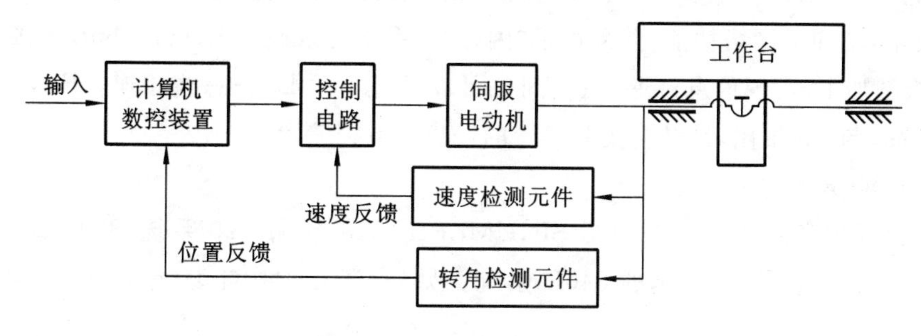


图 1-12 半闭环控制驱动方式

采用这种方法一是在电动机上安装光电编码器比较简单；二是把传动环中最大的一个惯量环节——工作台或刀架的移动放到整个传动闭环的外面，这样在调节上就比较方便了，使系统调试简单。

3）闭环控制系统

闭环控制系统示意图如图 1-13 所示，它是对机床的移动部件的位置直接用直线位置检测装置进行检测，再把实际测量出的位置反馈到数控装置中去，与输入指令比较是否有差值，然后用这个差值去控制移动部件，使移动部件按实际需要值去运动，从而实现准确定位。这种方法，其精度主要取决于测量装置的精度，而与传动链的精度无关，因此这种控制方式要比半闭环的控制方式精度高。

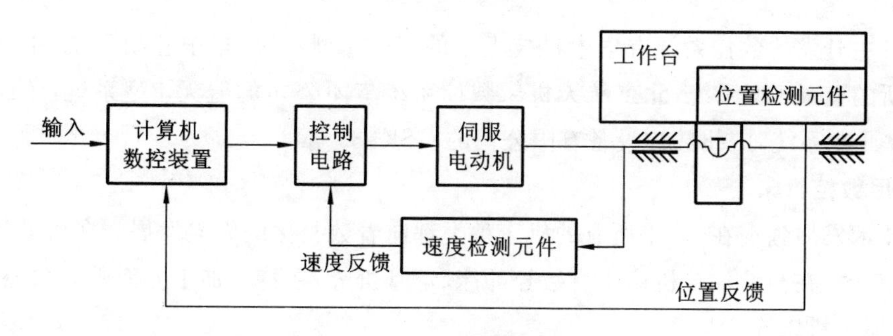


图 1-13 闭环控制驱动方式

虽然如此，闭环控制系统对机床及机床的传动链的要求仍然非常高，因为传动系统刚度不足、传动系统有间隙或机床导轨摩擦力大引起运动副爬行，这些不仅使调试困难，还会使系统出现振荡现象。

4）混合环控制

混合环控制实际上是半闭环系统和闭环系统的混合形式。内环是速度环，控制进给速度；外环是位置环，主要对数控机床进给运动的坐标位置进行控制。

## 1.3.2 常用数控机床的种类

**1. 数控机床常用数控装置控制系统**

1）FANUC 数控系统

FANUC 公司生产的较有代表性的数控系统是 F6 和 F11。FANUC 数控系统中的 F0/F00/F0i Mate 系列和 FANUC 0i 系列是目前中国市场上应用较广泛的系统。FANUC 0i Mate 系列的最大控制轴数为 3 轴，FANUC 0i-C 数控系统的最大控制轴数是 4 轴。FANUC 0i 系统采用总线技术，增加了网络功能，并采用了"闪存"。系统可以通过 Remote buffer 接口与 PC 相连，由 PC 控制加工，实现信息传递，系统间也可以通过 I/O Link 总线相连。F0Mate 是 F0 系列的派生产品，与 F0 相比，是结构更为紧凑的经济型数控装置。

2）SINUMERIK 数控系统

西门子公司生产的数控系统包括 SINUMERIK 810 系统、820 系统、850 系统、880 系统、805 系统、8400 系统及全数字化的 840D 系统。另外，还在中国市场上推出了 802 系列数控系统。

SINUMERIK 840Di 数控系统是一个基于 PC 计算机的、全 PC 集成的控制系统，基于工业 PC 型计算机的现代控制系统正越来越多地被用于数控机床中。配以 Windows XP 操作系统的控制系统具有开放和灵活的软、硬件平台，方便用户的使用与二次开发。该系统的应用领域包括制作木制品、制作玻璃、制陶、包装、贴片机、冲压机、弯曲机，以及各种机床和类似机床的机械。除了高度的软、硬件开放性，SINUMERIK 840Di 系统的显著特点是 CNC 控制功能与 MDI 功能都在 PC 处理器上运行，这样可以省略传统控制系统中所需的 NC 处理单元。这种控制系统大量采用标准化印制电路板和电气部件。

3）其他数控系统

常见数控系统的型号还有德国的 HEIDENHAIN、法国的 NUM、美国的 AB、西班牙的 FAGOR 等。

国产自主开发的数控系统有华中科技大学的华中Ⅰ型系统、华中Ⅱ型系统，中国科学院沈阳计算机所的蓝天Ⅰ型系统，北京航天机床数控系统集团公司的航天Ⅰ型系统，中国珠峰数控公司的中华Ⅰ型系统，广州数控设备有限公司的 GSK980 等。

**2. 常用数控机床**

数控技术发展到现在，几乎所有的机床种类都向着数控化的方向发展。在机械加工中有数控车、铣、钻、磨，在塑性加工机床中有数控冲床、弯管机等，在特种加工方面则有数控电火花、线切割、激光加工机床等。

1）数控车床

数控车床是切削加工中应用最为广泛的机床之一，如图 1-14 所示。一般用于加工各种形状不同的轴类或盘类回转体零件，其加工零件的尺寸精度可达 IT5～IT6，表面粗糙度可达 1.6 μm以下。

数控车床的品种繁多，规格不一，按车床主轴位置可分为卧式和立式，按刀架数量可分为单刀架和双刀架数控车床，按数控系统功能分为经济型数控车床、全功能型数控车床、车削中心、FMC 车床。

2）数控铣床

数控铣床如图1-15所示，它是一种用途广泛的机床，有立式和卧式两种。一般数控铣床是指规格较小的升降台式数控铣床，其工作台宽度在400 mm以下。一般情况下，数控铣床只能用来加工平面曲线的轮廓。但对于有特殊要求的铣床，还可加进一个回转的$A$坐标或$C$坐标，即增加一个数控分度头或数控回转工作台，用以加工螺旋槽、叶片等立体曲面零件。

图1-14　常用数控车床

图1-15　数控铣床

数控铣床的种类很多，一般数控铣床是指规格较小的升降台式数控铣床，其工作台宽度多在400 mm以下。规格较大的数控铣床，例如工作台宽度在500 mm以上的，其功能已向加工中心靠近，进而演变成柔性加工单元。

3）加工中心

如图1-16所示，加工中心是一种带有刀库和自动换刀装置的数控机床。它能加工各种复杂的曲面，可使工件在一次装夹后自动连续完成铣削、钻削、镗削、切槽等多工序加工。特别适用于各种箱体类和板类等复杂零件的加工。如果加工中心带有自动分度回转工作台或主轴箱能自动改变角度，还可在一次装夹后自动完成多个平面的多工序加工。

图1-16　加工中心

4）数控磨床

和普通磨床一样，数控磨床有很多类型。不同的分类有不同的命名原则，表1-43是按功能对数控磨床进行的分类。

表 1-3　数控磨床的分类(按功能)

| 类　型 | 图　示 | 功能说明 |
| --- | --- | --- |
| 数控外圆磨床 |  | 除横向(*X* 向)和纵向(*Z* 向)进给外,还可进行两轴联动、任意角度进给、作圆弧运动等 |
| 数控内圆磨床 |  | 主轴转速较高,但砂轮的圆周速度相对较低;由于内圆磨削时是内切圆接触,接触弧比外圆磨削长,所以同等情况下其磨削效果较外圆磨削差 |
| 数控平面磨床 | 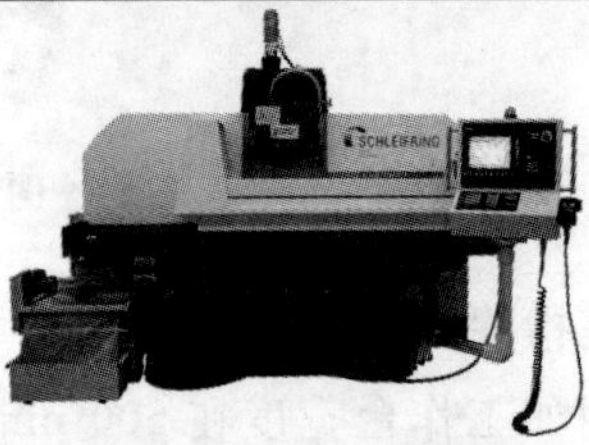 | 砂轮连续修整,自动补偿。功能上增加了远程通信、远程诊断、多机联网等 |
| 数控工具磨床 |  | 数控工具磨床,特别是多轴数控、多轴联动的数控工具磨床,是高效率、高质量的磨削设备,其结构复杂、自动化程度高、精度可靠性要求较高,可通过变换装夹在主轴上的砂轮,在工件一次装夹情况下完成容屑槽、端齿前角、端齿后角及横刃等工序的加工 |
| 数控坐标磨床 |  | 又称连续轨迹坐标磨床,具有坐标定位精密的特点,用于磨削孔距精度、成形表面精度和尺寸公差精度要求较高的零件 |

5）数控钻床

数控钻床一般配备点位控制系统,点位精度为±(0.01～0.02) mm,可自动进行钻孔、扩孔、攻螺纹等工序的加工。对于加工孔距有一定要求的多孔零件,数控钻床可省去钻模和划线工序。与一般钻床相比,其生产效率与加工精度较高。

数控钻床主要用于多孔类零件的加工,并且种类繁多。按照布局形式与功能特点分类,数控钻床可分为数控立式钻床、数控深孔钻床、钻削中心、印制电路板数控钻床及其他数控钻床,如图 1-17 所示。

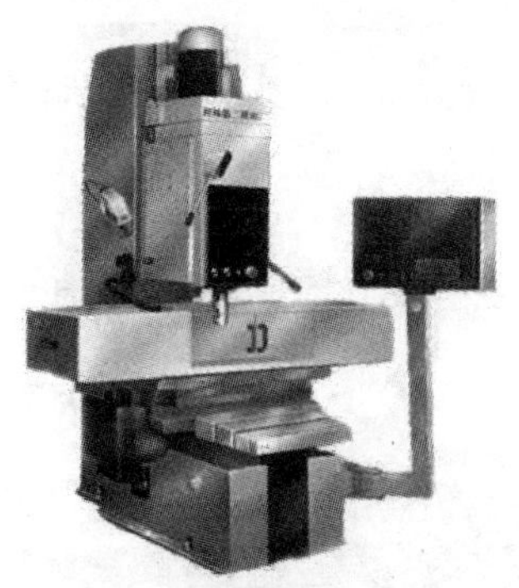

(a) 数控立式钻床

(b) 数控深孔钻床

(c) 钻削中心

(d) 印制电路板数控钻床

**图 1-17　数控钻床**

6）数控电火花机床

数控电火花机床外形如图 1-18 所示，它是一种利用电极之间脉冲放电时所产生的电腐蚀现象进行加工的机床。主要适用于加工各种模具零件的型孔和各种复杂零件的型腔以及各种小孔，还可用于电火花磨削、强化金属表面和刻字、攻螺纹等。

7）数控线切割机床

数控线切割机床如图 1-19 所示。它和电火花成型加工的基本原理是一样的，不同的是在线切割加工中是用连续移动的细金属导线（铜丝或钼丝）作为工具代替电火花加工中的成型电极，利用线电极与工件之间产生的脉冲火花放电来腐蚀工作，从而切割出各种平面图线。工件的形状由数控系统控制工作台相对于电极丝的运动轨迹决定，因而不需要专用的电极，就可加工形状复杂的模具零件。

**图 1-18　数控电火花机床**

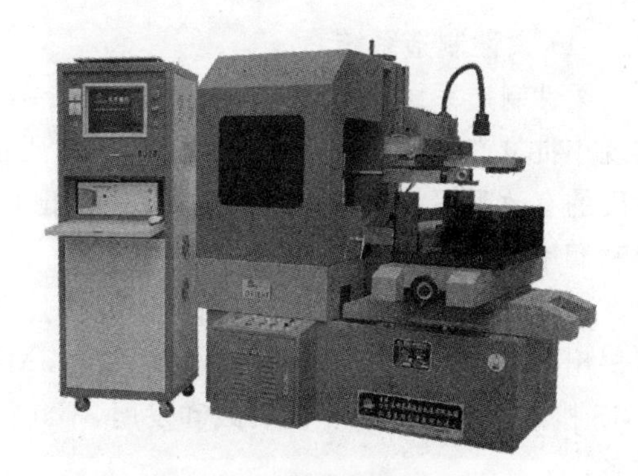

**图 1-19　数控线切割机床**

8）数控压力机

数控压力机有数控步冲压力机和数控冲模回转头压力机，如图 1-20 所示，是板材冲压的主要设备。

(a) 数控步冲压力机

(b) 数控冲模回转头压力机

**图 1-20　数控压力机**

9）数控折弯机

数控折弯机如图 1-21 所示，它利用所配备的模具（通用或专用模具）将冷态下的金属板材弯成各种几何截面形状的工件。它是为冷轧板加工设计的板材成型机械，广泛用于汽车、轻工、造船、电梯、铁道车辆等行业的板材折弯加工。

**图 1-21　数控折弯机**

10）数控热切割机床

数控热切割机床如图 1-22 所示，它包含数控激光切割机、数控等离子切割机和数控火焰切割机三类机床。这三类数控切割机床所采用的切割原理是不同的，但都采用热切割法切割工件。

11）柔性制造系统

柔性制造系统（flexible manufacturing system，简称 FMS）具有生产柔性和工艺柔性，能够实现小批量产品的自动化生产，如图 1-23 所示。FMS 不仅仅是技术上的突破，也是推动商业发展的有效手段。它缩短了制造周期，降低了库存量，加快了对市场变化的反应，使企业最终取得利润率的提高。

FMS 的概念是在 1965 年由英国莫林公司的工程师犹奥·威廉姆逊（Theo Wiiliamson）先生提出的，他于 1967 年研制出了第一套 FMS，可以加工一系列不同零件。威廉姆逊提出的 FMS 概念，经过约 10 年的实践和发展，不断得到改进和完善，已逐步成为先进制造企业的重要装备。

尽管 FMS 的定义有很多种，国际上至今还没有一个统一公认的结果。在“中华人民共和国

(a) 数控激光切割机　　(b) 数控等离子切割机

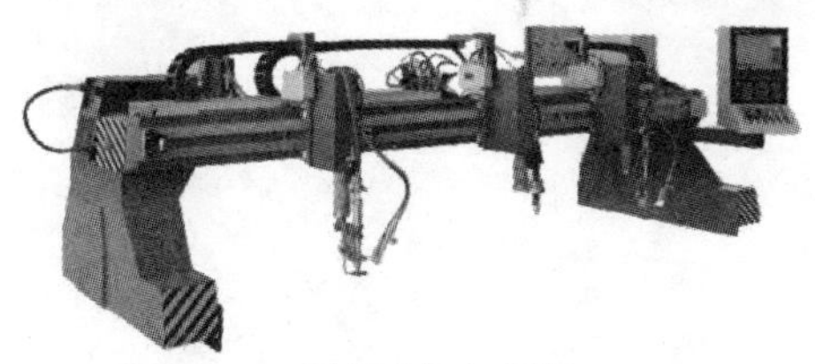

(c) 数控火焰切割机

图 1-22 数控热切割机床

图 1-23 FMS 生产线

国家军用标准”中，FMS 被定义为“由数控加工设备、物料运储装置和计算机控制系统等组成的自动化制造系统，它包括多个柔性制造单元，能根据制造任务或生产环境的变化迅速进行调整，适用于多品种、中小批量生产”。

从 20 世纪中叶开始，世界市场发生了很大变化，那种产品单一、生命周期长的局面已经一去不复返了。制造业面临着激烈的竞争，企业必须改变原来适应大批量生产的自动线生产方式，提高应变能力，根据用户的不同要求开发新产品，寻求一种有效途径，解决单件小批量生产的自动化，以满足当今的市场需求。

# 第2章
# 数控编程基础

# 2.1 坐标系与原点

## 2.1.1 认识数控加工中的坐标系

在数控机床中，刀具的运动是在坐标系中进行的。在一台机床上，有各种坐标系以及坐标，认真理解这些参照对使用、操作机床以及编程都很重要。

**1. 机床标准坐标系**

对于数控机床中的坐标系和运动方向命名，ISO 标准和我国标准 JB/T 19660—2005 都统一规定采用标准的右手直角笛卡儿坐标系，使用一个直线进给运动或一个圆周进给运动定义一个坐标轴。

1）坐标系的构成

标准中规定直线进给运动用右手直角笛卡儿坐标系 $X$、$Y$、$Z$ 表示，常称基本坐标系。$X$、$Y$、$Z$ 坐标轴的确定用右手螺旋法则决定。

如图 2-1 所示，图中大拇指的指向为 $X$ 轴的正方向，食指指向为 $Y$ 轴的正方向，中指指向为 $Z$ 轴的正方向。围绕 $X$、$Y$、$Z$ 轴旋转的圆周进给坐标分别用 $A$、$B$、$C$ 表示。根据右手螺旋法则，可以方便地确定 $A$、$B$、$C$ 三个旋转坐标轴。以大拇指指向 $+X$、$+Y$、$+Z$ 方向，则食指、中指等的指向是圆周进给运动 $+A$、$+B$、$+C$ 方向。

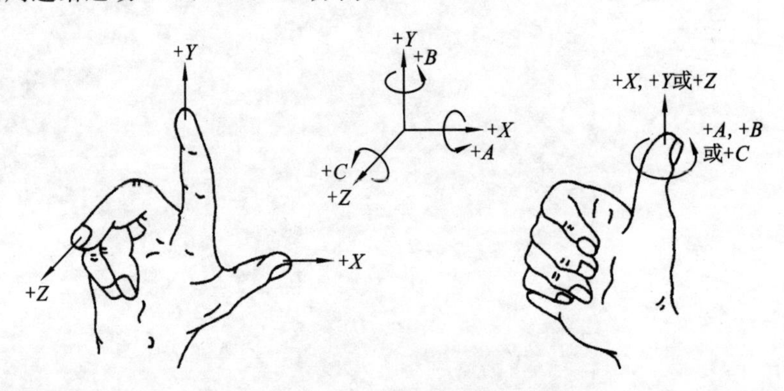


图 2-1　标准坐标系

如果数控机床的运动多于 $X$、$Y$、$Z$ 三个坐标，可用附加坐标轴 $U$、$V$、$W$ 分别来表示平行于 $X$、$Y$、$Z$ 三个坐标轴的第二组直线运动；如果在回转运动 $A$、$B$、$C$ 外还有第二组回转运动，可分别指定为 $D$、$E$、$F$。不过，大部分数控机床加工只需三个直线坐标轴及一个旋转坐标轴便可完成大部分零件的数控加工。

2）运动方向的确定

数控机床的进给运动，有的是刀具向工件运动来实现的，有的是由工作台带着工件向刀具来实现的。为了在不知道刀具、工件之间如何做相对运动的情况下，便于确定机床的进给操作和编程，必须弄清楚各坐标轴的运动方向。

$Z$ 坐标的运动是由传递切削力的主轴所决定的，可表现为加工过程带动刀具旋转，也可表现为带动工件旋转。对于有主轴的机床，与主轴轴线平行的标准坐标轴为 $Z$ 坐标轴，远离工件的刀具运动方向为 $Z$ 轴正方向，如图 2-2 和图 2-3(a)、(b) 所示。当机床有几个主轴时，则选一个垂直于工件装夹面的主轴为 $Z$ 轴。对于没有主轴的机床，则规定垂直于工件在机床工作台的定位表面的轴为 $Z$ 轴，如图 2-3(c) 所示。

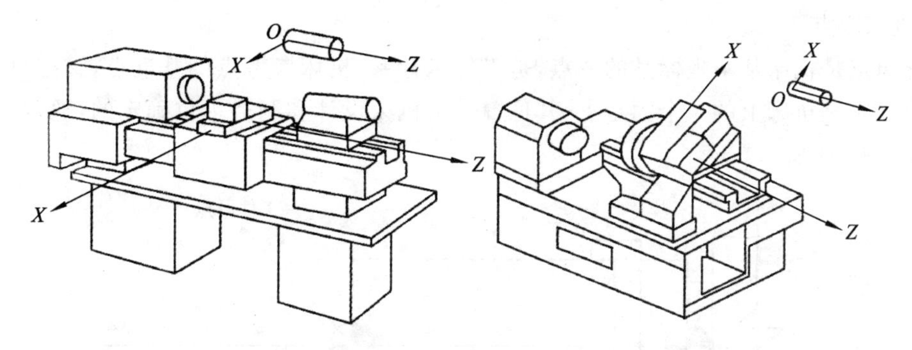


图 2-2 卧式车床坐标系

$X$ 坐标轴是水平的，平行于工件的装夹面，且平行于主要的切削方向。对于加工过程中主轴带动工件旋转的机床(如车床、磨床等)，$X$ 坐标轴的方向沿工件的径向，平行于横向滑座或其导轨，刀架上的刀具或砂轮远离工件旋转中心的方向为 $X$ 轴正方向，如图 2-2 所示。对于加工过程中主轴带动刀具旋转的机床(铣床、钻床、镗床等)，如果 $Z$ 轴是水平的(卧式)，则从主轴向工件方向看，$X$ 轴的正方向指向右方，如图 2-3(a) 所示。如果 $Z$ 轴是垂直的(立式)，则从主轴向立柱方向看，$X$ 轴的正方向指向右方，如图 2-3(b) 所示。

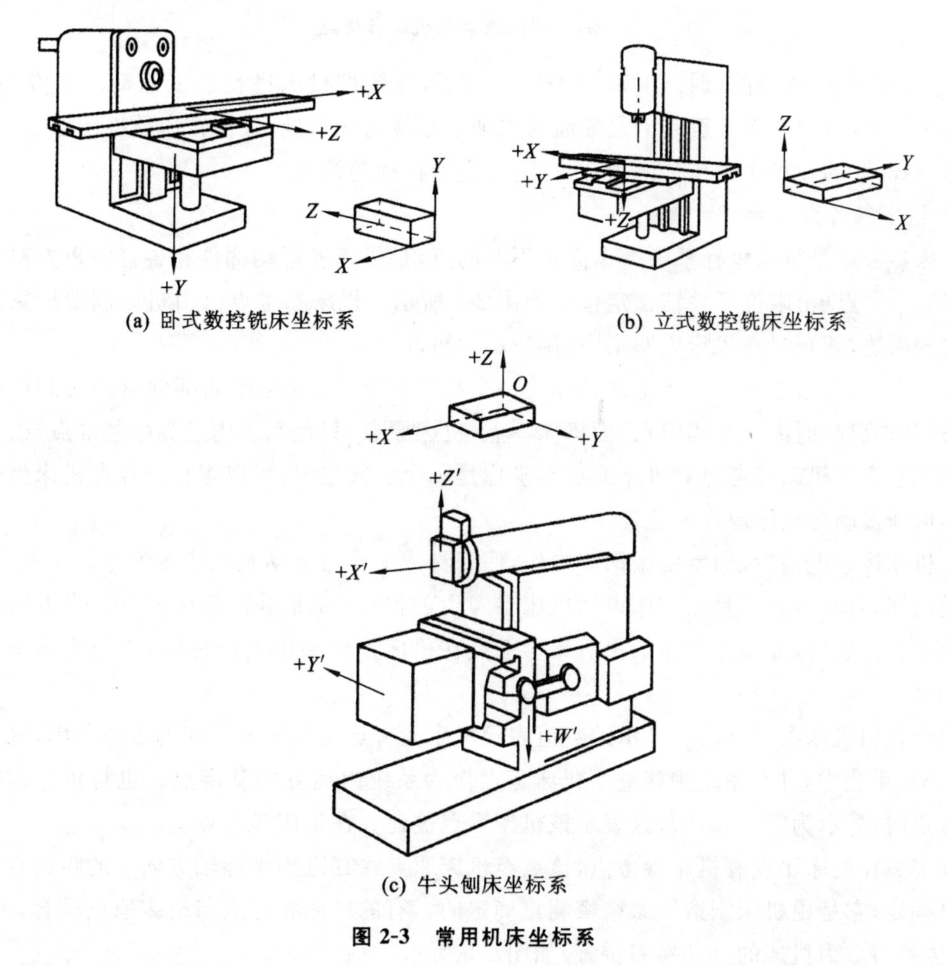


(a) 卧式数控铣床坐标系

(b) 立式数控铣床坐标系

(c) 牛头刨床坐标系

图 2-3 常用机床坐标系

根据 $X$、$Z$ 轴及其方向，按右手直角笛卡儿坐标系即可确定 $Y$ 轴的方向，如图 2-3 所示。

**2. 机床原点和机床参考点**

1）机床原点

机床原点是机床基本坐标系的原点，是工件坐标系、机床参考点的基准点，又称机械原点、机床零点。它是机床上的一个固定点，其位置是由机床设计和制造单位确定的，通常不允许用户更改，如图 2-4 所示。

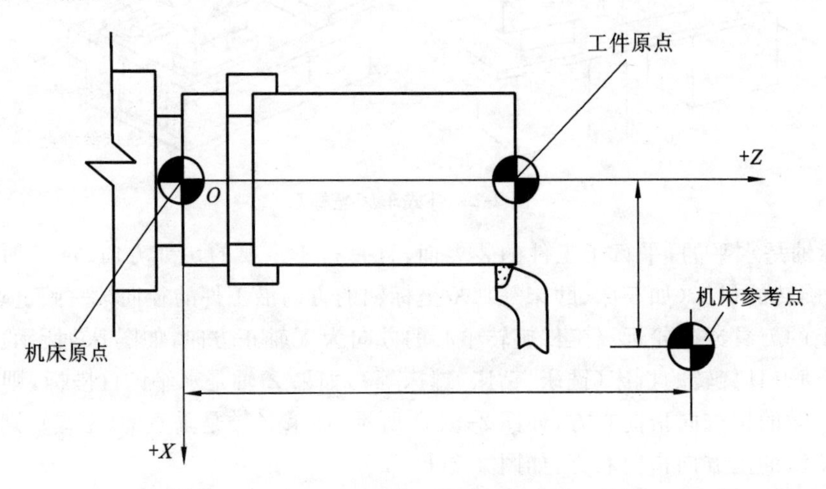


**图 2-4　机床原点和机床参考点**

机床原点在机床装配、调试时就已确定下来了，是数控机床进行加工运动的基准参考点。在数控车床上，机床原点一般在卡盘端面与主轴中心线的交点处；数控铣床的机床原点，各生产厂家不一致，有的在机床工作台的中心，有的在进给行程的终点。

2）机床参考点

机床参考点是机床坐标系中一个固定不变的点，是机床各运动部件在各自的正方向自动退至极限的一个点（由限位开关精密定位），如图 2-4 所示。机床参考点已由机床制造厂家测定后输入数控系统，并记录在机床说明书中，用户不得更改。

实际上，机床参考点是机床上最具体的一个机械固定点，既是运动部件返回时的一个固定点，又是各轴启动时的一个固定点；而机床零点（机床原点）只是系统内运算的基准点，处于机床何处无关紧要。机床参考点对机床原点的坐标是一个已知定值，可以根据该点在机床坐标系中的坐标值间接确定机床原点的位置。

在机床接通电源后，通常要做回零操作，使刀具或工作台运动到机床参考点。注意，通常我们所说的回零操作，其实是指机床返回机床参考点的操作，并非返回机床零点。当返回机床参考点的工作完成后，显示器即显示出机床参考点在机床坐标系中的坐标值，表明机床坐标系已经自动建立。

机床在回机床参考点时所显示的数值表示机床参考点与机床零点间的工作范围，该数值被记在 CNC 系统中，并在系统中建立了机床零点作为系统内运算的基准点。也有机床在返回机床参考点时，显示为零（0,0,0），这表示该机床零点被建立在机床参考点上。

许多数控机床不设有机床参考点，该点至机床原点在其进给坐标轴方向上的距离在机床出厂时已确定，它是由机床制造厂家精密测量确定的。有的机床参考点与机床原点重合。一般来说，机床参考点为机床的自动换刀位置，如图 2-5 所示。

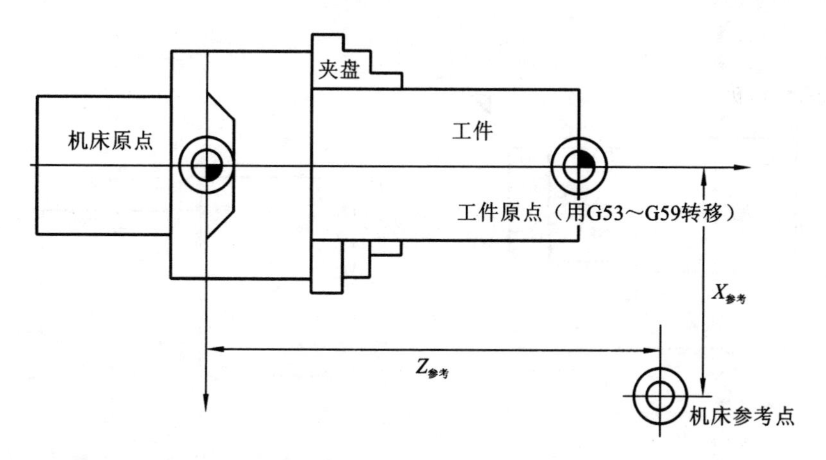


图 2-5 机床参考点

### 3. 工件坐标系和工件原点

工件坐标系是编程人员在编程时使用的，由编程人员以工件图纸上的某一固定点为原点所建立的坐标系，编程尺寸都按工件坐标系中的尺寸确定。为保证编程与机床加工的一致性，工件坐标系也应该是右手笛卡儿坐标系，而且工件装夹到机床上时，应使工件坐标系与机床坐标系的坐标轴方向保持一致。

1）工件原点的概念

在工件坐标系上，确定工件轮廓的编程和计算原点，称为工件坐标系原点，简称为工件原点，亦称编程原点。工件原点在工件上的位置可以任意选择，为了有利于编程，工件原点最好选在工件图样的基准上或工件的对称中心上，如回转体零件的端面中心、非回转体零件的角边、对称图形的中心等。

在数控车床上加工零件时，工件原点一般设在主轴中心线与工件右端面或左端面的交点处，如图 2-4 所示；在数控铣床上加工零件时，工件原点一般设在工件的某个角上或对称中心上，如图 2-6 所示。

在加工中，由于工件的装夹位置相对于机床来说是固定的，所以工件坐标系在机床坐标系中的位置也就确定了。

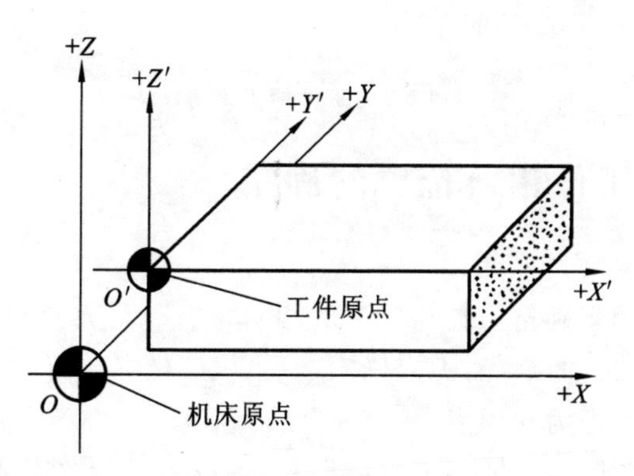


图 2-6 数控铣床坐标系

2）工件原点的应用

为了编程方便，可将方便计算的点作为编程原点，如图 2-7 所示的台阶轴工件，用机床原点编程时，车端面和各台阶长度都要进行烦琐的计算。如果以工件 $\phi$36 mm 端面为编程原点，也就是将工件编程零点从机床零点 $M$ 偏置到 $\phi$36 mm 端面 $W$，如图 2-8 所示，编程时就方便多了。

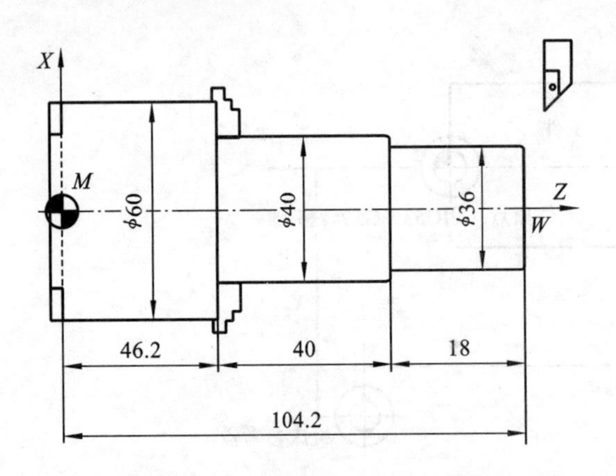


图 2-7　选用机床原点为编程原点

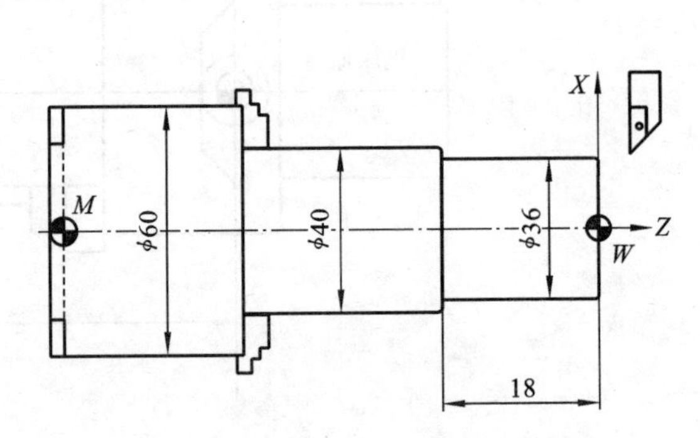


图 2-8　选用工件右端面为编程原点

**4. 工件坐标系和机床坐标系的关系**

数控编程时,所有尺寸都按工件坐标系中的尺寸确定,不必考虑工件在机床上的安装位置和安装精度,但在加工时需要确定机床坐标系、工件坐标系、刀具起点三者的位置才能加工。工件装夹在机床上后,可通过对刀确定工件在机床上的位置。

数控加工前,通过对刀操作来确定工件坐标系与机床坐标系的相互位置关系。加工时,工件随夹具在机床上安装后,测量工件原点与机床原点之间的距离,这个距离称为工件原点偏置,如 2-9 所示。在用绝对坐标编程时,该偏置值可以预存到数控装置中,在加工时工件原点偏置值可以自动加到机床坐标系上,使数控系统可按机床坐标系确定加工时的坐标值。

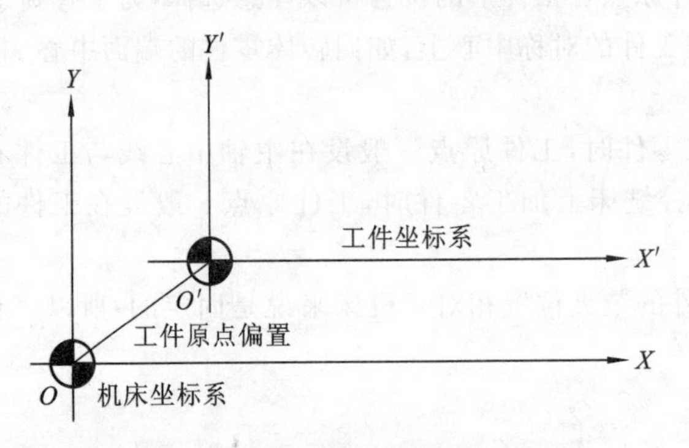


图 2-9　工件原点偏置

## 2.1.2　刀具与工件相对位置的确定

**1. 对刀点**

对刀点也叫起刀点,用于确定刀具与工件的相对位置。对刀点可以是工件或夹具上的点,或者与它们相关的易于测量的点。对刀点确定之后,机床坐标系与工件坐标系的相对关系就确定了。图 2-10 所示的点 $Z$ 即为对刀点。

对刀点可以设置在被加工零件上,也可以设置在夹具上与零件定位基准有一定尺寸联系的某一位置上,有时对刀点就选择在零件的加工原点。对刀点的设置原则如下。

(1) 所选的对刀点应使程序编制简单。

(2) 对刀点应选择在容易找正、便于确定零件加工原点的位置。

(3) 对刀点应选在加工时检验方便、可靠的位置。

(4) 对刀点的选择应有利于提高加工精度。

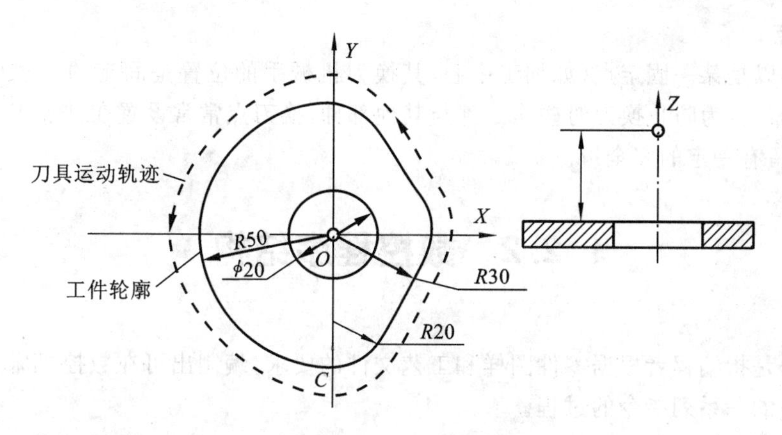


图 2-10 确定对刀点

**2. 刀位点**

刀位点是指刀具的定位基准点。在进行数控加工编程时,往往是将整个刀具浓缩为一个点,那就是刀位点。

如图 2-11 所示,圆柱铣刀的刀位点是刀具中心线与刀具底面的交点,球头铣刀的刀位点是球头的球心点或球头顶点,车刀的刀位点是刀尖或刀尖圆弧中心,钻头的刀位点是钻头顶点。

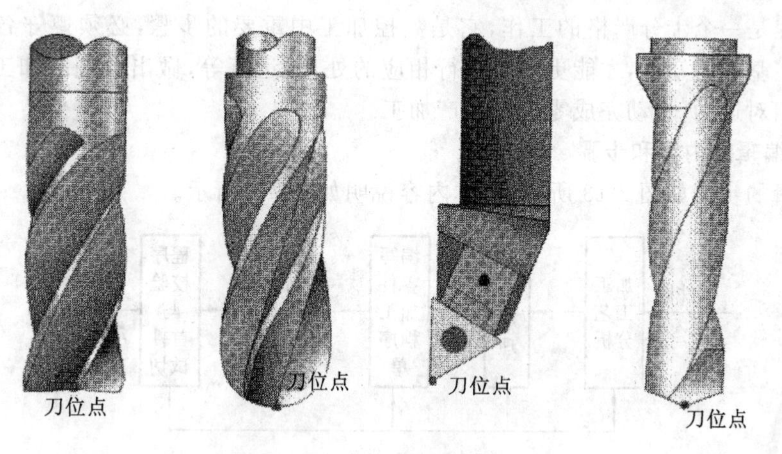


图 2-11 常用数控刀具的刀位点

对刀就是使对刀点与刀位点重合的操作。对刀时,直接或间接地使对刀点与刀位点两点重合,如图 2-12 所示。

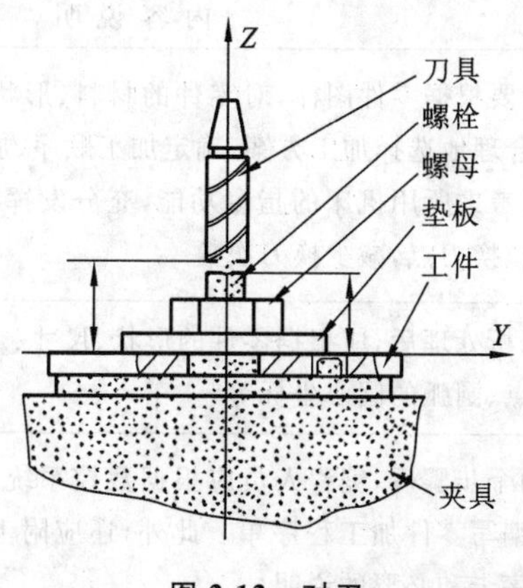


图 2-12 对刀

**3. 换刀点**

换刀点可以是某一固定点(如加工中心,其换刀机械手的位置是固定的),也可以是任意一点(如数控车床)。为防止换刀时碰伤零件与其他部件,换刀点常常设置在被加工零件或夹具的轮廓之外,并留有一定的安全量。

# 2.2 数控程序结构

数控编程是指编程者根据零件图样和工艺文件的要求,编制出可在数控机床上运行以完成规定加工任务的一系列指令的过程。

## 2.2.1 数控编程的概念

输入数控系统中并使数控机床执行一个明确的加工任务且具有特定代码和其他规定符号编码的一系列指令称为数控程序。它是数控机床的应用软件。而生成数控机床进行零件加工的数控程序的过程,则为数控编程。各数控系统使用的数控程序的语言规则与格式不尽相同,应用时应严格按各设备编程手册中的规定进行编制。

数控编程是一个十分严格的工作,它是数控加工中重要的步骤,必须遵守各相关的标准。只有掌握一些基本的知识,才能更好地进行相应的处理、运算等,做出合理的加工程序,实现刀具与工件的相对运动,自动完成零件的生产加工。

**1. 程序编辑的内容和步骤**

程序编辑的步骤如图 2-13 所示,具体内容说明如表 2-1 所示。

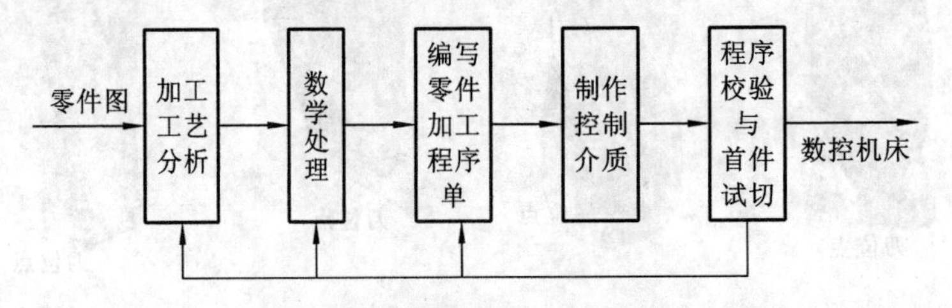


图 2-13　数控编程步骤示意图

表 2-1　程序编制的步骤及内容说明

| 步　　骤 | 内容说明 |
|---|---|
| 加工工艺分析 | 编程人员首先要根据零件图样,对零件的材料、形状、尺寸、精度和热处理要求等进行加工工艺分析,合理地选择加工方案,确定加工顺序、加工路线、装夹方式、刀具及切削用量等;同时,还要考虑所用机床的指令功能,充分发挥机床的效能。加工路线要短,要正确地选择对刀点、换刀点,减少换刀次数 |
| 数学处理 | 在完成工艺分析处理后,应根据零件的形状、尺寸、走刀路线来计算零件轮廓上各几何元素的起点、终点、圆弧的圆心坐标等 |
| 编写零件加工程序单 | 在完成上面两个步骤后,编程人员应根据数控系统规定的程序功能指令,按照规定的程序格式,逐段编写零件加工程序单。此外,还应附上必要的加工示意图、刀具布置图、机床调整卡、工序卡和必要的说明 |

续表

| 步　骤 | 内容说明 |
| --- | --- |
| 制作控制介质 | 把编制好的程序单上的内容记录在控制介质上，作为数控装置的输入信息。通过程序的手工输入或通信传输方式送入数控系统 |
| 程序校验与首件试切 | 编写的程序单和制作好的控制介质，必须经过校验和试切才能正式使用。校验的方法是直接将控制介质上的内容输入到数控装置中，让机床空转，以检查机床的运动轨迹是否正确。当发现有误差时，要及时分析误差产生的原因，找出问题所在，加以修正 |

**2. 数控编程的方法**

数控编程通常分为手工编程和自动编程两大类。

1）手工编程

从工件图样分析、工艺处理、数值计算、编写零件加工程序单、程序输入直到程序校验等各阶段，均由人工完成的编程方法称为手工编程。对于加工形状简单的零件，计算比较简单，程序不多，采用手工编程既经济又及时，比较容易完成。目前国内大部分的数控机床编程处于这一层次。手工编程的框图如图2-14所示。

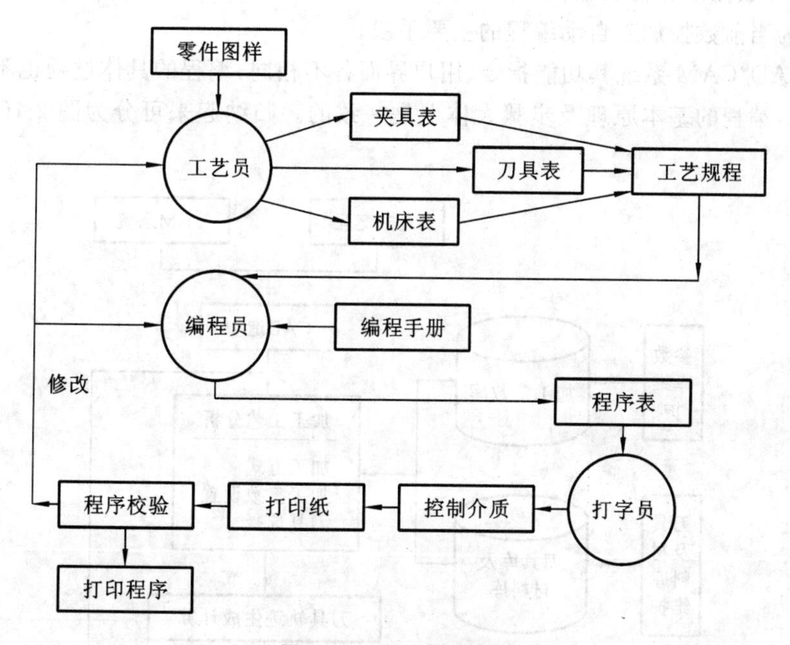


**图2-14　手工编程框图**

手工编程的意义在于加工形状简单的工件（如由直线与直线或直线与圆弧组成的轮廓）时，编程快捷、简便，不需要具备特别的条件（价格较高的自动编程机及相应的硬件和软件等），对机床操作或编程人员没有特殊条件的制约，还具有较大的灵活性和编程费用少等优点。

2）自动编程

由计算机或编程器完成程序编制中的大部分或全部工作的编程方法称为自动编程。

（1）数控语言编程。数控语言自动编程的基本过程如图2-15所示，编程人员根据被加工工件图样要求和工艺过程，运用专用的数控语言（APT）编制零件加工源程序，用于描述工件的几何形状、尺寸大小、工艺路线、工艺参数及刀具相对工件的运动关系等，不能直接用来控制数控机床。源程序编写后输入计算机，经编译系统翻译成目标程序后才能被系统所识别。最后，系统根据具体数控系统所要求的指令和格式进行后置处理，生成相应的数控加工程序。

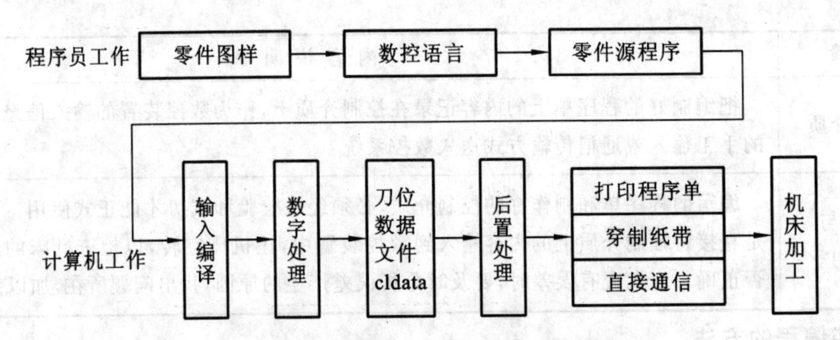


图 2-15　数控语言自动编程基本过程

(2) CAD/CAM 系统自动编程。随着 CAD/CAM 技术的成熟和计算机图形处理能力的提高,可直接利用 CAD 模块生成几何图形。采用人机交互的实时对话方式,在计算机屏幕上指定被加工部位,输入相应的加工参数,计算机便可自动进行必要的数学处理并编制出数控加工程序,同时在计算机屏幕上动态显示出刀具的加工轨迹。这种利用 CAD/CAM 系统进行数控加工编程的方法与数控语言自动编程相比,具有效率高、精度高、直观性好、使用简便、便于检查等优点,从而成为当前数控加工自动编程的主要手段。

不同的 CAD/CAM 系统其功能指令、用户界面各不相同,编程的具体过程也不尽相同。但从总体上来讲,编程的基本原理及步骤大体上是一致的。归纳起来可分为图 2-16 所示的几个基本步骤。

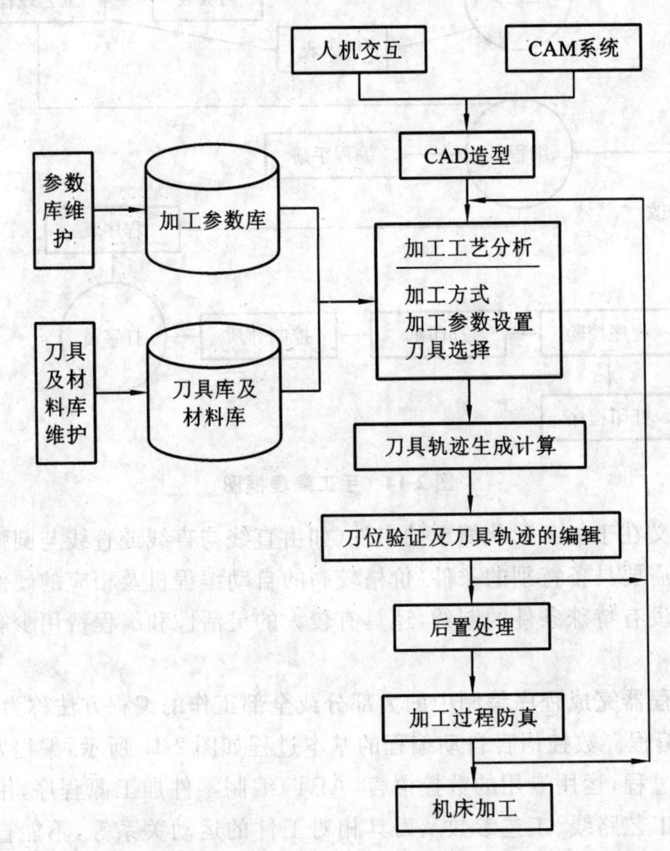


图 2-16　CAD/CAM 系统数控编程步骤

## 2.2.2 程序结构与程序段格式

### 1. 程序的结构

数控加工程序由遵循一定结构、句法和格式规则的若干个程序段组成，每个程序段是由若干个指令字组成的。一个完整的数控加工程序由程序号、程序主体和程序结束3部分组成，如图2-17所示。

程序号位于数控加工程序主体前，是数控加工程序的开始部分，一般独占一行。为了区别存储器中的数控加工程序，每个数控加工程序都要有程序号。程序号一般由规定的字母“O”“P”或符号“%”“:”开头，后面紧跟若干位数字，常用的是两位数字和四位数字两种，前面的“0”可以省略(但其后续数字切不可为4个“0”)。

程序主体也就是程序的内容，是整个程序的核心部分，由多个程序段组成。程序段是数控加工程序中的一句，单列一行，表示工件的一段加工信息，用于指挥机床完成某一个动作。若干个程序段的集合，则完整地描述了某一个工件加工的所有信息。

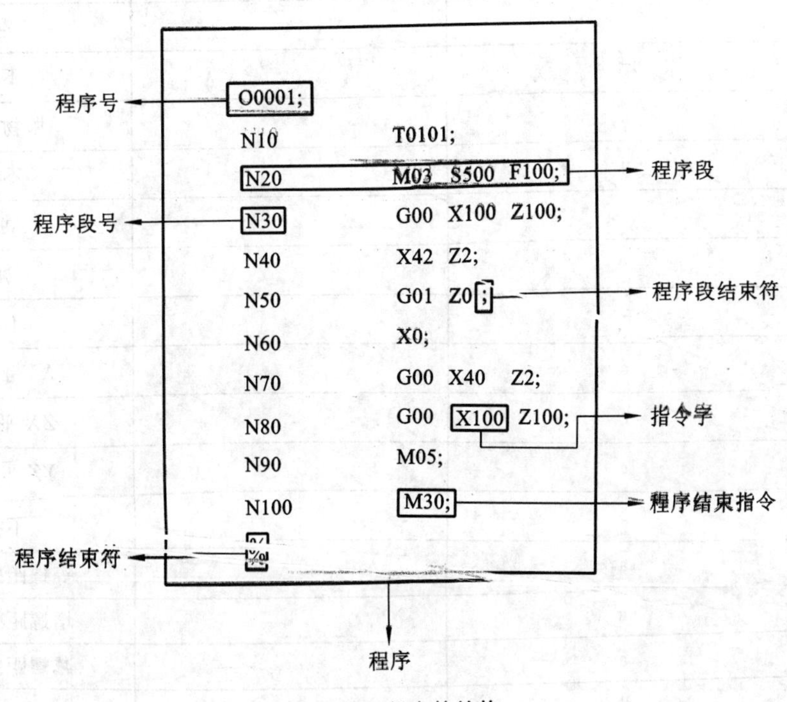


图2-17 程序的结构

### 2. 程序段格式

程序段格式是指在同一程序段中开头字母、数字、符号等各个信息代码的排列顺序和含义规则的表示方法。程序段的格式可分为字地址程序段格式、具有分隔符号TAB的固定顺序的程序段格式、固定顺序程序段格式。广泛使用的就是字地址程序段格式(也称可变程序段格式)。这种程序段格式是用地址码来指明数据的意义，因此不需要的字或与上一程序段相同的字都可省略，所以程序段的长度是可变的。采用这种格式的优点就是程序中所包含的信息可读性好，便于人工编程修改。

## 2.2.3 功能字

**1. 准备功能字**

准备功能字的地址符是G，它是设立机床加工方式，为数控机床的插补运算、刀补运算、固定循环等做好准备。G指令由字母G和后面的两位数字组成，从G00～G99共100种，见表2-2。

**表2-2 G指令的用法与功能**

| G代码 | 功能保持到被取消或被同样字母表示的程序指令所代替 | 功能仅在所出现的程序段内有效 | 功　能 |
|---|---|---|---|
| G00 | a | | 点定位 |
| G01 | a | | 直线插补 |
| G02 | a | | 顺时针圆弧插补 |
| G03 | a | | 逆时针圆弧插补 |
| G04 | | * | 暂停 |
| G05 | # | | 不指定 |
| G06 | a | | 抛物线插补 |
| G07 | # | | 不指定 |
| G08 | | | 加速 |
| G09 | | | 减速 |
| G10～G16 | # | | 不指定 |
| G17 | c | | *XY*平面选择 |
| G18 | c | | *ZX*平面选择 |
| G19 | c | | *YZ*平面选择 |
| G20～G32 | # | | 不指定 |
| G33 | a | | 等螺距螺纹切削 |
| G34 | a | | 增螺距螺纹切削 |
| G35 | a | | 减螺距螺纹切削 |
| G36～G39 | # | | 永不指定 |
| G40 | d | | 刀具补偿/刀具偏置注销 |
| G41 | d | | 刀具补偿(左) |
| G42 | d | | 刀具补偿(右) |
| G43 | #(d) | | 刀具偏置(正) |
| G44 | #(d) | | 刀具偏置(负) |
| G45 | #(d) | | 刀具偏置(+/+) |
| G46 | #(d) | | 刀具偏置(+/-) |
| G47 | #(d) | | 刀具偏置(-/-) |

续表

| G代码 | 功能保持到被取消或被同样字母表示的程序指令所代替 | 功能仅在所出现的程序段内有效 | 功　能 |
|---|---|---|---|
| G48 | #(d) | | 刀具偏置(−/+) |
| G49 | #(d) | | 刀具偏置(0/+) |
| G50 | #(d) | | 刀具偏置(0/−) |
| G51 | #(d) | | 刀具偏置(+/0) |
| G52 | #(d) | | 刀具偏置(−/0) |
| G53 | f | | 直线偏移注销 |
| G54 | f | | 直线偏移 *X* |
| G55 | f | | 直线偏移 *Y* |
| G56 | f | | 直线偏移 *Z* |
| G57 | f | | 直线偏移 *XY* |
| G58 | f | | 直线偏移 *XZ* |
| G59 | f | | 直线偏移 *YZ* |
| G60 | h | | 准确定位1(精) |
| G61 | h | | 准确定位2(中) |
| G62 | h | | 准确定位(粗) |
| G63 | * | | 攻丝 |
| G64～G67 | # | # | 不指定 |
| G68 | #(d) | # | 刀具偏置,内角 |
| G69 | #(d) | # | 刀具偏置,外角 |
| G70～G79 | # | # | 不指定 |
| G80 | e | | 固定循环注销 |
| G81～G89 | e | | 固定循环 |
| G90 | j | | 绝对尺寸 |
| G91 | j | | 增量尺寸 |
| G92 | | * | 预置寄存 |
| G93 | k | | 时间倒数,进给率 |
| G94 | k | | 每分钟进给 |
| G95 | k | | 主轴每转进给 |
| G96 | i | | 恒线速度 |
| G97 | i | | 主轴每分钟转速 |
| G98、G99 | # | # | 不指定 |

说明:#——如选作特殊用途,须在程序格式说明中说明;*——程序启动时生效。

G指令分为模态指令和非模态指令。模态指令又称续效代码,是指在程序中一经使用后就一直有效,直到出现同组中的其他任一G指令将其取代后才失效。非模态指令只在编有该代码的程序段中有效,下一程序段需要时必须重写。

**2. 坐标尺寸字**

坐标尺寸字在程序段中主要用来指定机床的刀具运动到达的坐标位置。尺寸字可以使用米制，也可以使用英制，FANUC 系统用 G20/G21 切换。

尺寸字是由规定的地址符及后续的带正、负号的多位十进制数组成。常用的地址符有 X、Y、Z、U、V、W，主要表示指令到达点坐标值或距离；I、J、K，主要表示零件圆弧轮廓圆心点的坐标尺寸。有些数控系统在尺寸字中允许使用小数点编程，无小数点的尺寸字指令的坐标长度等于数控机床设定单位与尺寸字中数字的乘积。例如，采用米制单位，若设定为 1 μm，则指定 X 向尺寸 400 mm 时，应写成 X400.0 或 X400000。

**3. 辅助功能字**

辅助功能字的地址符是 M，它用来控制数控机床中辅助装置的开关动作或状态。与 G 指令一样，M 指令由字母 M 和其后的两位数字组成，从 M00～M99 共 100 种。常用的 M 指令如下。

(1) M00（程序暂停）。执行 M00 指令，主轴停、进给停、切削液关、程序停止。欲继续执行后续程序，应按操作面板上的循环启动键。该指令方便操作者进行刀具和工件的尺寸测量、工件调头、手动变速等操作。

(2) M01（选择停止）。该指令与 M00 功能相似，不同的是 M01 只有在机床操作面板上的“选择停止”开关处于“开”状态时，此功能才有效。

(3) M02（程序结束）。该指令表示加工程序全部结束，机床的主轴、进给、切削液全部停止，一般放在主程序的最后一个程序段中。

(4) M03（主轴正转）。主轴转速由主轴转速功能字 S 指定。该指令使主轴正转。

(5) M04（主轴反转）。该指令使主轴反转。

(6) M05（主轴停止）。在 M03 或 M04 指令作用后，可以用 M05 指令使主轴停止。

(7) M08（切削液开）。该指令使切削液打开。

(8) M09（切削液关）。该指令使切削液关闭。

(9) M30（程序结束并返回到程序开始）。该指令与 M02 功能相似，只是 M30 兼有控制返回程序头的作用。

**4. 进给功能字**

进给功能字的地址符是 F，它用来指定各运动坐标轴及其任意组合的进给量或螺纹导程。该指令是模态代码。现代数控机床一般都使用直接指定法，即 F 后跟的数字就是进给速度的大小。例如，F80 表示进给速度是 80 mm/min。这种表示较为直观，为用户编程带来方便。

有的数控系统，可用 G94/G95 来设定进给速度的单位。G94 是表示进给速度与主轴速度无关的每分钟进给量，单位为 mm/min；G95 是表示与主轴速度有关的主轴每转进给量，单位为 mm/r。

**5. 主轴转速功能字**

主轴转速功能字的地址符是 S，它用来指定主轴转速或速度，单位为 r/min 或 m/min。该指令是模态代码。其表示方法采用直接指定法，即 S 后跟的数字就是主轴转速的大小。例如，S800 表示主轴转速为 800 r/min。

**6. 刀具功能字**

刀具功能字的地址符是 T，它是用来指定加工中所用刀具和刀补号的。该指令是模态代码。常用的表示方法是 T 后跟两位数字或四位数字。

# 2.3 数控加工用刀具

数控加工用刀具材料主要包括高速钢、硬质合金、陶瓷、立方氮化硼、人造金刚石等。目前广泛使用气相沉积技术来提高刀具的切削性能和刀具耐用度。气相沉积可以用来制备具有特殊力学性能(如超硬、耐热等)的薄膜涂层。刀具涂层技术目前可分为两大类,即化学气相沉积和物理气相沉积。图 2-18 表示了不同刀具材料的硬度和韧性对比。

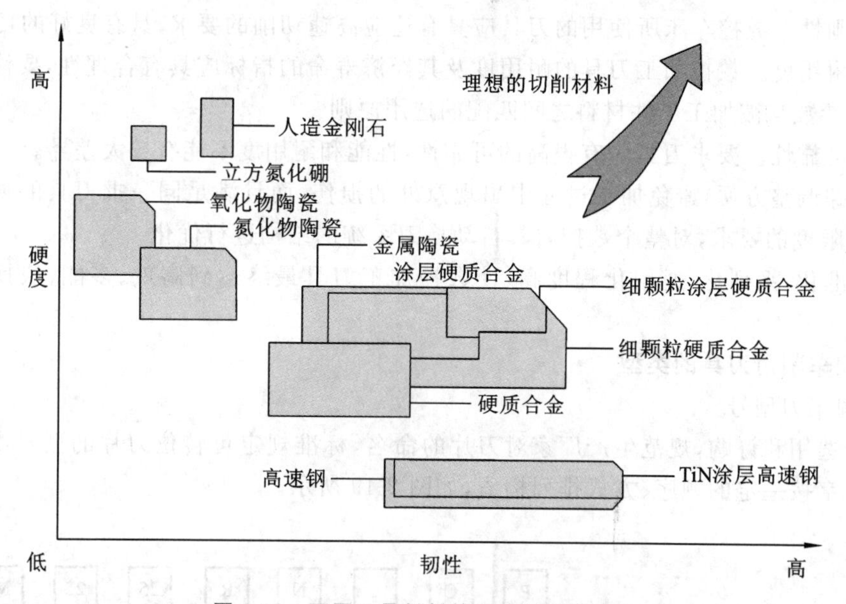


图 2-18 不同刀具材料的硬度和韧性对比

先进的机床需要有先进完备的刀具辅助系统为其做支撑,因而现代数控机床在传统机床的基础上对刀具有了更高的要求。现代数控机床广泛使用机夹硬质合金刀具,并且逐步开始推广使用硬质合金涂层刀具。

## 2.3.1 数控车削用刀具

数控车床使用的刀具从切削方式上可分为 3 类:外圆表面切削刀具、端面切削刀具和内圆表面切削刀具。

**1. 刀具材料基本要求**

要实现数控车床的合理切削,必须有与之相适应的刀具与刀具材料。切削中刀具切削刃要承受很高的温度和很大的切削力,同时还要承受冲击与振动,要使刀具能在这样的条件下工作,并保持良好的切削能力,刀具材料应满足以下基本要求。

(1) 高硬度和高耐磨性。刀具材料的硬度应大于工件材料的硬度才能维持正常的切削。

(2) 足够的强度和韧性。刀具材料必须具备足够的抗弯强度和冲击韧性,以承受切削力、冲击和振动,避免在切削过程中产生断裂和崩刃。

(3) 良好的耐热性能。刀具耐热性是指刀具材料在切削过程中的高温下保持硬度、耐磨性、强度和韧性的能力。

(4) 良好的工艺性。为了便于刀具的制造,要求刀具材料具有良好的工艺性,如良好的热处理性能和刃磨性等。

(5) 经济性。经济性是指刀具材料价格及刀具制造成本，整体上的经济性可以使分摊到每个工件的成本不高。

**2. 数控车削用刀具的特点**

为了满足数控车床的加工工序集中、零件装夹次数少、加工精度高和能自动换刀等要求，数控车床使用的数控刀具有如下特点。

(1) 高加工精度。为适应数控加工高精度和快速自动换刀的要求，数控刀具及其装夹结构必须具有很高的精度，以保证在数控车床上的安装精度和重复定位精度。

(2) 高刚性。数控车床所使用的刀具应具有适应高速切削的要求，具有良好的切削性能。

(3) 高耐用度。数控加工刀具的耐用度及其经济寿命的指标应具有合理性，要注重刀具材料及其切削参数与被加工工件材料之间匹配的选用原则。

(4) 高可靠性。要求刀具应有很高的可靠性，性能和耐用度不能有较大差异。

(5) 装卸调整方便，避免加工过程中出现意外的损伤，而且满足同一批刀具的切削刀具系统装载质量限度的要求，对整个数控刀具自动换刀系统的结构进行优化。

(6) 标准化、系列化、通用化程度高，使数控加工刀具最终达到高效、多能、快换和经济的目的。

**3. 数控车削用刀具的类型**

1) 外圆车刀型号

为便于选用和订购，规范生产厂家对刀片的命名，标准规定可转位刀片的型号由不同意义的字母或数字按一定的顺序、方式排列构成，如图 2-19 所示。

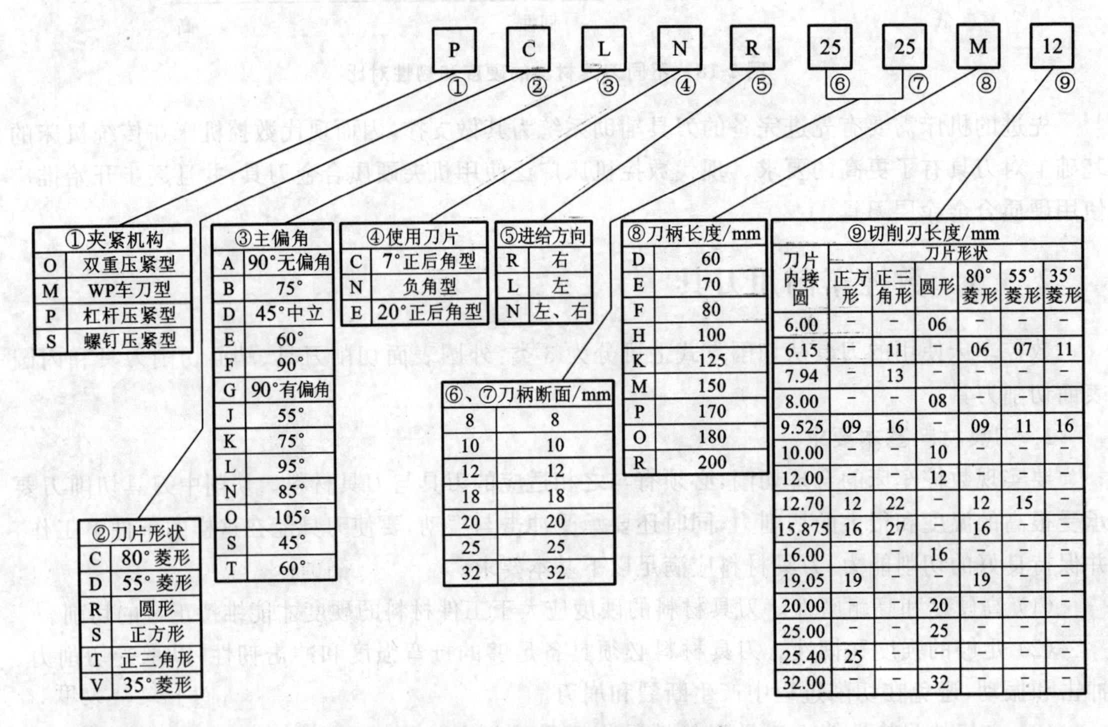


| ①夹紧机构 | |
|---|---|
| O | 双重压紧型 |
| M | WP车刀型 |
| P | 杠杆压紧型 |
| S | 螺钉压紧型 |

| ②刀片形状 | |
|---|---|
| C | 80°菱形 |
| D | 55°菱形 |
| R | 圆形 |
| S | 正方形 |
| T | 正三角形 |
| V | 35°菱形 |

| ③主偏角 | |
|---|---|
| A | 90°无偏角 |
| B | 75° |
| D | 45°中立 |
| E | 60° |
| F | 90° |
| G | 90°有偏角 |
| J | 55° |
| K | 75° |
| L | 95° |
| N | 85° |
| O | 105° |
| S | 45° |
| T | 60° |

| ④使用刀片 | |
|---|---|
| C | 7°正后角型 |
| N | 负角型 |
| E | 20°正后角型 |

| ⑤进给方向 | |
|---|---|
| R | 右 |
| L | 左 |
| N | 左、右 |

| ⑥、⑦刀柄断面/mm | |
|---|---|
| 8 | 8 |
| 10 | 10 |
| 12 | 12 |
| 18 | 18 |
| 20 | 20 |
| 25 | 25 |
| 32 | 32 |

| ⑧刀柄长度/mm | |
|---|---|
| D | 60 |
| E | 70 |
| F | 80 |
| H | 100 |
| K | 125 |
| M | 150 |
| P | 170 |
| O | 180 |
| R | 200 |

| ⑨切削刃长度/mm | | | | | | |
|---|---|---|---|---|---|---|
| 刀片内接圆 | 刀片形状 | | | | | |
| | 正方形 | 正三角形 | 圆形 | 80°菱形 | 55°菱形 | 35°菱形 |
| 6.00 | – | – | 06 | – | – | – |
| 6.15 | – | 11 | – | 06 | 07 | 11 |
| 7.94 | – | 13 | – | – | – | – |
| 8.00 | – | – | 08 | – | – | – |
| 9.525 | 09 | 16 | – | 09 | 11 | 16 |
| 10.00 | – | – | 10 | – | – | – |
| 12.00 | – | – | 12 | – | – | – |
| 12.70 | 12 | 22 | – | 12 | 15 | – |
| 15.875 | 16 | 27 | – | 16 | – | – |
| 16.00 | – | – | 16 | – | – | – |
| 19.05 | 19 | – | – | 19 | – | – |
| 20.00 | – | – | 20 | – | – | – |
| 25.00 | – | – | 25 | – | – | – |
| 25.40 | 25 | – | – | – | – | – |
| 32.00 | – | – | 32 | – | – | – |

**图 2-19 外圆车刀型号表示规则**

(1) 夹紧机构。可转位车刀夹紧机构见表 2-3。

表 2-3 可转位车刀夹紧机构

| 夹紧方式 | 图示 | 特性 | 夹紧方式 | 图示 | 特性 |
|---|---|---|---|---|---|
| 押板紧固(C) | | 1. 坚硬紧固。<br>2. 负角刀片：半精加工～粗加工（主要用于陶瓷刀具紧固）。<br>3. 正角刀片：低切削阻力 | 双重紧固(M) | | 1. 押板和插销双重紧固。<br>2. 坚硬紧固。<br>3. 重切削用 |
| 插销紧固(P) | | 1. 紧固力强。<br>2. 精度高。<br>3. 刀片更换容易 | 杠杆紧固(P) | | 1. 紧固力强。<br>2. 精度高。<br>3. 刀片更换容易，使用广泛 |
| 螺丝紧固(S) | | 1. 构造简单。<br>2. 精～半精加工用 | 楔形紧固(W) | | 1. 坚硬紧固。<br>2. 重切削用 |

(2) 进给方向。车刀进给方向如图 2-20 所示。R 为右偏刀，从右开始切削加工；L 为左偏刀，从左开始切削；N 一般为螺纹的进刀加工方式。

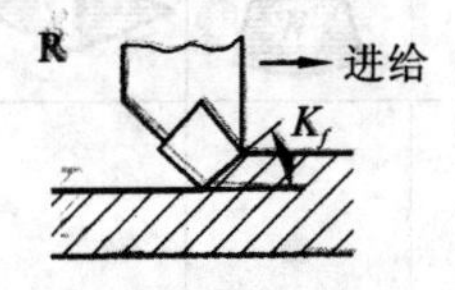

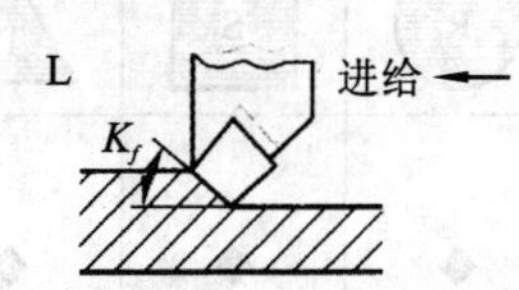

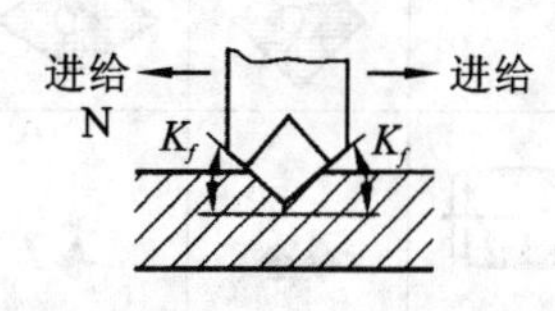


图 2-20 车刀进给方向

(3) 外圆刀杆的应用。外圆刀杆的应用见表 2-4。

表 2-4 外圆刀杆的应用

| 刀具系统 | 负前角刀片(T-MAXP) | | | | 正前角刀片 | 陶瓷和立方氮化硼刀片(T-MAX) | |
|---|---|---|---|---|---|---|---|
| | 刚性夹紧式 | 杠杆夹紧式 | 楔块夹紧式 | 螺钉夹紧和上压式 | 螺钉夹紧式 | 刚性夹紧式 | 上压式 |
| 夹紧系统 | | | | | | | |

续表

| 刀具系统 | | 负前角刀片(T-MAXP) | | | | 正前角刀片 | 陶瓷和立方氮化硼刀片(T-MAX) | |
|---|---|---|---|---|---|---|---|---|
| 工序 | 纵向/端面车削 | ◆◆ | ◆ | ◆ | | ◆ | ◆◆ | ◆ |
| | 仿形切削 | ◆◆ | ◆ | ◆ | ◆ | ◆◆ | ◆◆ | ◆ |
| | 端面车削 | ◆◆ | ◆ | ◆ | ◆ | ◆ | ◆◆ | ◆ |
| | 插入车削 | | ◆ | | | ◆◆ | | ◆◆ |

说明：◆◆——推荐刀具系统；◆——补充选择刀具系统。

(4) 外圆刀杆刀片的应用。外圆刀杆刀片的应用见表 2-5。

**表 2-5　外圆刀杆刀片的应用**

| 外圆车削 | | 刀片形状 | | | | | | | |
|---|---|---|---|---|---|---|---|---|---|
| | | 80° | 55° | 圆形 | 90° | 60° | 80° | 35° | 55° |
| | | C | D | R | S | T | W | V | |
| 工序 | 纵向/端面车削 | ◆◆ | ◆ | ◆ | ◆ | ◆ | ◆ | | |
| | 仿形切削 | | ◆◆ | | | ◆ | | ◆ | ◆ |
| | 端面车削 | ◆ | ◆ | ◆ | ◆◆ | ◆ | ◆ | | ◆ |
| | 插入车削 | | | ◆◆ | | ◆ | | | |

说明：◆◆——推荐刀具系统；◆——补充选择刀具系统。

2）内孔车刀型号

内孔车刀型号的表示如图 2-21 所示。

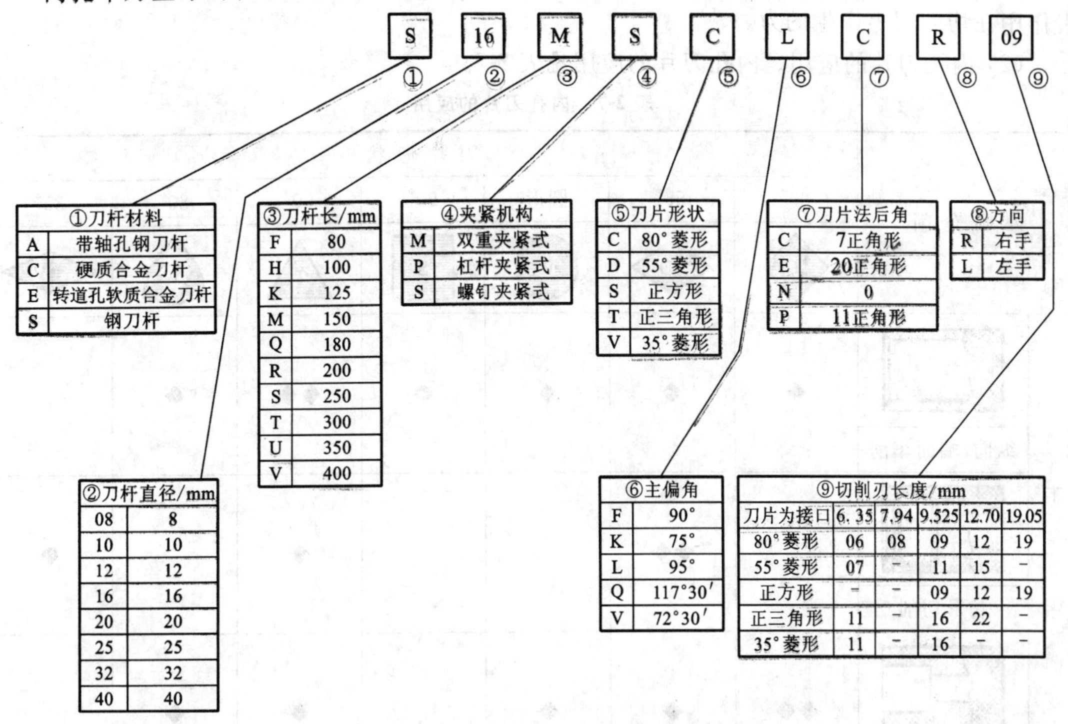


**图 2-21　内孔车刀型号表示规则**

（1）内孔刀杆的应用。内孔刀杆的应用见表 2-6。

**表 2-6　内孔刀杆的应用**

| 刀具系统 | | 负前角刀片(T-MAXP) | | | | 正前角刀片 | 陶瓷和立方氮化硼刀片(T-MAX) |
|---|---|---|---|---|---|---|---|
| 夹紧系统 | | 刚性夹紧式 | 杠杆夹紧式 | 楔块夹紧式 | 螺钉夹紧和上压式 | 螺钉夹紧式 | 上压式 |
| 工序 | 纵向/端面车削 | ◆◆ | ◆◆ | ◆ | | ◆◆ ◆◆ | ◆ |
| | 仿形切削 | ◆ | ◆ | | ◆ | ◆◆ ◆◆ | |
| | 端面车削 | ◆ | ◆ | | | ◆◆ ◆ | ◆ |

说明:◆◆——推荐刀具系统;◆——补充选择刀具系统。

注意:使用尽可能大的镗杆,以获得最大稳定性;如可能,使用小于90°的主偏角,以减小冲击作用在切削刃上产生的力。

(2) 内孔刀片的应用。内孔刀片的应用见表 2-7。

**表 2-7　内孔刀片的应用**

| 外圆车削 | | 刀片形状 | | | | | | |
|---|---|---|---|---|---|---|---|---|
| | | 80° | 55° | 圆形 | 90° | 60° | 80° | 35° |
| | | C | D | R | S | T | W | V |
| 工序 | 纵向/端面车削 | ◆ | ◆ | ◆ | ◆ | ◆◆ | ◆ | |
| | 仿形切削 | | ◆◆ | | | ◆ | | ◆ |
| | 端面车削 | ◆◆ | ◆ | ◆ | | ◆ | ◆ | |

说明:◆◆——推荐刀具系统;◆——补充选择刀具系统。

**4. 数控车削用刀具的选用原则**

(1) 确定工序类型。确定工序类型即确定外圆/内孔加工顺序。一般遵循先内孔后外圆的原则,即先进行内部型腔的加工,再进行外圆的加工。

(2) 确定加工类型。确定加工类型即确定外圆车削/内孔车削/端面车削/螺纹车削的类型。数控车削加工的工艺特点是以工件旋转为主运动,车刀运动为进给运动,主要用来加工各种回转表面。根据所选用的车刀角度和切削用量的不同,车削可分为粗车、半精车和精车等阶段。最常见、最基本的车削方法是外圆车削;内孔车削是指用车削方法扩大工件的孔或加工空心工件的内表面,也是最常采用的车削加工方法之一;端面车削主要指的是车端平面(包括台阶端面);螺纹车削一般使用成形车刀加工。

(3) 确定刀具夹紧方式。

(4) 确定刀具形式。图 2-22 所示为数控车削用刀具形式与加工范围。

(5) 确定刀具中心高。一般刀具中心高主要有 16 mm、20 mm、25 mm、32 mm 和 40 mm 等。

(6) 选择刀片。选择刀片的形状、型号、槽型、刀尖和牌号。图 2-23 所示为可转位车刀刀片的形状。

**5. 刀具的选择和预调**

选择数控车削用刀具要针对所用机床的刀架结构,现以图 2-24 所示的某数控车床的刀盘结构为例加以说明。这种刀盘一共有 6 个刀位,每个刀位上可以在径向安装刀具,也可以在轴向装刀,外圆车刀通常安装在径向,内孔车刀通常安装在轴向。刀具以刀杆尾部和一个侧面定位,当采用标准尺寸的刀具时,只要定位、锁紧可靠,就能确定刀尖在刀盘上的相对位置。可见

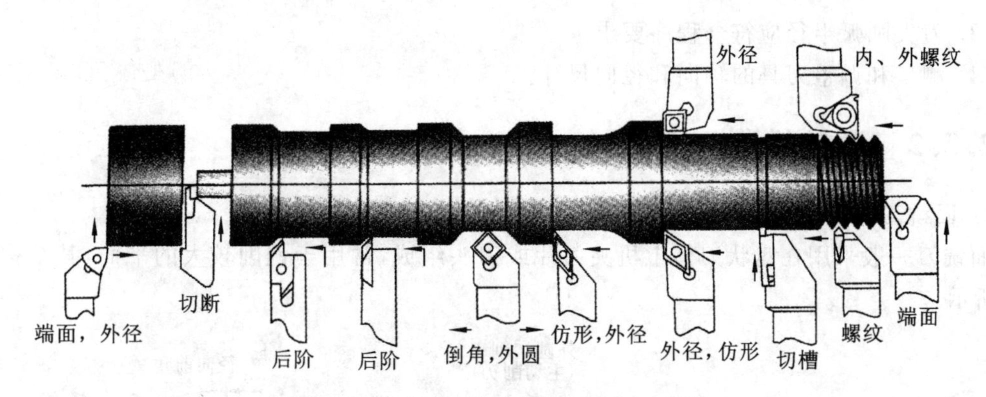


图 2-22 数控车削用刀具形式与加工范围

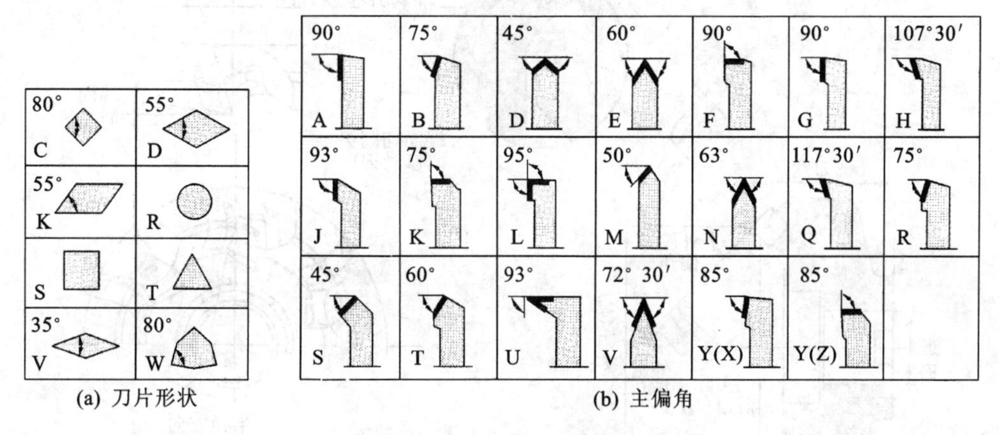


图 2-23 可转位车刀刀片的形状

对于这类刀盘结构，车刀的柄部要选择合适的尺寸，刀刃部分要选择机夹不重磨刀具，并且刀具的长度不得超出规定的范围，以免发生干涉现象。

数控车床刀具预调的主要工作包括如下几项内容。

(1) 按加工要求选择全部刀具，并对刀具外观，特别是刃口部位进行检查。

(2) 检查、调整刀尖的高度，实现等高要求。

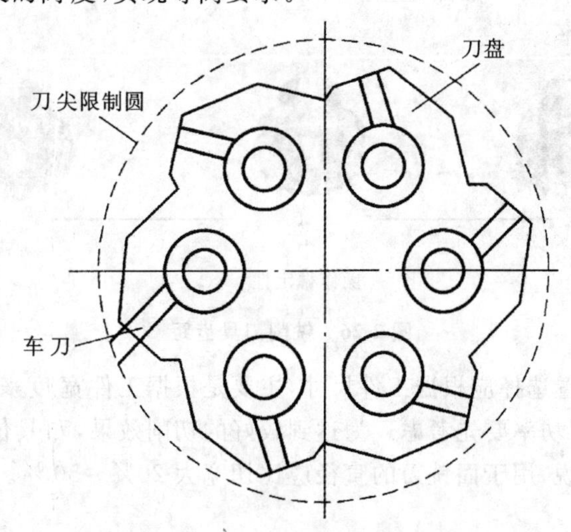


图 2-24 数控车床对车刀的限制

(3) 刀尖圆弧半径应符合程序要求。

(4) 测量和调整刀具的轴向和径向尺寸。

## 2.3.2 数控铣削用刀具

### 1. 面铣刀类

面铣刀一般采用在盘状刀体上机夹刀片或刀头组成，常用于铣削较大的平面，其结构如图2-25所示。

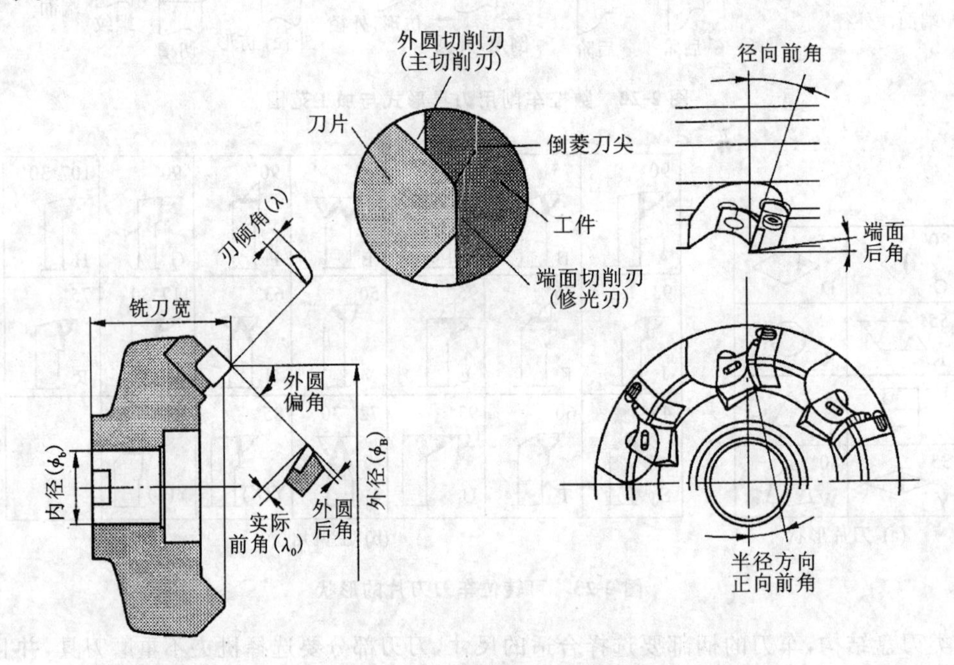


图 2-25 面铣刀的结构

铣削刀具齿距是刀齿上某一点和相邻刀齿上相同点之间的距离。面铣刀分为疏齿、密齿和超密齿，如图 2-26 所示。当稳定性和功率有限时，采用疏齿方式，用以减少刀片数目并采用不等齿距以得到最高生产率；在一般用途生产和混合生产的条件下首选密齿；在稳定条件下采用超密齿以获得较高生产率。

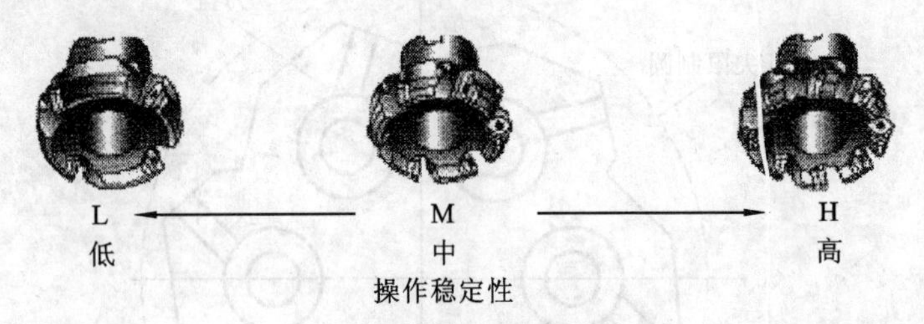


图 2-26 铣削刀具齿距

面铣刀盘直径和位置选择应根据工件尺寸，主要是根据工件宽度来选择直径，如图 2-27 所示。在选择过程中，机床功率要先考虑。为达到较好的切削效果，刀具位置、刀齿和工件接触的形式也要考虑。一般来说，用于面铣刀的直径应比切宽大 20%～50%。

### 2. 立铣刀类

立铣刀类有立铣刀、键槽铣刀和球头铣刀等。

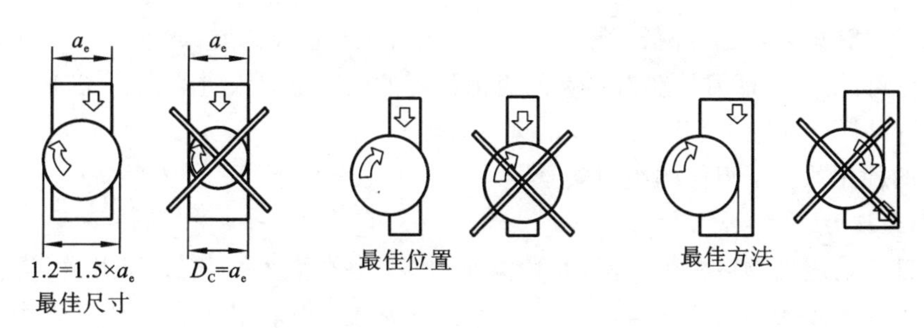


图 2-27 面铣刀盘刀具直径和位置

(1) 立铣刀。立铣刀如图 2-28 所示,它主要用于各种凹槽、台阶以及成形表面的铣削。其主切削刃位于圆周面上,端面上的切削刃是副刀刃。立铣刀一般不宜沿轴线方向进给。

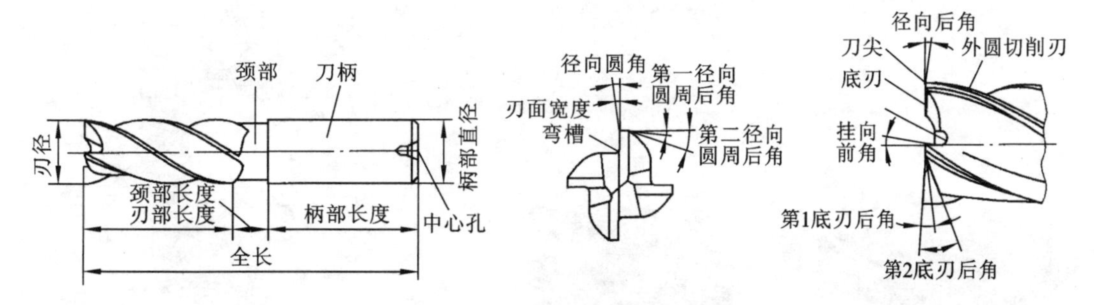


图 2-28 立铣刀的结构

(2) 键槽铣刀。键槽铣刀主要用于加工封闭槽。外形类似立铣刀,有两个刀齿,端面切削刃为主切削刃,圆周的切削刃是副刀刃。

(3) 球头铣刀。球头铣刀主要用于加工模具型腔或凸模成形表面。曲面加工时也常采用球头铣刀,但加工曲面较平坦的部位时,刀具以球头顶端切削,切削条件较差,因而应采用圆鼻刀。在单件或小批量生产中,采用鼓形、锥形和盘形铣刀来加工变斜角零件,如图 2-29 所示。

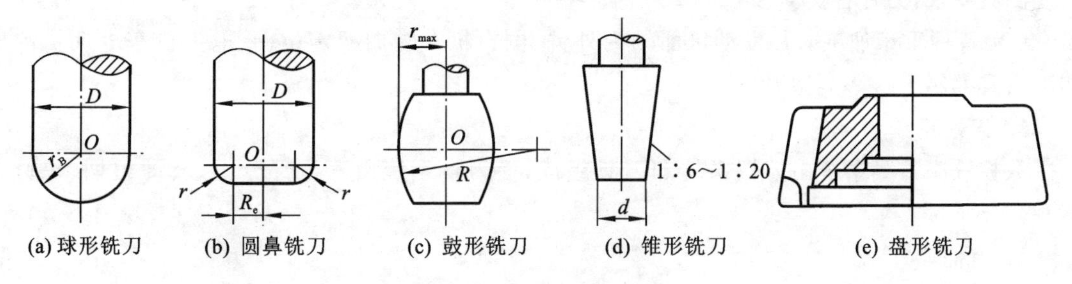


图 2-29 曲面加工用铣刀

### 3. 粗铣球头仿形铣刀

粗铣球头仿形铣刀的结构如图 2-30 所示。其主要技术特色为:

(1) 刀具整体设计双负结构,采用了$-10°$的刃倾角,提高了排屑性能和刀具的抗冲击与抗振动性能。

(2) 刀片的定位设计采用了最稳定的三角面定位原理,采用一次定位磨加工完成,特殊开发的检查夹具控制,定位精度较高。

(3) 刀片的刃形设计非常有特色,只用了一个圆弧和直线构造刀片刃形轮廓,通过特殊的造型处理,刃形的设计理论精度达到:球形刃最大误差仅为 0.005 mm,直线刃的最大误差为 0.02 mm。这样设计的优点是大批量制造容易实现,刀片的刃形仅为一个直线和一个圆弧,这是最为简洁的设计思路，大大降低了模具、刀片研磨等工序的制造复杂性。

(4) 双后角设计，保证刀具在有足够的刃部强度的同时可以大进给强力切削。

(5) 刀体设计与制造采用最为先进的理念，所有应力集中的区域采用圆滑化设计处理，确保强力切削的使用状况下刀体的绝对安全。

**4. 三面刃铣刀**

三面刃铣刀的应用领域极为广泛，其种类非常多，根据用途主要有以下几种。

(1) 切断型。形式多种多样，刀体制造工艺异常复杂，采用四边形浅槽车削刀片，采用SREW-ON(螺钉压紧)锁紧刀片，这种结构形式在切薄壁件或细长件等刚性不好的工件时特别不利，但具有制造容易、刀片切削刃多且形状简单、相对经济性好等优点，因此切断型三面刃铣刀多选择SECO结构，如图2-31所示。

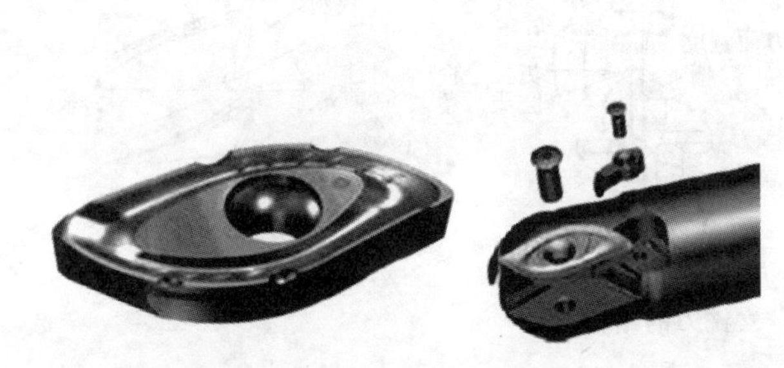

图2-30　粗铣球头仿形铣刀

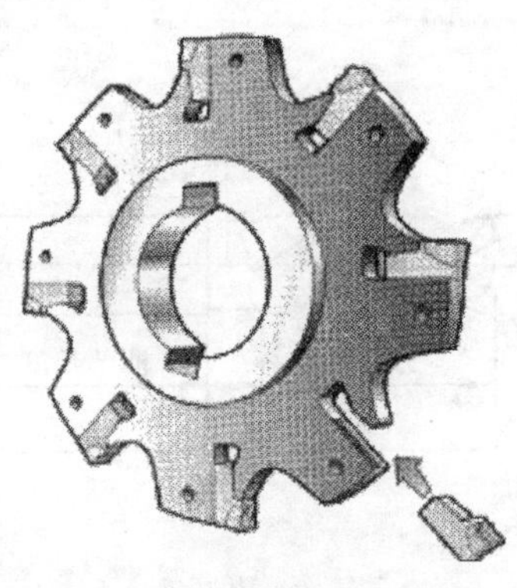

图2-31　三面刃铣刀SECO结构

(2) 单侧面加工。如发动机曲轴座侧面加工，根据图纸设计要求有多种倒角或倒圆要求，刀片种类繁多。

(3) 沟槽加工。如铣刀螺旋槽，被加工槽宽度必须根据用户要求精调，同样底部有多种倒角或倒圆要求，刀片种类繁多。

(4) 特种重型加工。如发动机曲轴内外铣、电力机车转向架定位槽、电力机车电动机内槽加工刀具都属于这一类型刀具。

**5. 刀柄系统**

数控铣床刀具系统由刀柄系统和刀具组成，而刀柄系统由三个部分组成，即刀柄、拉钉和夹头。

1) 刀柄

刀具通过刀柄与数控铣床/加工中心主轴连接，其强度、刚性、磨性、制造精度以及夹紧力等对加工有直接影响。

数控铣床刀柄一般采用7∶24锥面与主轴锥孔配合定位，刀柄及其尾部供主轴内拉紧机构用的拉钉已实现标准化；加工中心的刀柄分为整体式和模块式两类，如图2-32所示。整体式刀柄刀具系统中，不同的刀具直接或通过刀具夹头与对应的刀柄连接组成所需要的刀具系统。模块式刀柄刀具系统是将整体式刀杆分解成柄部、中间连接块、工作部三个主要部分，然后通过各种连接在保证刀杆连接精度、刚度的前提下，将这三个部分连接成一个整体。

2) 拉钉与夹头

拉钉如图2-33所示，其尺寸已标准化，ISO或GB规定了A型和B型两种形式的拉钉，其中A型拉钉用于不带钢球的拉紧装置，B型拉钉用于带钢球的拉紧装置。

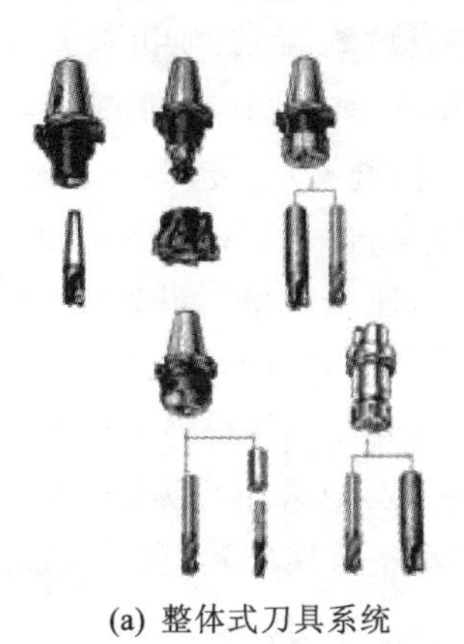
(a) 整体式刀具系统

(b) 模块式刀具系统

图 2-32 数控铣床/加工中心刀具系统

(a) A型拉钉

(b) B型拉钉

图 2-33 拉钉

夹头有两种，即 ER 弹簧夹头和 KM 弹簧夹头，如图 2-34 所示。其中：ER 弹簧夹头的夹紧力较小，适用于切削力较小的场合；KM 弹簧夹头的夹紧力较大，适用于强力铣削。

(a) ER弹簧夹头

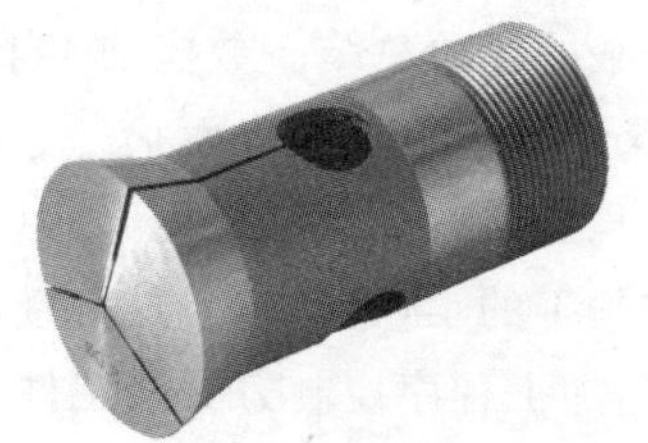
(b) KM弹簧夹头

图 2-34 夹头

**6. 铣刀的选择**

选取刀具时，要使刀具的尺寸与被加工工件的表面尺寸和形状相适应。生产中，平面零件周边轮廓的加工，常采用立铣刀。铣削平面时，应选择硬质合金刀片铣刀；加工凸台、凹槽时，选择高速钢立铣刀；加工毛坯表面或粗加工孔时，可选择镶硬质合金的玉米铣刀。绝大部分铣刀由专业工具厂制造，加工时只需选好铣刀的参数即可。铣刀的主要结构参数有直径 $d_0$、宽度(或长度)$L$ 及齿数 $z$。

刀具半径 $r$ 应小于零件内轮廓面的最小曲率半径 $\rho$，一般取 $r=(0.8\sim0.9)\rho$。

零件的加工高度 $H<(1/4\sim1/6)r$，以保证刀具有足够的刚度。

对不通孔(深槽)，选取 $L=H+(5\sim10)$ mm($L$ 为刀具切削部分长度，$H$ 为零件高度)。

加工通孔及通槽时，选取 $L=H+r_c+(5\sim10)$ mm($r_c$为刀尖角半径)。

铣刀直径 $d_0$ 是铣刀的基本结构参数，其大小对铣削过程和铣刀的制造成本有直接影响。选择较大铣刀直径，可以采用较粗的心轴，提高加工系统刚性，切削平稳，加工表面质量好，还可增大容屑空间，提高刀齿强度，改善排屑条件。另外，刀齿不切削时间长，散热好，可采用较高的铣削速度。但选择大直径铣刀也有一些不利因素，如刀具成本高，切削扭矩大，动力消耗大，切入时间长等。在保证足够的容屑空间及刀杆刚度的前提下，宜选择较小的铣刀直径。某些情况下则由工件加工表面尺寸确定铣刀直径。例如：铣键槽时，铣刀直径应等于槽宽。

铣刀齿数 $z$ 对生产效率和加工表面质量有直接影响。同一直径的铣刀，齿数愈多，同时切削的齿数也愈多，使铣削过程较平稳，因而可获得较好的加工质量。另外，当每齿进给量一定时，可随齿数的增多而提高进给速度，从而提高生产率。但过多的齿数会减少刀齿的容屑空间，因此不得不降低每齿进给量，这样反而降低了生产率。一般按工件材料和加工性质选择铣刀的齿数。例如：粗铣钢件时，首先需保证容屑空间及刀齿强度，应采用粗齿铣刀；半精铣或精铣钢件、粗铣铸铁件时，可采用中齿铣刀；精铣铸铁件或铣削薄壁铸铁件时，宜采用细齿铣刀。

# 2.4 数控加工工艺

## 2.4.1 数控加工工艺系统概述

### 1. 数控加工工艺概念与工艺过程

1）工艺过程

数控加工工艺是指采用数控机床加工零件时，所运用各种方法和技术手段的总和，应用于整个数控加工工艺过程。

数控加工工艺是伴随着数控机床的产生、发展而逐步完善起来的一种应用技术，它是人们大量数控加工实践的经验总结。数控加工工艺过程是利用切削刀具在数控机床上直接改变加工对象的形状、尺寸、表面位置、表面状态等，使其成为成品或半成品的过程。

数控加工过程是在一个由数控机床、刀具、夹具和工件构成的数控加工工艺系统中完成的。数控机床是零件加工的工作机械，刀具直接对零件进行切削，夹具用来固定被加工零件并使之占有正确的位置，加工程序控制刀具与工件之间的相对运动轨迹。工艺设计的好坏直接影响数控加工的尺寸精度和表面精度、加工时间的长短、材料和人工的耗费，甚至直接影响加工的安全性。所以，掌握数控加工工艺的内容和数控加工工艺的方法非常重要。

2）数控加工工艺与数控编程的关系

(1) 数控程序。输入数控机床，执行一个确定的加工任务的一系列指令，称为数控程序或零件程序。

(2) 数控编程，即把零件的工艺过程、工艺参数及其他辅助动作，按动作顺序和数控机床规定的指令、格式，编成加工程序，再记录于控制介质即程序载体，输入数控装置，从而指挥机床加工并根据加工结果加以修正的过程。

(3) 数控加工工艺与数控编程的关系。数控加工工艺分析与处理是数控编程的前提和依据，没有符合实际的、科学合理的数控加工工艺，就不可能有真正可行的数控加工程序。数控编程就是将制定的数控加工工艺内容程序化。

### 2. 数控加工工艺特点

数控加工采用了计算机控制系统和数控机床，使得数控加工与普通加工相比具有加工自动化程度高、精度高、质量稳定、生产效率高、周期短、设备使用费用高等特点。数控加工工艺与普通加工工艺也具有一定的差异。

1）数控加工工艺内容要求更加具体、详细

普通加工工艺中许多具体工艺问题，如工步的划分与安排、刀具的几何形状与尺寸、走刀路线、加工余量、切削用量等，在很大程度上由操作人员根据实际经验和习惯自行考虑和决定，一般无须工艺人员在设计工艺规程时进行过多的规定，零件的尺寸精度也可由试切保证。数控加工工艺中所有工艺问题必须事先设计和安排好，并编入加工程序中。数控加工工艺不仅包括详细的切削加工步骤，还包括工夹具型号、规格、切削用量和其他特殊要求的内容，以及标有数控加工坐标位置的工序图等。在自动编程中更需要确定详细的各种工艺参数。

2）数控加工工艺要求更严密、精确

普通加工工艺在加工时，可以根据加工过程中出现的问题，比较自由地进行人为调整。数控加工工艺自适应性较差，加工过程中可能遇到的所有问题必须事先精心考虑，否则导致严重的后果。如攻螺纹时，数控机床不知道孔中是否已挤满切屑，是否需要退刀清理一下切屑再继续加工。又如非数控机床加工，可以多次“试切”来满足零件的精度要求；而数控加工过程，严格按规定尺寸进给，要求准确无误。因此，数控加工工艺设计要求更加严密、精确。

3）零件图形的数学处理和计算

编程尺寸并不是零件图上设计的尺寸的简单再现。在对零件图进行数学处理和计算时，编程尺寸设定值要根据零件尺寸公差要求和零件的形状几何关系重新调整计算，才能确定合理的编程尺寸。

4）考虑进给速度对零件形状精度的影响

制定数控加工工艺时，选择切削用量要考虑进给速度对加工零件形状精度的影响。在数控加工中，刀具的移动轨迹是由插补运算完成的。根据插补原理分析，在数控系统已定的条件下，进给速度越快，则插补精度越低，导致工件的轮廓形状精度越差。尤其在高精度加工时，这种影响非常明显。

5）强调刀具选择的重要性

从零件结构方面来说，数控加工的工艺性与普通机床加工的工艺性有所不同，一些在普通机械加工中工艺性不好的零件或结构，采用数控加工时则很容易实现，而有些用普通机床加工时工艺性较好的情况却不适合数控加工，这是由数控加工的原理和特点决定的。图 2-35 所示为在普通机床上用成型刀具加工三种沟槽的情形，从普通车床或磨床的切削方式进行工艺性判断，(a)的工艺性最好，(b)次之，(c)最差，因为(b)和(c)的槽刀具制造困难，切削抗力比较大，刀具磨损后不易重磨。若改用数控机床加工，如图 2-36 所示，则(c)工艺性最好，(b)次之，(a)最差，因为(a)在数控机床上加工时仍要用成型槽刀切削，不能充分利用数控加工走刀灵活的特点，(b)和(c)则可用通用的外圆刀具加工。

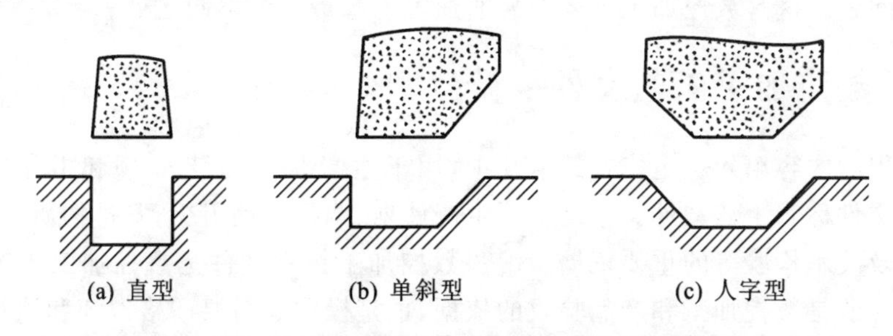


**图 2-35　普通机床上用成型刀具加工沟槽**

又如图 2-37 所示的端面形状比较复杂的盘类零件，其轮廓剖面由多段直线、斜线和圆弧组成。虽然形状比较复杂，但用标准的 35°刀尖角的菱形刀片可以毫无干涉地完成整个型面的切

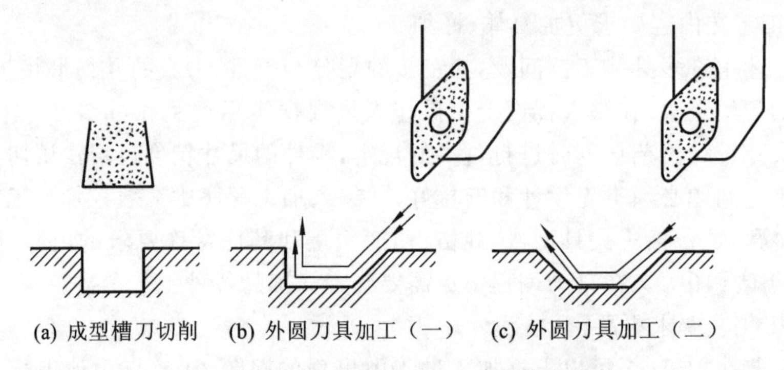

(a) 成型槽刀切削　(b) 外圆刀具加工（一）　(c) 外圆刀具加工（二）

**图 2-36　在数控机床上加工不同的沟槽**

削，完全适合数控加工。

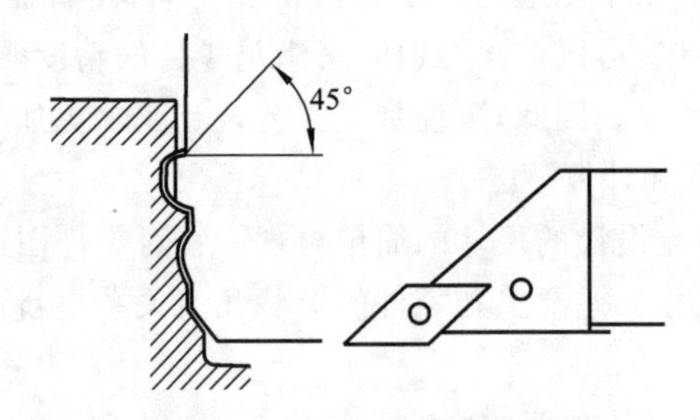


**图 2-37　复杂轮廓面的数控加工**

6）数控加工工艺的特殊要求

（1）由于数控机床比普通机床的刚度高，所配的刀具也较好，因此在同等情况下，数控机床切削用量比普通机床大，加工效率也较高。

（2）数控机床的功能复合化程度越来越高，因此现代数控加工工艺的明显特点是工序相对集中，表现为工序数目少，工序内容多，并且由于在数控机床上尽可能安排较复杂的工序，所以数控加工的工序内容比普通机床加工的工序内容复杂。

（3）由于数控机床加工的零件比较复杂，因此在确定装夹方式和夹具设计时，要特别注意刀具与夹具、工件的干涉问题。

7）数控加工工艺的特殊性

在普通工艺中，划分工序、选择设备等重要内容，对数控加工工艺来说属于已基本确定的内容，所以制定数控加工工艺的着重点是整个数控加工过程的分析，关键在确定进给路线及生成刀具运动轨迹。复杂表面的刀具运动轨迹生成需借助自动编程软件，既是编程问题，当然也是数控加工工艺问题。这是数控加工工艺与普通加工工艺最大的不同之处。

## 2.4.2　数控加工工艺文件

将工艺规程的内容填入一定格式的卡片中，用于生产准备、工艺管理和指导技术工人操作等的各种技术文件称为工艺文件。它是编制生产计划、调整劳动组织、安排物质供应、指导技术工人加工操作及技术检验等的重要依据。编写数控加工技术文件是数控加工工艺设计的内容之一。这些文件既是数控加工和产品验收的依据，也是操作者需要严格遵守和执行的规程。数控加工工艺文件还作为加工程序的具体说明或附加说明，其目的是让操作者更加明确程序的内容、安装与定位方式、各加工部位所选用的刀具及其他需要说明的事项，以保证程序的正确运行。

数控加工工艺文件主要包括数控加工工序卡、数控刀具调整单、机床调整单、零件加工程序单等。这些文件目前还没有一个统一的国家标准，但各企业可根据本单位的特点制定上述工艺文件。

**1. 数控加工编程任务书**

数控加工编程任务书记载并说明了工程技术人员对数控加工工序的技术要求、工序说明以及数控加工前应保证的加工余量，它是程序编辑技术人员与工艺制定技术人员协调加工工作和编制数控程序的重要依据之一，其格式见表2-8。

**表2-8 数控加工编程任务书**

年 月 日

| ××××× | 数控加工编程任务书 | 产品零件图号 | | 任务书编号 |
|---|---|---|---|---|
| | | 零件名称 | | |
| 工程技术部 | | 数控设备 | | 共 页第 页 |

主要工序说明及技术要求：

1.××××××××××

2.××××××××××

| 编程收到日期 | | 经手 | | 批准 | |
|---|---|---|---|---|---|

| 编制 | | 审核 | | 编程 | | 审核 | | 批准 | |
|---|---|---|---|---|---|---|---|---|---|

**2. 工序卡**

数控加工工序卡与普通加工工序卡有许多相似之处，但也有不同，不同的是数控加工工序卡应反映使用的辅具、刀具切削参数、切削液等，它是操作技术人员配合数控程序进行数控加工的主要指导性工艺资料。工序卡应按已确定的工步顺序填写，其格式见表2-9。

**表2-9 数控加工工序卡**

| ××××× | 数控加工工序卡 | 产品名称或代号 | 零件名称 | 零件图号 |
|---|---|---|---|---|
| | | | | |

| 工艺序号 | 程序编号 | 夹具名称 | 夹具编号 | 使用设备 | 车间 |
|---|---|---|---|---|---|
| | | | | | |

| 工步号 | 工步内容 | 加工面 | 刀具号 | 刀具规格 | 主轴转速 | 进给速度 | 背吃刀量 | 备注 |
|---|---|---|---|---|---|---|---|---|
| 1 | | | | | | | | |
| 2 | | | | | | | | |
| 3 | | | | | | | | |
| 4 | | | | | | | | |
| 5 | | | | | | | | |
| … | | | | | | | | |

| 编制 | | 审核 | | 批准 | | 共 页 | 第 页 |
|---|---|---|---|---|---|---|---|

**3. 数控加工进给路线图**

在数控加工中，特别要防止刀具在运行中与夹具、零件等发生碰撞，为此必须设法在加工工艺文件中告诉操作技术人员关于程序的刀具路线图。

为了简化进给路线图，一般采用统一约定的符号表示，不同的机床可以采用不同的图例与格式，见表 2-10 和表 2-11。

**表 2-10　数控加工进给路线图(一)**

<table>
<tr><td colspan="2" rowspan="2">×××××</td><td colspan="2" rowspan="2">数控刀具加工进给路线图</td><td>比例</td><td>共　页</td></tr>
<tr><td></td><td>第　页</td></tr>
<tr><td>零件图号</td><td></td><td colspan="2">零件名称</td><td colspan="2"></td></tr>
<tr><td>程序编号</td><td></td><td colspan="2">机床型号</td><td colspan="2"></td></tr>
<tr><td>刀　号</td><td></td><td colspan="4" rowspan="4">加工要求说明：</td></tr>
<tr><td>刀具直径</td><td></td></tr>
<tr><td>直径补偿</td><td></td></tr>
<tr><td>刀具长度</td><td></td></tr>
<tr><td>运动坐标点坐标</td><td colspan="5" rowspan="6">加工零件图样</td></tr>
<tr><td>第一点</td></tr>
<tr><td>第二点</td></tr>
<tr><td>…</td></tr>
<tr><td></td></tr>
<tr><td></td></tr>
<tr><td></td><td></td><td colspan="4" rowspan="2"></td></tr>
<tr><td></td><td></td></tr>
<tr><td>编程员</td><td></td><td>审核</td><td></td><td>日期</td><td></td></tr>
</table>

**表 2-11　数控加工进给路线图(二)**

<table>
<tr><td colspan="2">数控刀具加工路线进给图</td><td>零件图号</td><td></td><td>工序号</td><td></td><td>工步号</td><td></td></tr>
<tr><td>程序编号</td><td></td><td>设备型号</td><td></td><td>程序段号</td><td></td><td>加工内容</td><td></td></tr>
<tr><td colspan="8">加工零件图样</td></tr>
<tr><td>符号</td><td></td><td></td><td></td><td></td><td></td><td></td><td></td></tr>
<tr><td>含义</td><td></td><td></td><td></td><td></td><td></td><td></td><td></td></tr>
<tr><td>编程</td><td></td><td>核对</td><td></td><td>审核</td><td></td><td>共　页</td><td>第　页</td></tr>
</table>

**4. 数控刀具调整单**

数控刀具调整单主要包括数控刀具卡片与数控刀具明细表。

数控加工时，对刀具的要求十分严格，一般要在机外对刀仪上事先调整好刀具直径和长度。

数控刀具卡片主要反映刀具编号、刀具结构、尾柄规格、组合件名称代号、刀片型号和刀具材料等，它是安装刀具和调整刀具的合理依据。数控刀具卡片的规格见表 2-12。

数控刀具明细表是调刀人员调整刀具输入的主要依据。数控刀具明细表的规格见表 2-13。

**表 2-12 数控刀具卡片**

| 零件图号 | | 数控刀具卡片 | | | | 使用设备 |
|---|---|---|---|---|---|---|
| 刀具名称 | | | | | | |
| 刀具编号 | | 换刀方式 | | 程序编号 | | |
| 刀具组成 | 序号 | 编号 | 刀具名称 | 规格 | 数量 | 备注 |
| | 1 | | | | | |
| | 2 | | | | | |
| | 3 | | | | | |
| | 4 | | | | | |
| | 5 | | | | | |
| | | | | | | |
| | | | | | | |

刀具组成外形图

| 备注 | | | | | | | |
|---|---|---|---|---|---|---|---|
| 编制 | | 审核 | | 批准 | | 共　页 | 第　页 |

**表 2-13 数控刀具明细表**

| 零件图号 | 零件名称 | | 材料 | 数控刀具明细表 | | | 程序编号 | | 车间 | 使用设备 |
|---|---|---|---|---|---|---|---|---|---|---|
| | | | | | | | | | | |
| 刀号 | 刀位号 | 刀具名称 | 刀具图号 | 刀具 | | | 刀补地址 | | 换刀方式 | 加工部位 |
| | | | | 直径/mm | | 长度/mm | | | | |
| | | | | 设定 | 补偿 | 设定 | 直径 | 长度 | 自动/手动 | |
| | | | | | | | | | | |
| | | | | | | | | | | |
| | | | | | | | | | | |
| | | | | | | | | | | |
| | | | | | | | | | | |
| | | | | | | | | | | |
| | | | | | | | | | | |
| | | | | | | | | | | |
| | | | | | | | | | | |
| | | | | | | | | | | |
| 编制 | | 审核 | | 批准 | | 年　月　日 | | 共　页 | | 第　页 |

**5. 数控机床调整单**

数控机床调整单是数控机床操作技术人员在加工前调整数控机床的依据。它主要包括数控机床控制面板开关调整单和数控加工零件安装、零点设定卡片，其格式见表 2-14。

表 2-14　数控机床调整单

| 零件号 | | 零件名称 | | 工序号 | | 制表 | | | |
|---|---|---|---|---|---|---|---|---|---|
| F-位码调整旋钮 | | | | | | | | | |
| F1 | | F2 | | F3 | | F4 | | F5 | |
| F6 | | F7 | | F8 | | F9 | | F10 | |
| 刀具补偿拔盘 | | | | | | | | | |
| 1 | | | | | 6 | | | | |
| 2 | | | | | 7 | | | | |
| 3 | | | | | 8 | | | | |
| 4 | | | | | 9 | | | | |
| 5 | | | | | 10 | | | | |
| 各轴切削开关位置 | | | | | | | | | |
| *X* | | | | *Z* | | | | | |
| | | | | | | | | | |
| | | | | | | | | | |
| 垂直校验开关位置 | | | | | | | | | |
| 工件冷却 | | | | | | | | | |

**6. 零件安装和零点设定卡片**

数控加工零件安装和零点设定卡片标明了数控加工零件的定位与夹紧方法以及零件零点设定的位置和坐标方向，还有使用夹具的名称和编号等。其格式见表 2-15。

表 2-15　零件安装和零点设定卡片

| 零件图号 | | 零件加工安装和零点设定卡片 | | 工序号 | | | |
|---|---|---|---|---|---|---|---|
| 零件名称 | | | | 装夹次数 | | | |
| 零件加工图样 | | | | | | | |
| | | | | | | | |
| | | | | | … | | |
| | | | | | 4 | | |
| | | | | | 3 | | |
| | | | | | 2 | | |
| 编制 | 审核 | 批准 | 共　页 | | 1 | | |
| | | | 第　页 | | 序号 | 夹具名称 | 夹具图号 |

**7. 数控加工程序单**

数控加工程序单是编程技术人员根据零件工艺分析情况，经过数值计算，按照机床设备特点的指令代码编制的。因此，对加工程序进行详细说明是必要的，特别是某些需要长期保存和使用的程序。根据实践，其说明内容一般有：

(1) 数控加工工艺过程；

(2) 工艺参数；

(3) 位移数据的清单以及手动输入(MDI)和制备控制介质；

(4) 对程序中编入的子程序应说明其内容；

(5) 其他需要特殊说明的问题。

**第3章**

# 数控车加工与编程

# 3.1 数控车床的基本操作

## 3.1.1 文明生产和安全操作注意事项

“高高兴兴上班来，平平安安回家去”是职场安全的基本要求，因此在生产中必须严格按规范操作。

**1. 文明生产**

文明生产是现代企业制度中一项十分重要的内容，而数控加工是一种先进的加工方法。与普通车床加工相比，数控车床自动化程度更高。操作者除了应掌握数控车床的性能外，还应用心去操作。一是要管好、用好和维护好数控车床；二是必须养成文明生产的良好工作习惯和严谨的工作作风，也必须具备良好的职业素养、强烈的责任心和较好的合作精神。

**2. 安全操作注意事项**

要使数控车床能充分发挥出其应有的作用，必须严格按照数控车床操作规程去做，具体要求如下。

(1) 进入数控实训场地后，应服从安排，不得擅自启动或操作车床数控系统。

(2) 按规定穿戴好工作服、帽子、护目镜等。

(3) 不准穿高跟鞋、拖鞋上岗，更不允许戴手套和围巾进行操作。

(4) 开车床前应仔细检查车床各部分结构是否完好，各传动手柄、变速手柄的位置是否正确，还须按要求认真对车床进行润滑保养。

(5) 操作、使用数控系统面板时，对各按键、按钮及开关的操作不得用力过猛，更不允许用扳手或其他工具进行操作或敲击。

(6) 严禁两人同时操作车床，防止意外伤害事故发生。

(7) 手动操作中，应注意观察，防止刀架、刀架电动机与车床尾座等部位发生碰撞，造成设备或刀具的损坏。

(8) 操作过程中，工具、量具、工件、夹具等应放置在规定位置，不得放置在溜板、床头箱、防护罩上。卡盘扳手任何时候都不得“停放”在卡盘上。

(9) 车床使用中，发现问题应及时停机并迅速汇报。

(10) 完成对刀后，要做模拟换刀试验，以防止正式操作时发生撞坏刀具、工件或设备的事故。

(11) 车床进行自动加工时，应关闭防护门，随时注意观察。在车床加工过程中，不允许离开操作岗位，以确保安全。

(12) 观察者应选择好观察位置，不要影响操作者的操作，不得随意开启防护门、罩进行观察。

(13) 实训中严禁疯逗、嬉闹、大声喧哗。

(14) 实训结束时，应按规定对车床进行保养，并认真做好车床使用记录或交接班记录。

(15) 遵守实训场地的安全规定，保持实习环境的卫生。

## 3.1.2 数控车床控制系统面板按钮与功能

各数控机床生产厂家不同，其系统操作面板也不相同，本书以FANUC 0i数控系统为例介绍。

1）认识数控车床控制系统操作面板

FANUC 0i 数控车床控制系统的操作面板如图 3-1 所示，它由 CRT 和 MDI 操作面板组成。

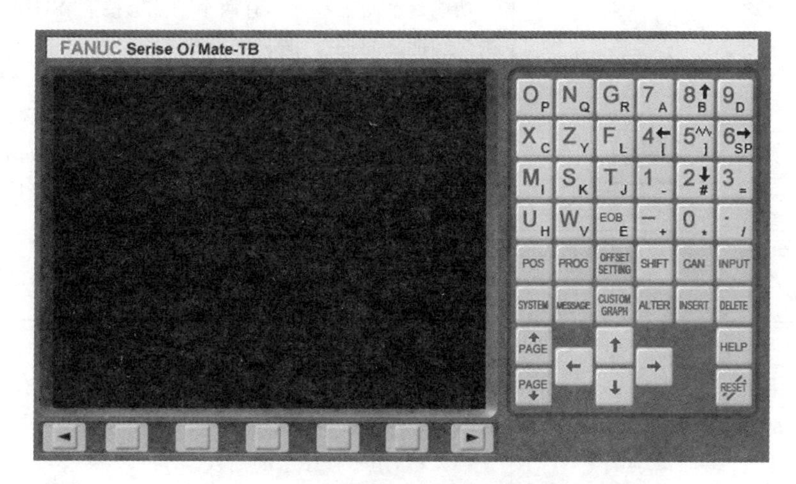


图 3-1　FANUC 0i 数控车床控制系统操作面板

（1）MDI 键盘说明。MDI 键盘如图 3-2 所示。

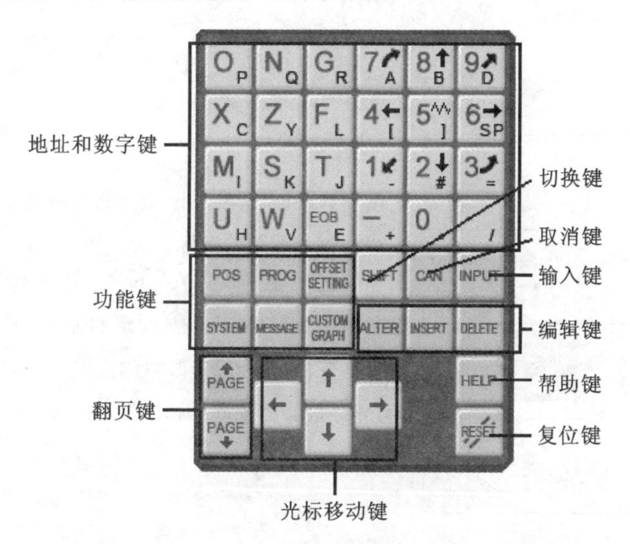


图 3-2　MDI 键盘布局示意图

（2）MDI 键盘上各键功能说明见表 3-1。

表 3-1　MDI 键盘上各键功能说明

| 名　称 | 图　标 | 功能说明 |
| --- | --- | --- |
| 复位键 | RESET | 按下这个键可以使数控系统复位或者取消报警 |
| 帮助键 | HELP | 当对 MDI 键的操作不明白时，按下这个键可以获得帮助 |
| 地址和数字键 | 如 O P | 按下这个区域的键可以输入字母、数字或其他字符 |

续表

| 名　称 | 图　标 | 功能说明 |
| --- | --- | --- |
| 切换键 | SHIFT | 功能键中的某些键具有两个功能。按下“SHIFT”键可以在这两个功能之间进行切换 |
| 输入键 | INPUT | 当按下一个字母键或数字键时，再按该功能键，数据被输入到缓冲区，并显示在屏幕上。要将输入缓冲区的数据拷贝到偏置寄存器中时，可按下该键。这个键与软键中的“INPUT”键是等效的 |
| 取消键 | CAN | 用于删除最后一个进入输入缓存区的字符或符号 |
| 编辑键 | ALTER | 替换键，用于程序字的代替 |
|  | INSERT | 插入键，用于程序字的插入 |
|  | DELETE | 删除键，用于删除程序字、程序段及整个程序 |
| 功能键 | POS | 按下这些键，切换不同功能的屏幕显示。<br>POS，显示刀具的坐标位置；PROG，在编辑方式下编辑、显示存储器里的程序，在MDI方式下输入及显示MDI数据，在自动方式下显示程序指令值；OFFSET SETTING，设定和显示刀具补偿值、工件坐标系、宏程序变量；SYSTEM，用于参数的设定、显示及自诊断功能数据的显示；MESSAGE，报警信号显示和报警记录显示；CUSTOM GRAPH，用于模拟刀具轨迹的图形显示 |
|  | PROG |  |
|  | OFFSET SETTING |  |
|  | SYSTEM |  |
|  | MESSAGE |  |
|  | CUSTOM GRAPH |  |
| 光标移动键 | → | 将光标向右或向后（一行）移动 |
|  | ← | 将光标向左或往前（一行）移动 |
|  | ↓ | 将光标向下或向后（屏幕）移动 |
|  | ↑ | 将光标向上或往前（屏幕）移动 |

续表

| 名　　称 | 图　　标 | 功 能 说 明 |
|---|---|---|
| 翻页键 | PAGE↓ | 该键用于将屏幕显示的页面往前翻页 |
| | ↑PAGE | 该键用于将屏幕显示的页面往后翻页 |

提示：CRT 显示器的下方有一排软键◄ ▢ ▢ ▢ ▢ ▢ ►，根据不同的画面，软键有不同的功能。左、右两侧为菜单翻页键。

**2. 认识数控车床控制系统的控制面板**

数控车床控制系统的控制面板如图 3-3 所示，其按键功能说明见表 3-2、表 3-3。

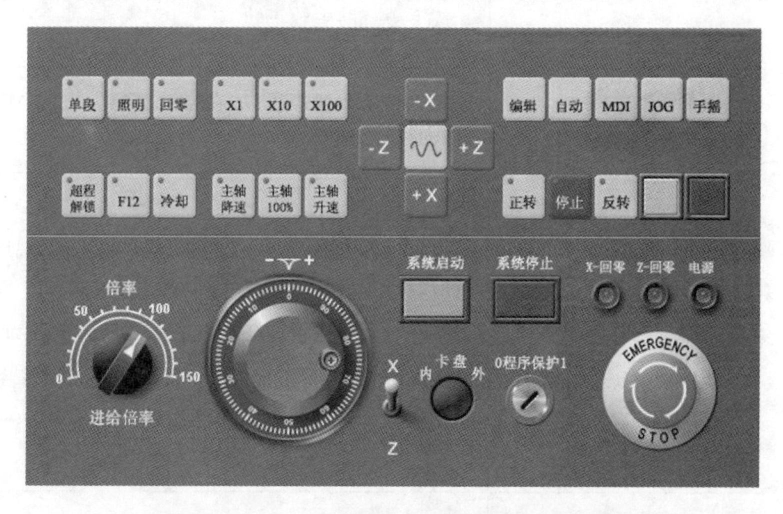


图 3-3　FANUC 0i 数控车床控制系统控制面板

表 3-2　控制面板按键功能说明

| 名　　称 | 图　　形 | 功 能 说 明 |
|---|---|---|
| 运行方式键 | 编辑 | 按下该键进入编辑运行方式 |
| | 自动 | 按下该键进入自动运行方式 |
| | MDI | 按下该键进入 MDI 运行方式 |
| | JOG | 按下该键进入 JOG(手动)运行方式 |
| | 手摇 | 按下该键进入手摇(手轮)运行方式 |

续表

| 名　称 | 图　形 | 功能说明 |
| --- | --- | --- |
|  | 单段 | 按下该键进入单段运行方式 |
|  | 回零 | 按下该键可以进行返回车床参考点操作(即车床回零) |
| 主轴<br>控制键 | 正转 停止 反转 | 按下反转键,主轴反转 |
|  |  | 按下停止键,主轴停转 |
|  |  | 按下正转键,主轴正转 |
| 循环启动<br>与停止键 |  | 用来启动和暂停程序,在自动运行方式和 MDI 运行方式下运行时会用到 |
| 主轴<br>倍率键 | 主轴降速 主轴100% 主轴升速 | 在自动和 MDI 运行方式下,当 S 指令的主轴速度偏高或偏低时,可用来修调程序中编制的主轴转速<br>按一下主轴100%(指示灯亮),主轴修调倍率被置为 100%;按一下主轴升速,主轴修调倍率递增 5%;按一下主轴降速,主轴修调倍率递减 5% |
| 超程<br>解除键 | 超程解锁 | 用来解除超程报警 |
| 进给轴与<br>方向选择键 | -X -Z +Z +X | 用来选择车床的移动轴和方向,其中的快进键为快进键。当按下该键后,该键变为红色,表明快进功能开启;再按一下该键,该键恢复成白色,则表示快进功能关闭 |
| JOG 进给<br>倍率刻度盘 | 倍率 进给倍率 | 用来调节 JOG(手动)进给倍率。倍率值从 0～150%。每格为 10% |
| 系统启动<br>/停止键 | 系统启动 系统停止 | 用来开启和关闭数控系统,在通电开机和断电关机时用 |
| 电源<br>/回零指示 | X-回零 Z-回零 电源 | 用来表示系统是否开机和回零的情况。当系统开机后,电源指示灯始终亮着。当进行车床回零操作时,某轴返回零点后,该轴指示灯亮 |

续表

| 名　　称 | 图　　形 | 功 能 说 明 |
| --- | --- | --- |
| 急停键 |  | 用于锁住车床。按下急停键时，车床立即停止运动 |

**表 3-3　FANUC 0i 系统手摇面板功能说明**

| 名　　称 | 图　　形 | 功 能 说 明 |
| --- | --- | --- |
| 手摇进给倍率键 |  | 用于选择手摇移动倍率。按下所选的倍率键后，该键左上方的红灯亮。其中，X1 为 0.001，X10 为 0.010，X100 为 0.100 |
| 手摇 |  | 在手摇模式下用来使车床移动；手摇逆时针方向旋转时，车床向负方向（即向车头方向）移动；手摇顺时针方向旋转时，车床向正方向（即向尾座方向）移动 |
| 进给轴选择开关 |  | 在手摇模式下用来选择车床所要移动的轴 |

## 3.1.3　数控车床的手动操作

### 1. 通电开机

接通数控系统电源的操作步骤为：

(1) 按下数控车床控制面板上的键，数控车床控制系统接通电源，CRT 显示屏由原先的黑屏变为有文字显示的界面，电源指示灯亮，如图 3-4 所示。

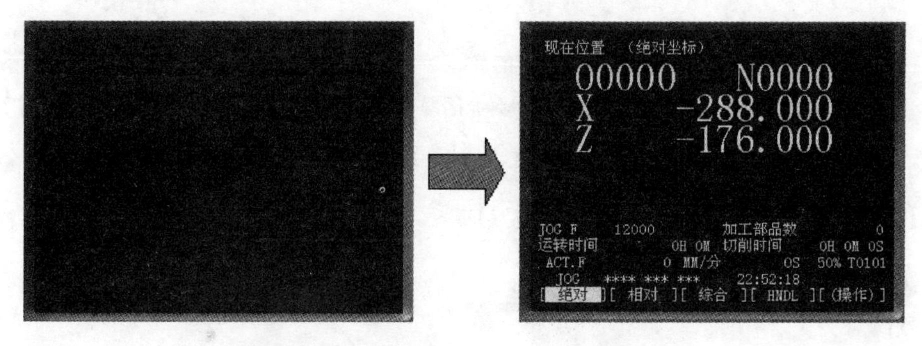


图 3-4　接通电源后 CRT 显示屏的变化

(2) 顺时针轻轻旋转，使抬起（这时数控车床控制系统完全上电复位，可以进行相应的操作）。

### 2. 回参考点

数控车床控制系统上电后，首先必须进行回参考点操作。其操作步骤为：

(1) 按下键，这时 CRT 显示屏左下方显示状态为“RAPID”。

（2）按下键，此时该键左上方的小红灯亮。

（3）按下键，$X$ 轴返回参考点，此时亮。CRT 屏幕显示为图 3-5 所示界面。

（4）按下键，$Z$ 轴返回参考点，此时亮。CRT 屏幕显示为图 3-6 所示界面。

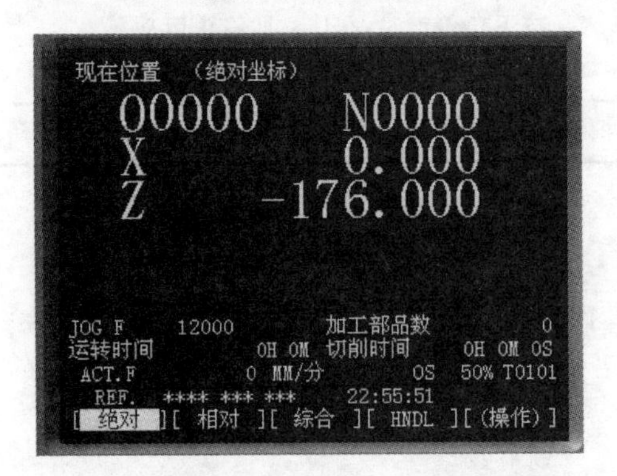


图 3-5　$X$ 轴返回参考点后 CRT 界面显示状态

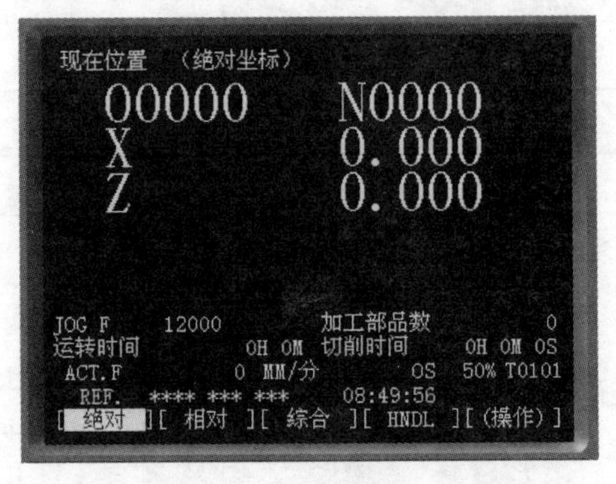


图 3-6　车床回参考点（回零）后 CRT 界面显示状态

**3. JOG 进给**

JOG 就是手动连续进给。在 JOG 运行方式下，按车床控制面板上的进给轴与方向选择键，车床会沿着所选定轴的选定方向移动。手动连续进给速度可用 JOG 进给倍率刻度盘调节，其操作步骤为：

（1）按下键，此时数控系统处于 JOG 运动方式。

（2）在进给轴与方向选择键中按下、、、键，车床会沿着所选定轴的选定方向移动。

（3）可在车床运行前或运行中使用，根据实际需要调节进给速度。

（4）如果在按下进给轴与方向选择键前，按下键，则车床按快速移动速度运行。

**4. 手摇进给**

在手摇方式下，可使用手摇使车床发生移动，其操作步骤为：

（1）按下键，系统进入手摇方式。

（2）按进给轴选择，选择车床要移动的轴。（向上为 $X$ 轴选择，向下为 $Z$ 轴选择）。

（3）在手摇进给倍率键中选择移动倍率。

（4）根据需要移动的方向，旋转手摇，同时车床移动。

## 3.1.4　数控车床的对刀与换刀

**1. 数控车床的对刀**

1）$X$ 向对刀

操作步骤为：

（1）按下键，系统进入手动运行方式。

（2）单击控制面板上的，使刀具沿 $X$ 轴方向移动，接近工件。

（3）单击，刀具沿 $Z$ 轴移动，接近工件。

（4）单击控制面板上的，使车床主轴正转。

（5）单击，用所选刀具试切工件外圆。

(6) 单击 +Z ,X 轴方向保持不动,刀具退出外圆表面,如图 3-7 所示。

(7) 测量工件。

(8) 按操作面板上的偏置/设置 OFFSET SETTING 键,显示工具补正/形状界面。按软键[ 形状 ],CRT 屏幕出现图 3-8 所示界面。

图 3-7　X 轴方向对刀模拟图

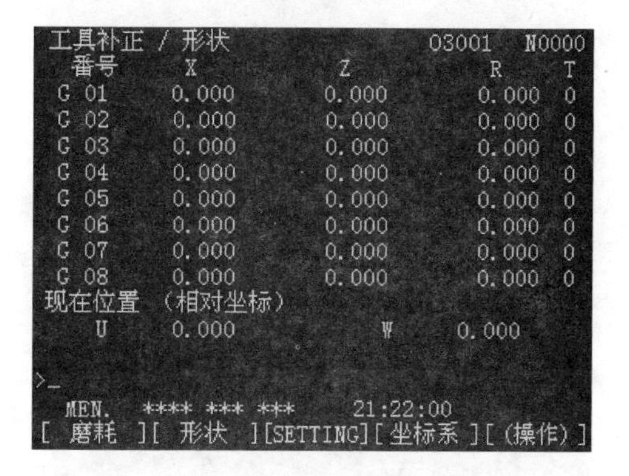

工具补正 / 形状　　O3001　N0000

| 番号 | X | Z | R | T |
|---|---|---|---|---|
| G 01 | 0.000 | 0.000 | 0.000 | 0 |
| G 02 | 0.000 | 0.000 | 0.000 | 0 |
| G 03 | 0.000 | 0.000 | 0.000 | 0 |
| G 04 | 0.000 | 0.000 | 0.000 | 0 |
| G 05 | 0.000 | 0.000 | 0.000 | 0 |
| G 06 | 0.000 | 0.000 | 0.000 | 0 |
| G 07 | 0.000 | 0.000 | 0.000 | 0 |
| G 08 | 0.000 | 0.000 | 0.000 | 0 |

现在位置　(相对坐标)

U　0.000　　W　0.000

>_

MEN.　**** *** ***　21:22:00

[ 磨耗 ][ 形状 ][SETTING][ 坐标系 ][ (操作) ]

图 3-8　刀具形状列表

(9) 如图 3-9 所示,在输入行输入 X 向所测试切值。

(10) 按下[ 测量 ],则出现图 3-10 所示界面,就完成了 X 轴方向的对刀。

工具补正 / 形状　　O3001　N0000

| 番号 | X | Z | R | T |
|---|---|---|---|---|
| G 01 | 0.000 | 0.000 | 0.000 | 0 |
| G 02 | 0.000 | 0.000 | 0.000 | 0 |
| G 03 | 0.000 | 0.000 | 0.000 | 0 |
| G 04 | 0.000 | 0.000 | 0.000 | 0 |
| G 05 | 0.000 | 0.000 | 0.000 | 0 |
| G 06 | 0.000 | 0.000 | 0.000 | 0 |
| G 07 | 0.000 | 0.000 | 0.000 | 0 |
| G 08 | 0.000 | 0.000 | 0.000 | 0 |

现在位置　(相对坐标)

U　0.000　　W　0.000

>X48.560_

MEN.　**** *** ***　21:22:00

[NO 检索][ 测量 ][ C.输入 ][+输入 ][ 输入 ]

图 3-9　试切直径的输入

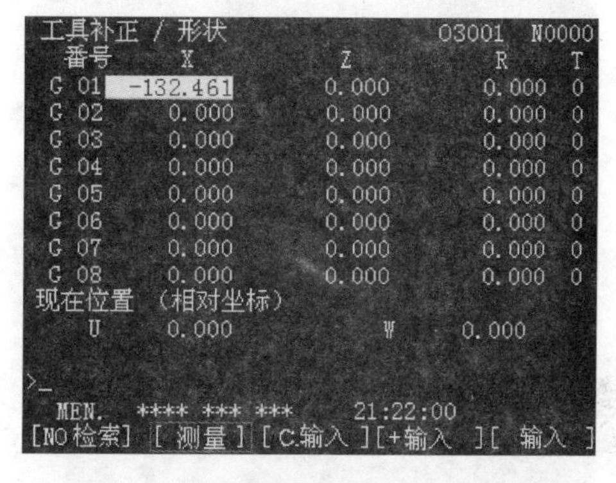

工具补正 / 形状　　O3001　N0000

| 番号 | X | Z | R | T |
|---|---|---|---|---|
| G 01 | -132.461 | 0.000 | 0.000 | 0 |
| G 02 | 0.000 | 0.000 | 0.000 | 0 |
| G 03 | 0.000 | 0.000 | 0.000 | 0 |
| G 04 | 0.000 | 0.000 | 0.000 | 0 |
| G 05 | 0.000 | 0.000 | 0.000 | 0 |
| G 06 | 0.000 | 0.000 | 0.000 | 0 |
| G 07 | 0.000 | 0.000 | 0.000 | 0 |
| G 08 | 0.000 | 0.000 | 0.000 | 0 |

现在位置　(相对坐标)

U　0.000　　W　0.000

>_

MEN.　**** *** ***　21:22:00

[NO 检索][ 测量 ][ C.输入 ][+输入 ][ 输入 ]

图 3-10　X 轴方向对刀完成后 CRT 界面

2) Z 向对刀

操作步骤为:

(1) 单击控制面板上的 -X ,使刀具沿 X 轴方向移动。

(2) 单击 -Z ,刀具沿 Z 轴移动。

(3) 单击控制面板上的 正转 ,使车床主轴正转。

(4) 单击 -X ,用所选刀具试切工件端面,然后单击 +X ,Z 轴方向保持不动,刀具退出端面,如图 3-11 所示。

(5) 测量工件。

(6) 单击 → 键,将光标移至 Z 轴位置上,如图 3-12 所示。

(7) 输入"Z0.",如图 3-13 所示。

(8) 按下[ 测量 ],CRT 界面中的"G01"Z 行发生变化,出现图 3-14 所示界面,就完成了 Z 轴方向的对刀。

**2. 换刀**

操作步骤为:

图 3-11　$Z$ 轴方向对刀模拟图

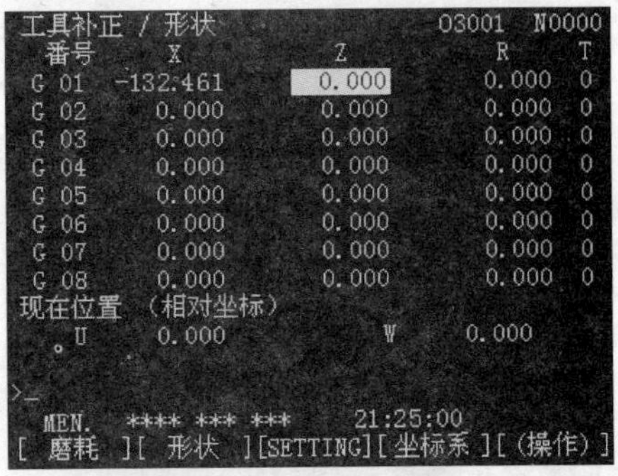

```
工具补正 / 形状                        O3001  N0000
 番号     X              Z              R     T
G 01  -132.461         0.000          0.000   0
G 02     0.000         0.000          0.000   0
G 03     0.000         0.000          0.000   0
G 04     0.000         0.000          0.000   0
G 05     0.000         0.000          0.000   0
G 06     0.000         0.000          0.000   0
G 07     0.000         0.000          0.000   0
G 08     0.000         0.000          0.000   0
现在位置 （相对坐标）
  U      0.000           W       0.000
>_
 MEN.  **** *** ***      21:25:00
[ 磨耗 ][ 形状 ][SETTING][坐标系 ][(操作)]
```

图 3-12　选择输入轴

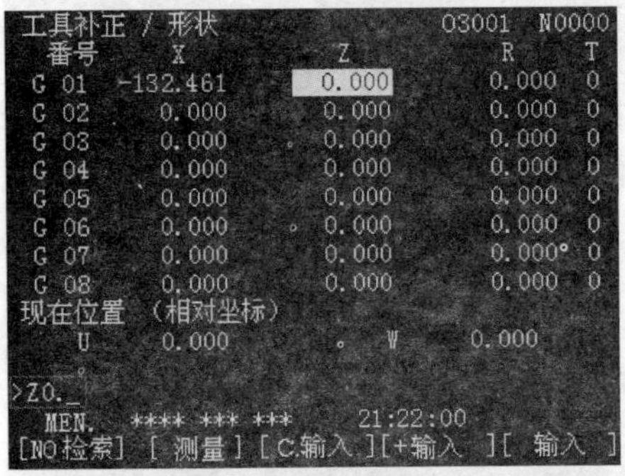

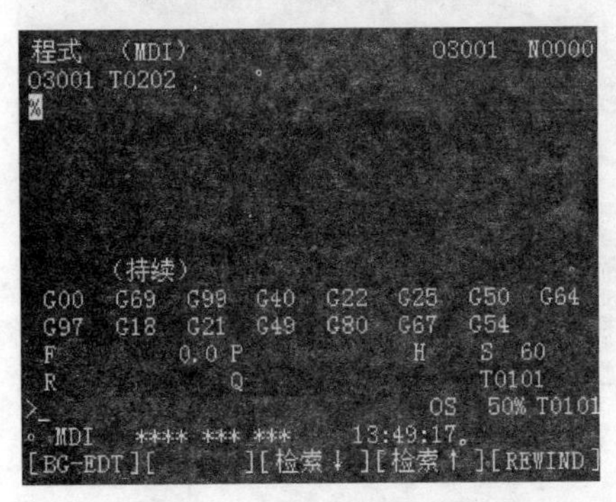

```
工具补正 / 形状                        O3001  N0000
 番号     X              Z              R     T
G 01  -132.461         0.000          0.000   0
G 02     0.000         0.000          0.000   0
G 03     0.000         0.000          0.000   0
G 04     0.000         0.000          0.000   0
G 05     0.000         0.000          0.000   0
G 06     0.000         0.000          0.000   0
G 07     0.000         0.000          0.000   0
G 08     0.000         0.000          0.000   0
现在位置 （相对坐标）
  U      0.000           W       0.000
>Z0._
 MEN.  **** *** ***      21:22:00
[NO检索] [ 测量 ] [C.输入 ][+输入 ][ 输入 ]
```

图 3-13　试切长度的输入

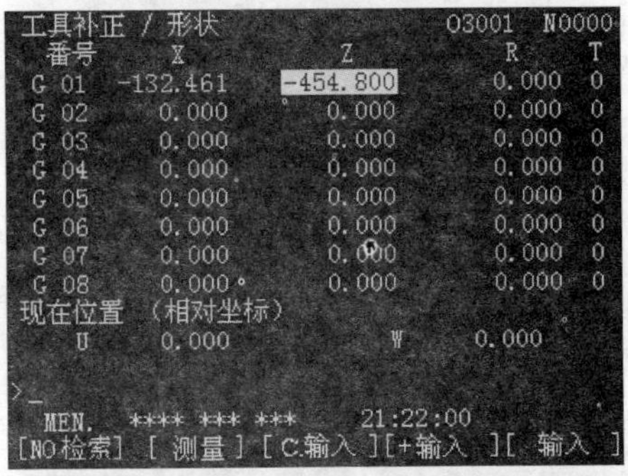

```
工具补正 / 形状                        O3001  N0000
 番号     X              Z              R     T
G 01  -132.461      -454.800          0.000   0
G 02     0.000         0.000          0.000   0
G 03     0.000         0.000          0.000   0
G 04     0.000         0.000          0.000   0
G 05     0.000         0.000          0.000   0
G 06     0.000         0.000          0.000   0
G 07     0.000         0.000          0.000   0
G 08     0.000         0.000          0.000   0
现在位置 （相对坐标）
  U      0.000           W       0.000
>_
 MEN.  **** *** ***      21:22:00
[NO检索] [ 测量 ] [C.输入 ][+输入 ][ 输入 ]
```

图 3-14　$Z$ 轴方向对刀完成后 CRT 界面

```
程式 （MDI）                          O3001  N0000
O3001 T0202 ;
%



   （持续）
G00  G69  G99  G40  G22  G25  G50  G64
G97  G18  G21  G49  G80  G67  G54
F         0.0 P            H     S  60
R             Q                  T0101
>_                            OS   50% T0101
 MDI   **** *** ***      13:49:17
[BG-EDT][      ][检索↓][检索↑][REWIND]
```

图 3-15　MDI 换刀指令的输入

(1) 按下 MDI 键，此时数控系统处于 MDI 运动方式。

(2) 单击 PROG 键，在界面中输入“T0202”，单击 EOB E，单击 INSERT 键，则显示图 3-15 所示界面。单击 中的 （循环启动）按钮，刀具换为第 2 号刀。

按照上述方法亦可进行其他刀的换刀。

## 3.1.5　数控程序的编辑

### 1. 数控程序的输入

数控程序可直接用数控系统的 MDI 键盘输入。其操作方法为：

(1) 按 编辑 键，进入编辑状态。

(2) 按数控车床控制系统操作面板上的 PROG 键，再按 CRT 下方的软键【DIR】键，转入编辑页面，如图 3-16 所示。

(3) 利用 MDI 键盘输入一个选定的数控程序。如输入 O3001，再按 INSERT 键，数控程序名被输入，如图 3-17 所示。

(4) 按 EOB E 键，输入“；”，再按 INSERT 键，CTR 界面就如图 3-18 所示。

(5) 利用 MDI 键盘，在输入一段程序后，按下 EOB E 键，再按下 INSERT 键，则此段程序被输入，如图 3-19 所示。

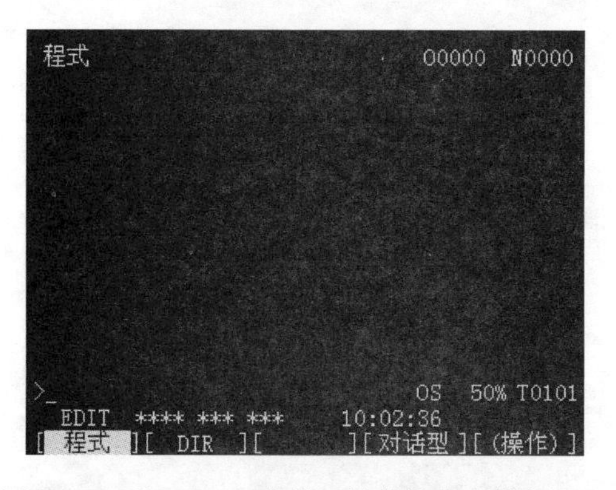


图 3-16 FANUC 0i 数控系统数控程序编辑页面

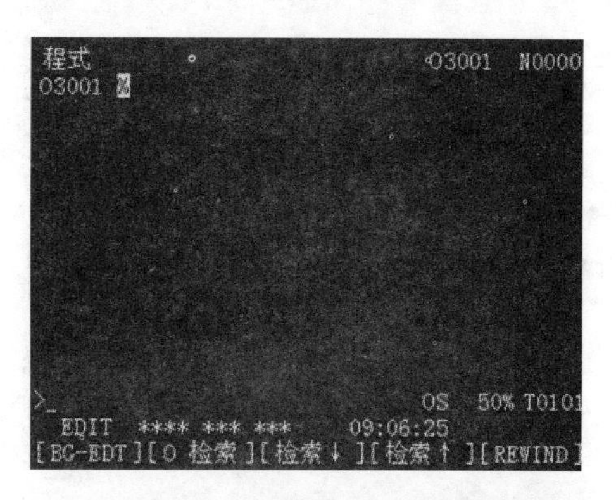


图 3-17 数控系统中输入选定的程序名

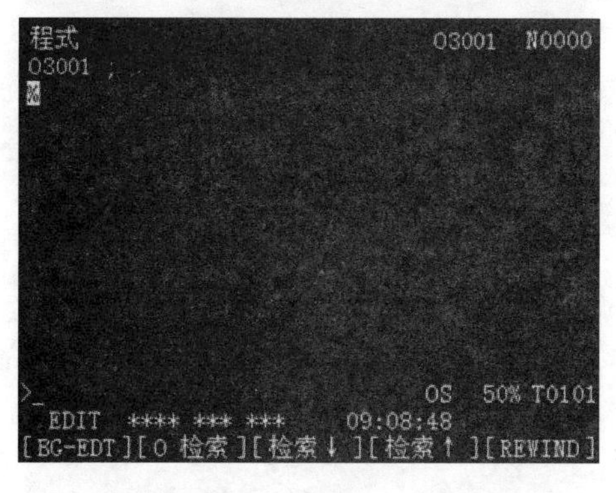


图 3-18 输入“;”后的 CTR 界面

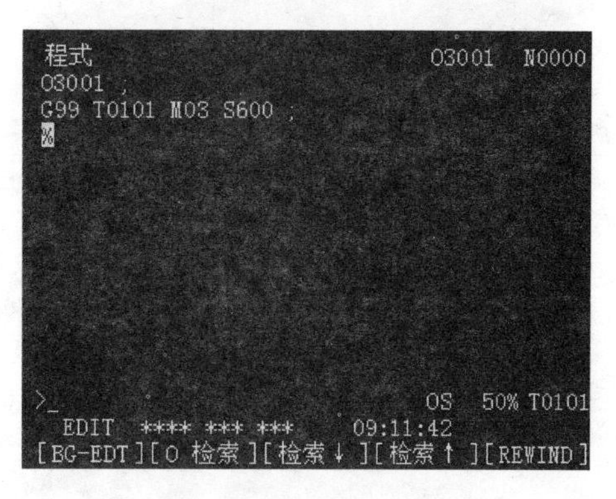


图 3-19 程序段的输入

(6) 再进行下一段程序的输入，用同样的方法，可将零件加工程序完整地输入到数控系统中去，图 3-20 所示是一个车端面的程序。

(7) 利用方位键↑或RESET键，将程序复位(返回)，如图 3-21 所示。

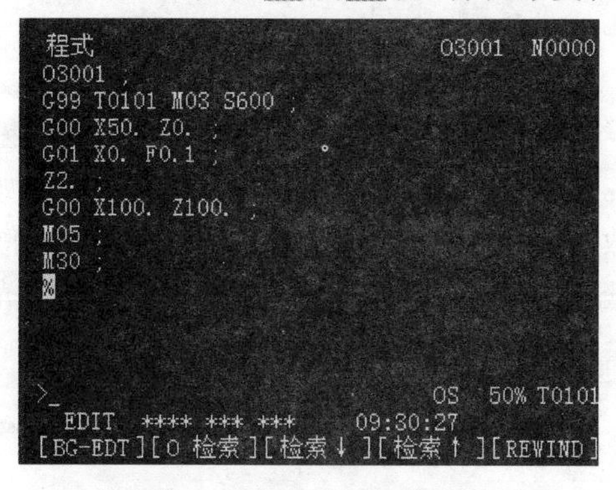


图 3-20 数控程序的输入

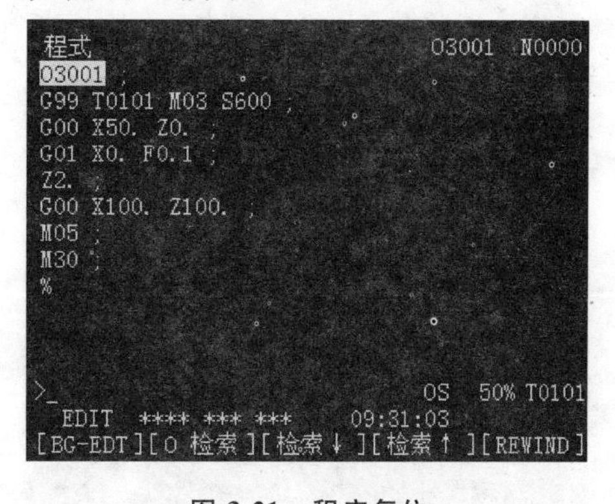


图 3-21 程序复位

**2. 字符的插入**

移动光标至程序所需位置，单击 MDI 键盘上的地址和数字键，将代码输入到输入域中，按INSERT键，把输入域的内容插入到光标所在代码后面。如图 3-22 所示，在程序段“G00 X50.”中，没有定位出 $Z$ 轴方向的地址，这时则要插入一个 $Z$ 向地址字符“Z0.”。

其操作方法为：

(1) 移动光标键至所需插入的地址代码前，如图 3-23 所示。

(2) 输入“Z0.”，如图 3-24 所示。

(3) 按INSERT键，则字符被插入，如图 3-25 所示。

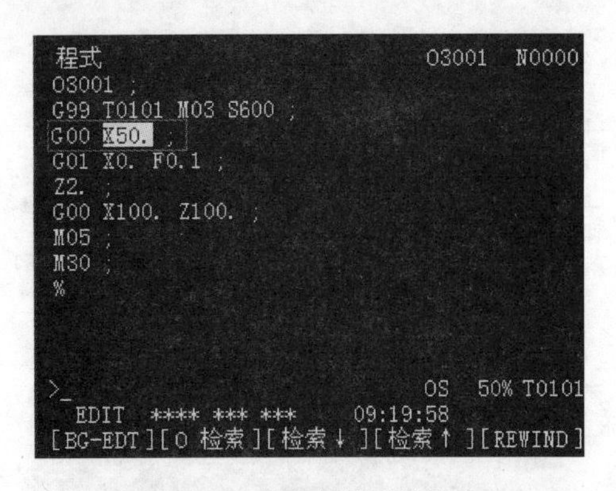


图 3-22 程序复位后的检查

图 3-23 移动光标键

图 3-24 输入地址值

图 3-25 字符的插入

提示：按CAN键用于删除输入域中的数据。如果只需删除一个字符，则要先将光标移至所要删除的字符位置上，按DELETE键，删除光标所在的地址代码。

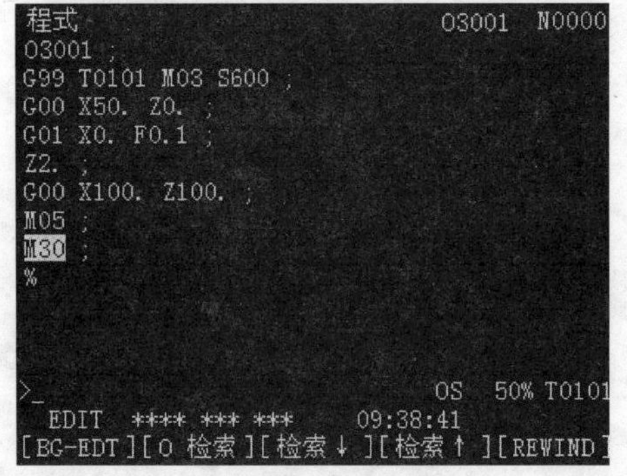


图 3-26 移动光标至所需替换的字符的位置上

**3. 查找**

输入所需要搜索的字母或代码，按↓键开始在当前数控程序中光标所在位置搜索。如果此数控程序中有所搜索的代码，光标则会停在所搜索到的代码处；如没有（或没搜索到），光标则会停在原处。

**4. 替换**

操作方法为：

(1) 将光标移至所需替换的字符的位置上，如图 3-26 所示。

(2) 通过 MDI 输入所需替换成的字符，如图 3-27 所示。

(3) 按ALTER键，完成替换操作，如图 3-28 所示。

## 3.1.6 自动加工

自动加工是指数控车床根据编制好的数控加工程序来进行数控程序运行的方式。其操作步骤为：

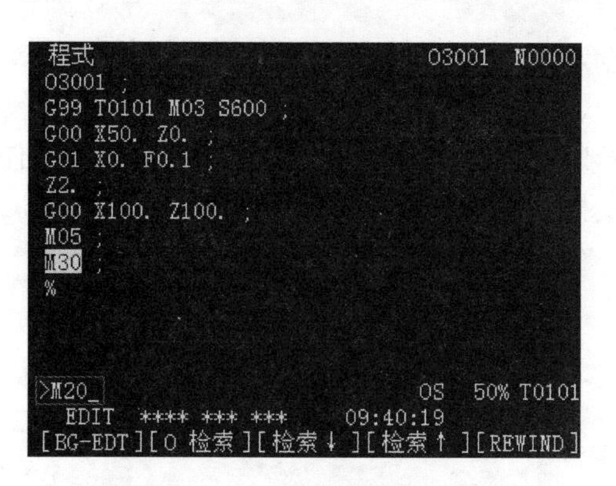


图 3-27 输入所需替换成的字符

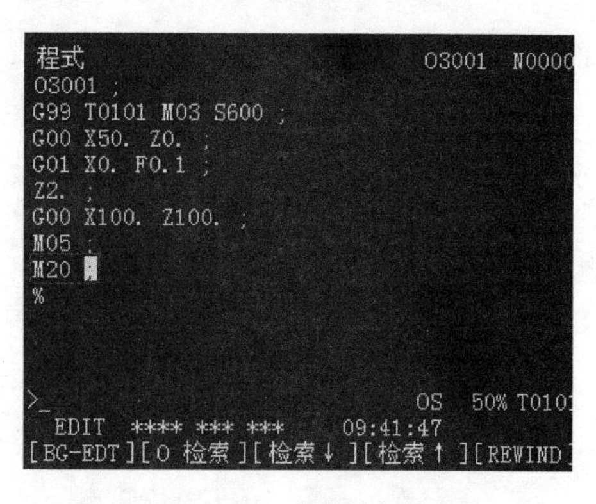


图 3-28 字符的替换

(1) 将急停键松开至 (抬起状态)。

(2) 将车床回零。

(3) 导入一个编写好的数控加工程序或自行编写一个数控加工程序。

(4) 单击 (循环启动)按钮，程序开始执行。

# 3.2 数控车床编程

## 3.2.1 一般编程指令

**1. 快速定位指令 G00**

G00 用于快速定位功能，使刀具以点定位控制方式从刀具所在点快速运动到下一个目标位置。它只是快速定位，而无运动轨迹要求，且应为无切削加工过程。指令在运行时先按快速进给将两轴($X$、$Z$)同量同步做斜线运行，先完成较短的轴，再走完较长的另一轴(即刀具的实际运动路线不是绝对的直线，而是折线，使用时要注意刀具是否与工件发生干涉)，如图 3-29 所示。G00 指令是模态指令，可由 G01、G02、G03 或 G33 功能注销，它用于切削开始之前的快速进刀或切削结束后的快速退刀。

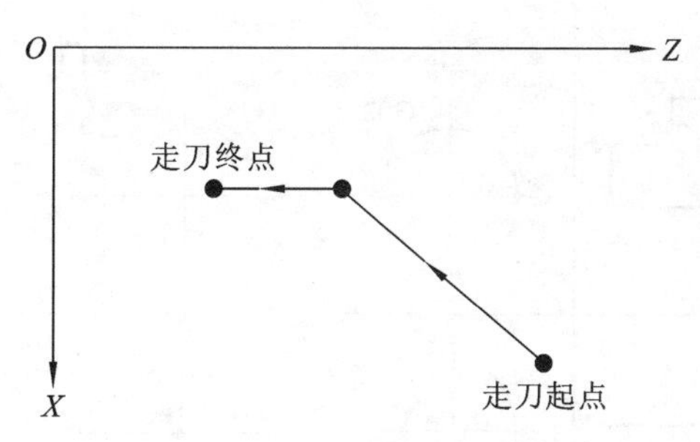


图 3-29 G00 走刀路线

指令书写格式为：

G00 X-Z-;

X、Z 是刀具快速定位终点坐标，X 采用直径编程。G00 指令中，刀具在运动过程时，若未沿某个坐标轴运动，则该坐标值可以省略不写；G00 指令后面不能填写 F 进给功能字。

G00 移动的速度不能用程序指令设定，而是由生产厂家预先设置好的，快速移动速度可通过操作控制面板上的进给修调旋钮修正。G00 的执行过程中，刀具由程序起点加速到最大速度，然后快速移动，最后减速到达终点，实现快速点定位。

**2. 直线插补指令 G01**

G01 指令是直线运动命令，规定刀具在两坐标以插补联动方式按指定的 F 进给速度做任意的直线运动。图 3-30 所示为 G01 走刀路线。G01 指令为模态指令，可由 G00、G02、G03 或 G32 注销，用于加工圆柱形外圆、内孔、锥面等。

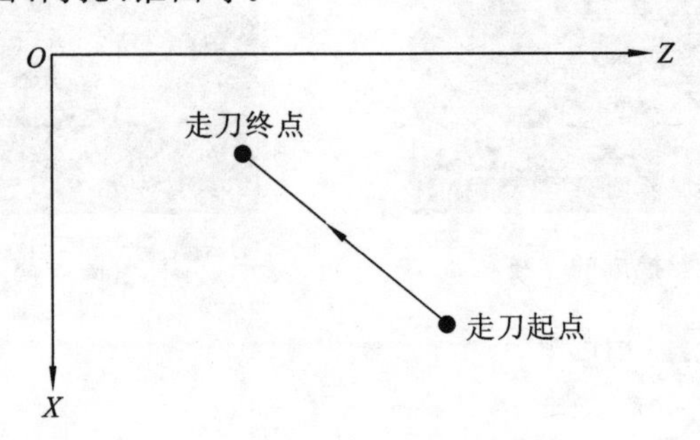


**图 3-30　G01 走刀路线**

指令书写格式为：

G01 X(U)-Z(W)-F-;

X、Z 是被插补直线的终点坐标，采用直径量来编程。U、W 为增量编程时相对于起点的位移量。F 指定刀具的进给速度。如果在 G01 程序段之前的程序段中没有 F 指令，且现在的 G01 程序中也没有 F 指令，则机床不运行。因此，G01 指令中必须含有 F 指令。两个相连的 G01 指令，后一个 G01 指令的 F 进给功能字可以省略，其进给速度与前一个相同，没有相对运动的坐标值可以省略不写。

**3. 圆弧插补指令 G02/G03**

圆弧插补指令 G02/G03 是使刀具相对于工件以指定的速度从当前点(起始点)向终点进行圆弧插补。G02 为顺时针圆弧插补，G03 为逆时针圆弧插补。在判断圆弧的顺逆方向时，一定要注意刀架的位置，如图 3-31 所示。

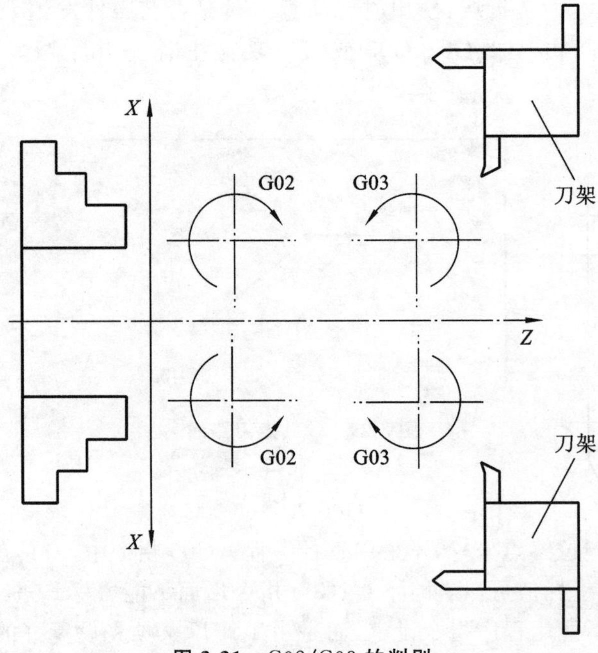


**图 3-31　G02/G03 的判别**

G02/G03 指令编程格式为：

G02/G03 X(U)-Z(W)-R-F- ；

或　　G02/G03 X(U)-Z(W)-I-K-F- ；

X、Z 为圆弧的终点坐标，其值可以是绝对坐标，也可以是增量坐标，在增量方式下，其值为圆弧终点坐标相对于圆弧起点的增量值。R 为圆弧半径，圆心角为 0～180°取正值，大于 180°取负值。I、K 为圆弧的圆心相对于起点分别在 *X* 和 *Z* 坐标轴上的增量值，且不受绝对尺寸编程或相对尺寸编程影响。当 I、K 与坐标轴方向相反时，I、K 为负值；当 I、K 为零时可以省略；I、K 和 R 同时指定的程序段，R 优先，I、K 无效。

## 3.2.2　单一固定循环指令

单一固定循环指令为 G90/G94。G90 为外圆锥面车削指令，其车削循环时刀具移动路线如图 3-32 所示。刀具从 *A* 点快速移动至 *B* 点，再以 F 指令的进给速度到 *C* 点，然后退至 *D* 点，再快速返回至 *A* 点，完成一个切削循环。

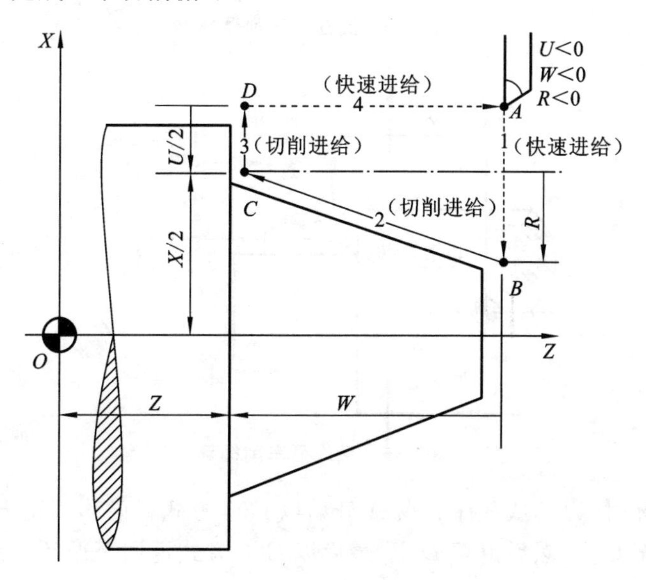


图 3-32　外圆锥面车削循环

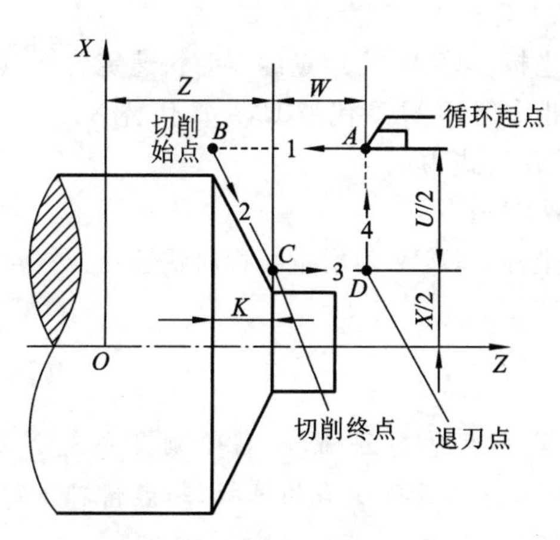


图 3-33　圆锥端面车削循环

指令编程格式为：

G90 X(U)-Z(W)-R-F-;

X、Z 为绝对编程时切削终点在工件坐标系下的坐标。U、W 为增量编程时快速定位终点相对于起点的位移量。R 为切削起点与切削终点的半径差。

G94 为圆锥端面车削指令。其车削刀具移动路线如图 3-33 所示。刀具从程序起点 *A* 开始以 G00 方式快速到达 *B* 点，再以 G01 的方式切削进给至终点坐标 *C* 点，然后退至 *D* 点，最后以 G00 方式返回循环起点 *A*，准备下一个动作。

指令编程格式为：

G94 X(U)- Z(W)-K- F-;

X、Z 为绝对编程时切削终点在工件坐标系下的坐标。U、W 为增量编程时快速定位终点相对于起点的位移量。K 为切削起点与切削终点的半径差。

实际上，单一固定循环 G90/G94 也用于内、外圆柱面和平端面的车削。其进给路线如图 3-34和图 3-35 所示。

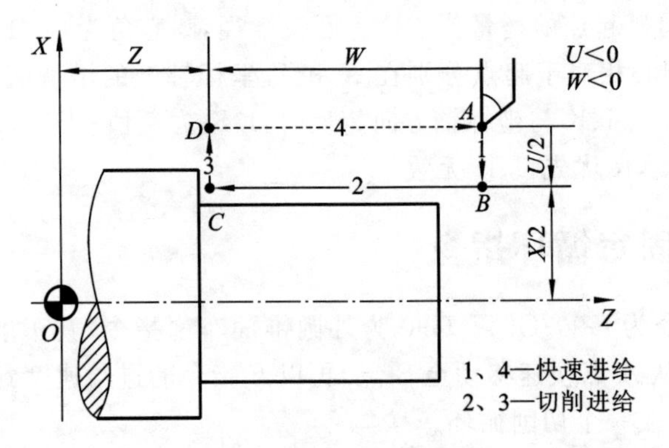


**图 3-34　圆柱面车削循环**

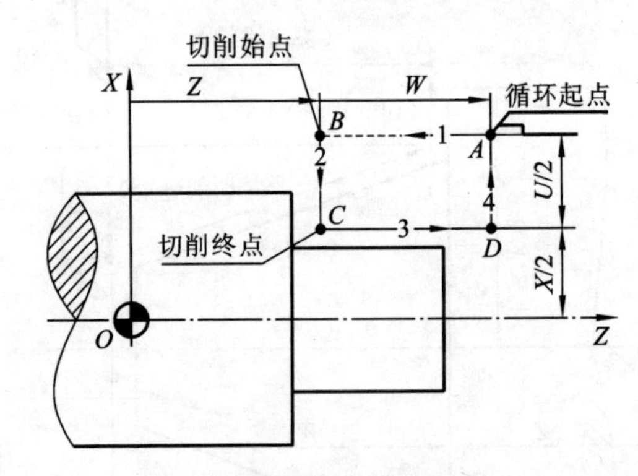


**图 3-35　平端面车削循环**

圆柱面车削循环时，刀具从程序起点 $A$ 开始以 G00 方式径向移动至 $B$ 点，再以 G01 的方式沿轴向切削进给至 $C$ 点，然后退至 $D$ 点，最后以 G00 方式返回至循环起点 $A$，准备下一个动作。其指令编程格式为：

G90 X(U)-Z(W)-F-;

X、Z 为绝对编程时切削终点在工件坐标系下的坐标。U、W 为增量编程时快速定位终点相对于起点的位移量。格式中是用直径指令的。半径指令时用 U/2 代替 U，X/2 代替 X。

平端面车削循环与锥端面车削循环相似，指令编程格式为：

G94 X(U)- Z(W)-F-;

X、Z 为绝对编程时切削终点在工件坐标系下的坐标。U、W 为增量编程时快速定位终点相对于起点的位移量。

提示

:G94 与 G90 的最大区别就在于 G94 第一步先走 $Z$ 轴，而 G90 则是先走 $X$ 轴。G94 固定循环的使用，应根据坯件的形状和工件的加工轮廓进行适当的选择，一般情况下的选择图 3-36 所示。

如果在使用固定循环的程序中指定了 EOB 或零运动指令，则重复执行同一固定循环。当工件直径较大时，因受车床床鞍行程的限制，车刀则只能按图 3-37 所示的方法装夹。这时，车刀虽然是装在2#刀位，但数控CNC系统则认定的当前刀位是1#，因此在对刀时要特别注意。

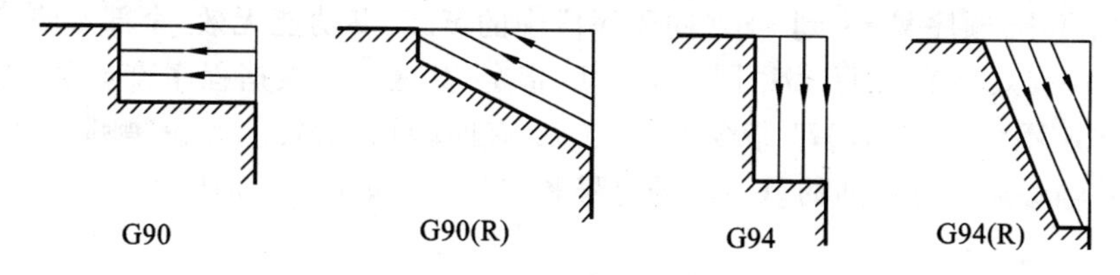


图3-36 固定循环的选择

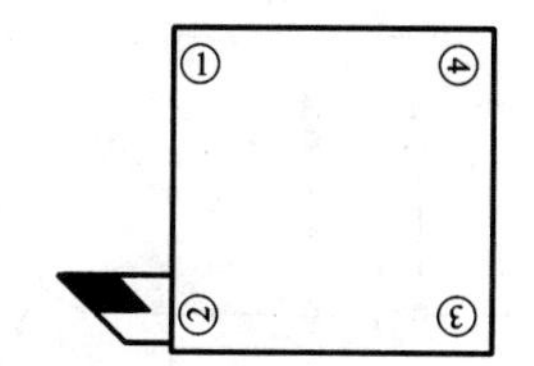


图3-37 直径较大时车刀的安装

## 3.2.3 复合循环指令

### 1. 轴向粗车固定循环G71

G71指令用于粗车圆柱棒料，以切除较多的加工余量。其粗车循环的运动轨迹如图3-38所示。刀具沿$Z$轴多次循环切削，最后再按留有精加工余量$\Delta W$和$\Delta U/2$之后的精加工形状进行加工。

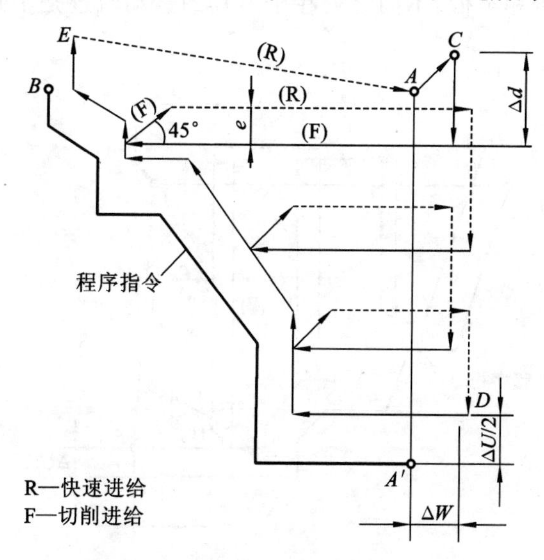


图3-38 轴向粗车固定循环加工路径

指令书写格式为：

G71 U(Δd) R(e)；

G71 P(ns) Q(nf) U(ΔU) W(ΔW) F(f) S(s) T(t)；

Δd：粗加工每次车削深度(半径量)。

e：粗加工每次车削循环的$X$向退刀量。

ns：精加工程序第一个程序段的顺序号。

nf：精加工程序最后一个程序段的顺序号。

ΔU：$X$向精加工余量(直径量)。

ΔW：$Z$ 向精加工余量。

在 G71 循环中，顺序号 ns 到 nf 之间程序段中的 F、S、T 功能无效，全部忽略，仅在有 G71 指令的程序段中有效。$\Delta d$、$\Delta U$ 都用同一地址 U 指定，其区分是根据程序段有无指定的 P、Q 区别。循环动作由 P、Q 指定的 G71 指令进行。G71 有四种切削情况，无论是哪一种都是根据刀具重复平行 $Z$ 轴移动进行切削的，U、W 的符号和切削形状如图 3-39 所示。

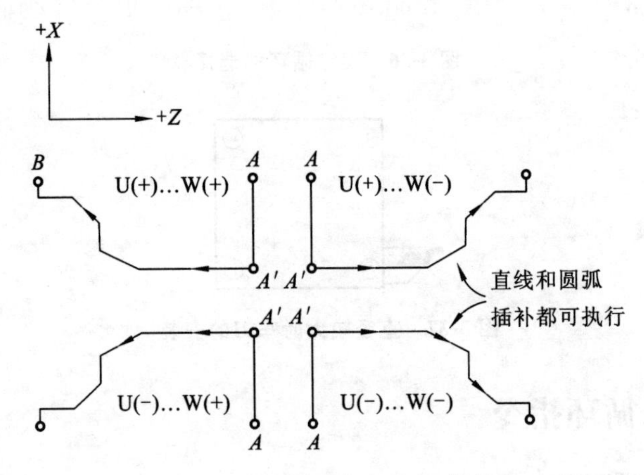


图 3-39　G71 循环中 U 和 W 的符号

### 2. 径向粗车固定循环 G72

G72 指令与 G71 指令相类似，不同之处在于刀具的运动轨迹是平行于 $X$ 轴的，如图 3-40 所示。

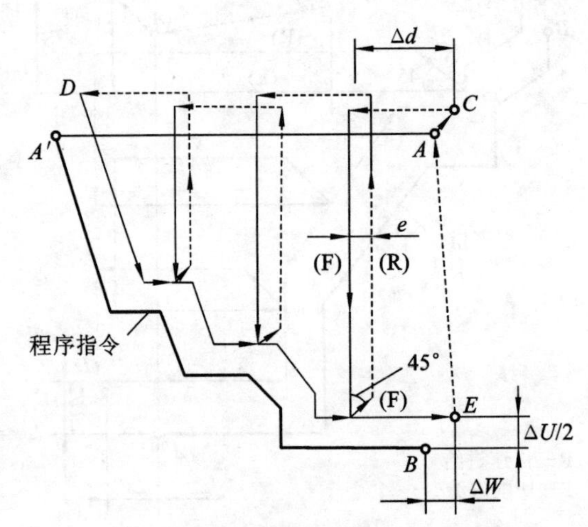


图 3-40　径向粗车固定循环加工路径

指令书写格式为：

G72 W(Δd) R(e)

G72 P(ns) Q(nf) U(ΔU) W(ΔW) F(f) S(s) T(t)

Δd：粗加工每次车削深度（正值）。

e：粗加工每次车削循环的 $Z$ 向退刀量。

ns：精加工程序第一个程序段的顺序号。

nf：精加工程序最后一个程序段的顺序号。

ΔU：$X$ 向精加工余量（直径量）。

ΔW：$Z$ 向精加工余量。

用 G72 的切削形状，有下列四种情况，无论哪种，都要根据刀具重复平行于 $X$ 轴的动作进行切削。U、W 的符号和切削形状如图 3-41 所示。

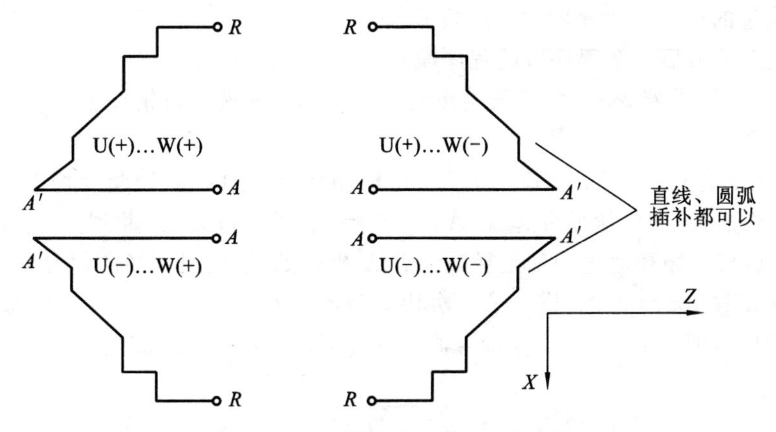


图 3-41　G72 循环中 U 和 W 的符号

提示：在 FANUC 系统的 G72 指令中，顺序号 ns 所指程序段必须沿 $Z$ 轴进刀，且不能出现 $X$ 坐标，否则会报警。

**3. 型车复合固定循环 G73**

型车复合固定循环适用于毛坯轮廓形状基本接近时的粗车。该循环按同一轨迹重复切削，每次切削刀具向前移动一次，其运动轨迹如图 3-42 所示。

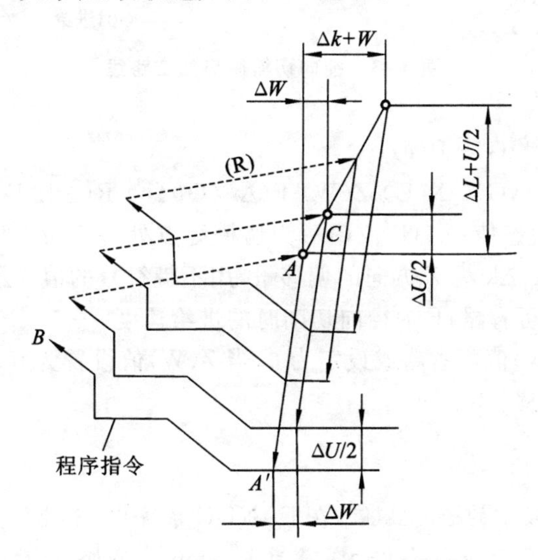


图 3-42　型车复合固定循环加工路径

指令编程格式为：

G73 U(Δi) W(Δk) R(Δd)；

G73 P(ns) Q(nf) U(ΔU) W(ΔW) F-S-T-；

Δi：粗切时径向切除的总余量(半径值)。

Δk：粗切时轴向切除的总余量。

Δd：循环次数。

其他参数含义与 G71 的相同。

**4. 精加工循环加工 G70**

指令书写格式为：G70 P(ns) Q(nf)；

ns：精车轨迹的第一个程序段的程序段号。

nf：精车轨迹的最后一个程序段的程序段号。

刀具从起点位置沿着 ns-nf 程序段给出的工件精加工轨迹进行精加工。

**5. 切槽循环指令**

切槽循环指令有 G75/G74。G75 为径向切槽循环，用于内、外径断续切削，其走刀路线如图 3-43 所示。切削时，刀具从循环起点（*A* 点）开始，沿径向进刀 $\Delta i$ 并到达 *C* 点，再退刀 *e*（断屑）并到达 *D* 点，再按循环递进切削至径向终点 *X* 坐标处，然后退到径向起刀点，完成一次切削循环，再沿轴向偏移 $\Delta k$ 至 *F* 点，进行第二次切削循环。依次循环，直至刀具切削至程序终点坐标处（*B* 点），径向退刀至起刀点（*G* 点），再轴向退刀至起刀点（*A* 点）完成整个切槽循环动作。

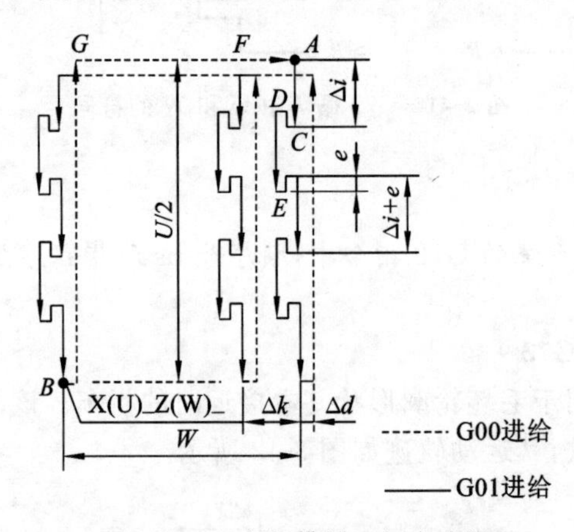


**图 3-43　径向切槽循环加工路线**

指令书写格式为：

G75 R(e)；

G75 X(U)-Z(W)-P(Δi) Q(Δk) R(Δd) F-；

e 为退刀量，其值为模态值；X(U)、Z(W)为切槽终点处坐标；Δi 为 *X* 方向的每次切深量，用不带符号的半径量表示；Δk 为 *Z* 方向的偏移量，用不带符号的值表示；Δd 为刀具在切削底部的 *Z* 向退刀量，无要求时可省略；F 为径向切削时的进给速度。

G75 程序段中的 Z(W)值可省略或设定为 0，当 Z(W)值设置为 0 时，循环执行时刀具仅做 *X* 向进给，而不做 *Z* 向偏移。

提示：对于程序段中的 Δi、Δk 值，在 FANUC 系统中，不能输入小数点，而应直接输入最小编程单位，如 P1500 表示径向每次切深量为 1.5 mm。另外，最后一次切深量和最后一次 *Z* 向偏移量均由系统自行计算。

G74 为端面切槽循环，刀具进给路线如图 3-44 所示。它与 G75 循环轨迹相类似，不同之处是刀具从循环起点 *A* 出发，先轴向切深，再径向平移，依次循环，直至完成全部动作。

指令书写格式为：

G74 R(e)；

G74 X(U)-Z(W)-P(Δi) Q(Δk) R(Δd) F-；

Δi 为刀具完成一次轴向切削后，在 *X* 方向的每次切深量，该值用不带符号的半径量表示；

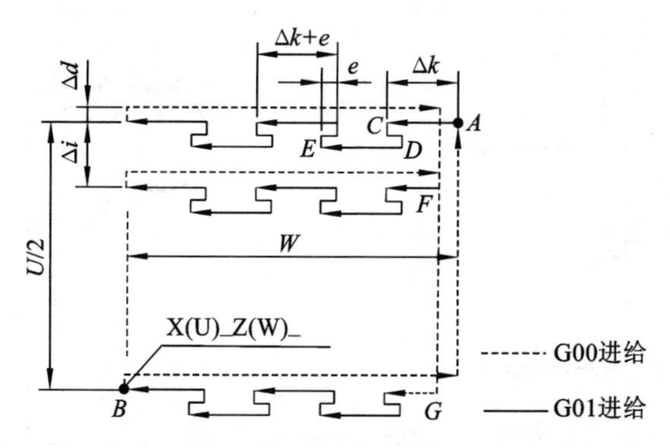


图 3-44 端面切槽循环加工路线

Δk 为 $Z$ 方向的切深量，用不带符号的值表示；其余参数与 G75 的相同。

G74 循环指令中的 X(U)值可省略或设定为 0，当 X(U)设置为 0 时，在 G74 循环执行过程中，刀具仅做 $Z$ 向进给，而不做 $X$ 向偏移，这时，该指令可用于端面啄式深孔钻的钻削循环。当 G74 指令用于端面啄式深孔钻钻削循环时，装夹在刀架(尾座无效)上的刀具一定会精确到工件的旋转中心。

## 3.2.4 刀尖圆弧半径补偿指令

数控车床是按车刀刀尖对刀的，但在实际加工中，由于刀具产生磨损或加工时为加强车刀强度，车刀刀尖不是尖的，而是磨成半径不大的圆弧，所以对刀刀尖的位置是一个假想的刀尖，如图 3-45 中的 $A$ 点。编程时是按假想的刀尖轨迹编程的，这样在实际加工时起作用的是刀尖圆弧，因而就引起加工表面形状的误差。

**1. 刀尖半径左补偿指令 G41**

如图 3-46 所示，顺着刀具运动方向看，刀具在工件左侧，称为刀尖半径左补偿，用 G41 代码编程。

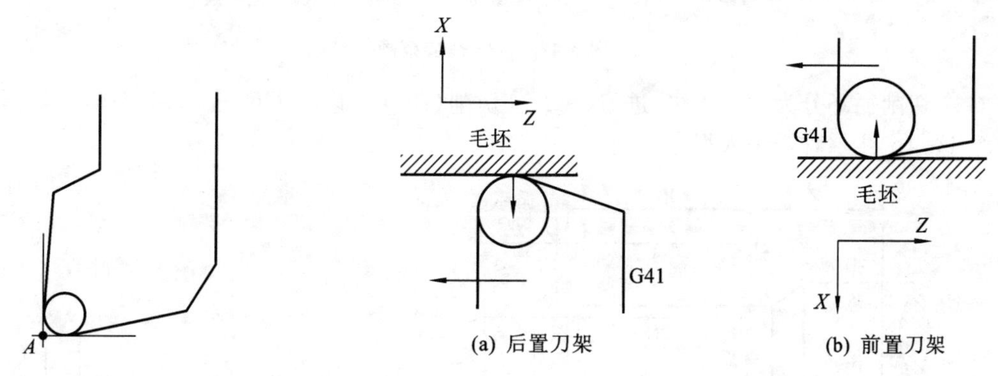


图 3-45 刀尖圆弧与假想刀尖

图 3-46 刀尖半径左补偿

刀尖半径左补偿指令 G41 书写格式为：

G41 G00/G01 X-Z-F-;

**2. 刀尖半径右补偿指令 G42**

如图 3-47 所示，顺着刀具运动方向看，刀具在工件右侧，称为刀尖半径右补偿，用 G42 代码编程。

刀尖半径右补偿指令 G42 书写格式为：

G42 G00/G01 X-Z-F-;

如需要取消刀尖半径左、右补偿，可编入 G40 代码。这时，使假想的刀尖轨迹与编程轨迹重合。

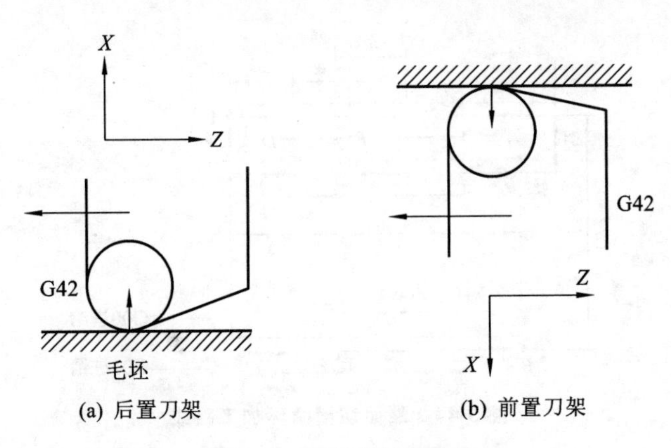

(a) 后置刀架　　(b) 前置刀架

图 3-47　刀尖半径右补偿

取消刀尖半径左、右补偿指令 G40 书写格式为：

G40 G00/G01 X-Z-F-;

## 3.2.5　螺纹编程指令

### 1. 单行程螺纹切削指令 G32

G32 可以切削直螺纹、锥螺纹和端面螺纹，如图 3-48 所示。

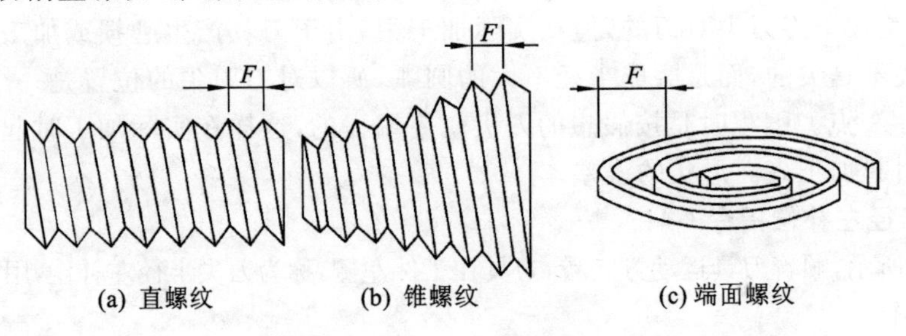

(a) 直螺纹　　(b) 锥螺纹　　(c) 端面螺纹

图 3-48　G32 适应范围

G32 切削循环分为四个步骤：进刀(*AB*)—切削(*BC*)—退刀(*CD*)—返回(*DA*)，如图 3-49 所示。这四个步骤均需编入程序。

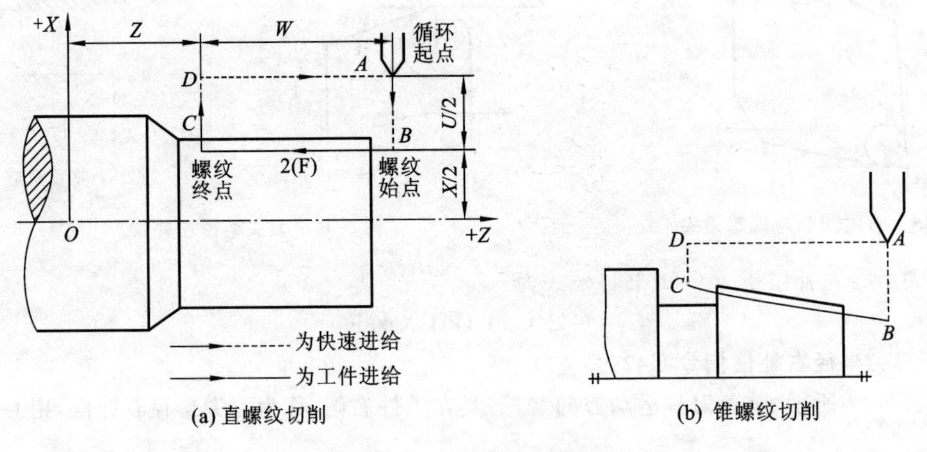

(a) 直螺纹切削　　(b) 锥螺纹切削

图 3-49　G32 切削走刀路径

指令书写格式为：

G32 X(U)-Z(W)-F-;

直螺纹切削时，刀具的运动轨迹是一条直线，所以 X(U)为 0，在格式中不必写出，即

G32 Z(W)-F-;

X(U)、Z(W)为螺纹终点坐标，F 是螺纹导程。

特别说明的是：在数控车床上车削螺纹时，沿螺距方向进给应与车床主轴的旋转保持严格的速比关系，因此应避免在进给机构加速或减速过程中切削。为此，要有引入距离（升速进刀段）$\delta_1$ 和超越距离（降速退刀段）$\delta_2$，如图 3-50 所示。$\delta_1$ 和 $\delta_2$ 的数值与车床拖动系统的动态特性有关，与螺纹的螺距和螺纹的精度有关。一般 $\delta_1$ 为 2～5 mm，对大螺距和高精度的螺纹取大值；$\delta_2$ 一般取 $\delta_1$ 的四分之一左右。若螺纹收尾处没有退刀槽，收尾处的形状与数控系统有关，一般按 45°退刀收尾。

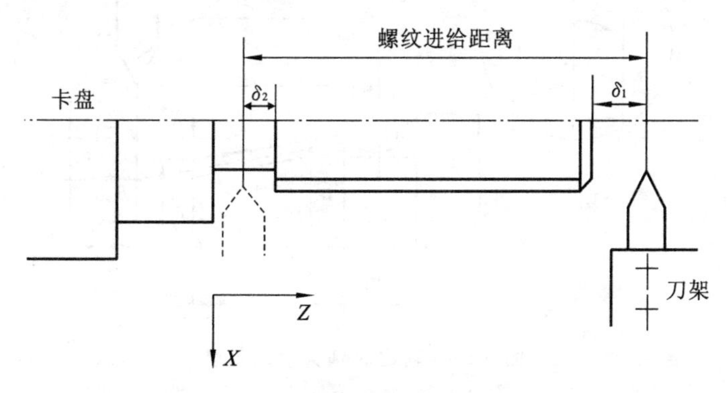


图 3-50 车削螺纹时引入距离

**2. 螺纹单次切削循环指令 G92**

G92 可以切削直螺纹和锥螺纹，其切削循环按进刀（$AB$）—切削（$BC$）—退刀（$CD$）—返回（$DA$）四个步骤进行，如图 3-51 所示。

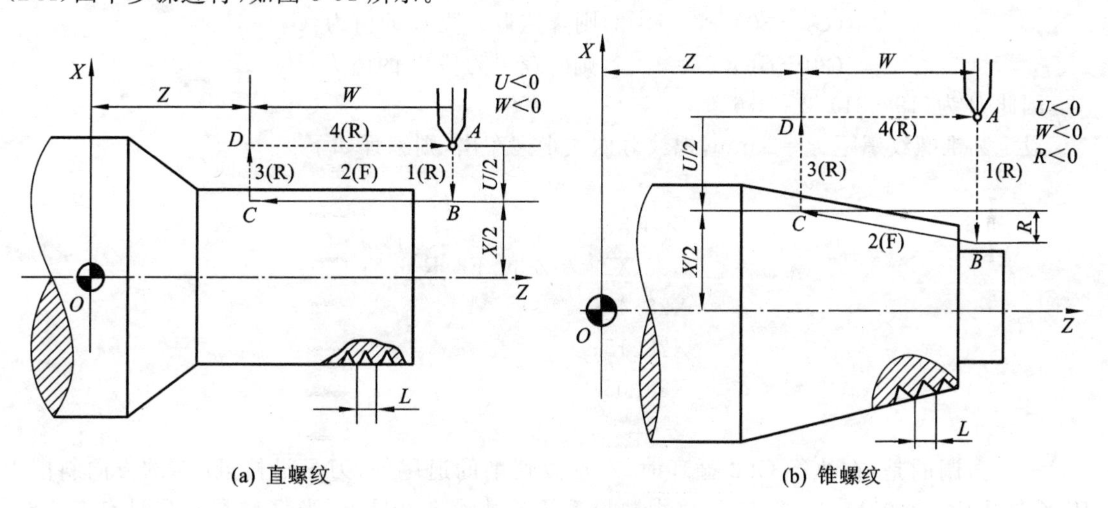


图 3-51 G92 切削走刀路径

指令书写格式为：

直螺纹 G92 X(U)-Z(W)-F-;

锥螺纹 G92 X(U)-Z(W)-R-F-;

X、Z 为绝对编程时，有效螺纹终点在工件坐标系中的坐标；U、W 是增量编程时，有效螺纹终点相对于螺纹切削起点的增量。F 是螺纹导程。R 是锥螺纹起点与有效螺纹终点的半径之差。

对于圆锥螺纹中的 $R$ 值，在编程时除了要注意有正、负之分外，在车削正锥螺纹时，由于锥螺纹起点尺寸小于锥螺纹终点尺寸，因此，锥螺纹起点与有效螺纹终点的半径之差为负值，也就是 $R$ 值为负值；而在车削倒锥螺纹时，锥螺纹起点尺寸大于锥螺纹终点尺寸，因此，锥螺纹起点与有效螺纹终点的半径之差为正值，也就是 $R$ 值为正值。

$R$ 值大小应根据不同长度来计算确定。在图 3-52 中，由于螺纹切削时有升速进刀段和降速退刀段，因此用于确定 $R$ 值的长度为 $30+\delta_1+\delta_2$，其 $R$ 值的大小应按该长度来计算，以保证螺纹锥度的正确性。

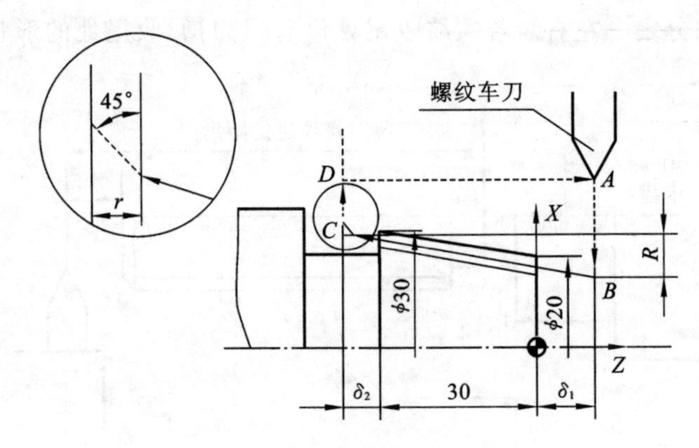


图 3-52　确定 $R$ 值大小的长度

确定圆锥螺纹升速进刀段 $\delta_1$ 和降速退刀段 $\delta_2$ 分别为 6 mm 和 3 mm，从图 3-52 中得知，圆锥螺纹大端直径为 30 mm，小端直径为 20 mm。锥度长为 30 mm，根据公式 $C=(D-d)/L$ 计算得：$C=(30-20)/30=1:3$。

因此就有：

$(C_X-30)/\delta_2=1:3$，则降速退刀段 $C$ 的值为：$C_X=31$。

$(20-B_X)/\delta_1=1:3$，则降速退刀段 $B$ 的值为：$B_X=18$。

因此 $R$ 为 $(18-31)/2=-6.5$。

设定圆锥螺纹螺距 $P=2$ mm，螺纹分四次走刀车出，则编程如下：

```
……
G00 X31. Z6. ;
G92 X28.9 Z-36. F2. R-6.5;
X28.4;
X28.15;
X28.05;
……
```

需要强调的是：在执行 G92 循环时，在螺纹切削的退尾处，刀具沿接近 45°的方向斜向退刀，$Z$ 向退刀 $r=(0.1\sim12.7)P$，该值由数控系统参数设定。另外，当 $Z$ 轴移动量没有变化时，只需对 $X$ 轴指定其移动指令即可重复执行固定循环动作。

**3. 螺纹自动切削循环指令 G76**

它只需一段指令程序就可完成螺纹的切削循环加工。图 3-53 所示为 G76 循环的走刀路径与进刀方式。

G76 为斜进式切削方法。由于为单侧刃加工，刀具刃口容易磨损，使加工的螺纹面不直，刀尖角发生变化，而造成牙型精度差。但其加工时产生的切削抗力小，刀具负载也小，排屑容易，并且切削深度为递减式，因此此加工方法一般适用于大螺距螺纹的切削。

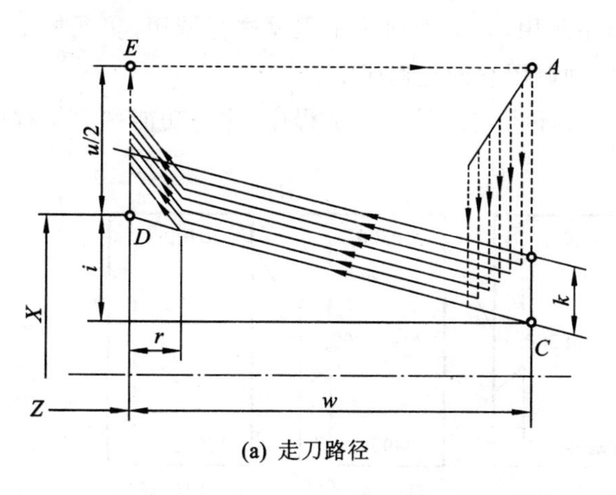

(a) 走刀路径

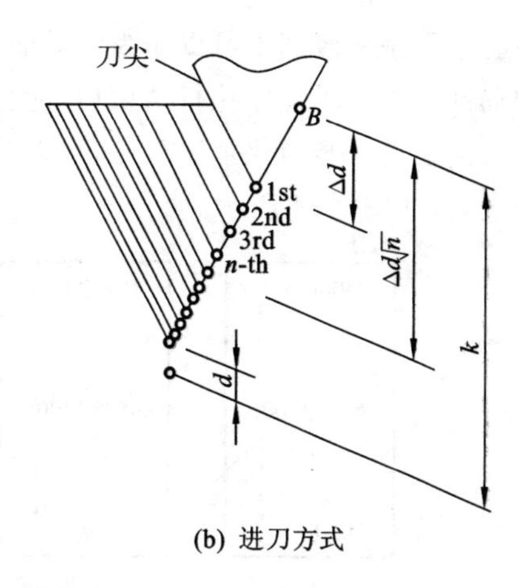

(b) 进刀方式

**图 3-53 G76 循环走刀路径与进刀方式**

指令书写格式为：

G76 P(m)(r)(α) Q($\Delta d_{min}$) R(d)；

G76 X(U) Z(W) R(i) P(k) Q(Δd) F(f)；

m：精加工最终重复次数，从 1～99 中选择，该值是模态的，在下一次被指定前一直有效，也可以用参数设定。

r：螺纹尾端倒角量，该值的大小是螺纹导程 $F$ 的 0.1～9.9 倍，以 0.1 为一挡逐步增加，设定时用 00～99 之间的两位数表示。

α：刀具刀尖角角度大小，可选择 80°、60°、55°、30°、29°、0°六种，其角度值用 2 位数指定（$m$、$r$、$\alpha$ 可用地址一次指定，如 $m=2$，$r=1.2P$，$\alpha=60°$时可写为 P02 12 60）。

$\Delta d_{min}$：为最小切入时的精加工余量。

X、Z：绝对编程时，有效螺纹终点在工件坐标系中的坐标。

U、W：增量编程时，有效螺纹终点相对于螺纹切削起点的增量。

i：螺纹部分半径差（$i=0$ 时为直螺纹）。

k：螺纹牙型高度，用半径值指定 $X$ 轴方向的距离。

Δd：第一次的切入量，用半径值指定。

F：螺纹导程。

提示：G76 编程时的切削深度分配方式为递减式，其切削为单刃切削加工，因而切削深度由系统计算给出。编程时，P、Q 的值不能用小数点编程。

## 3.2.6 子程序与宏程序

### 1. 子程序的应用

机床的加工程序可以分为主程序和子程序两种。主程序是一个完整的零件加工程序，或是零件加工程序的主体部分。它与被加工零件或加工要求一一对应，不同的零件或不同的加工要求，都有唯一的主程序。

在编制加工程序中，有时会遇到一组程序段在一个程序中多次出现，或者在几个程序中都要使用它。这个典型的加工程序可以做成固定程序，并单独加以命名，这组程序段就称为子程序。子程序一般都不可以作为独立的加工程序使用,它只能通过主程序进行调用,实现加工中的局部动作。子程序执行结束后,能自动返回到调用它的主程序中。

为了进一步简化加工程序,可以允许其子程序再调用另一个子程序,这一功能称为子程序的嵌套,如图 3-54 所示。

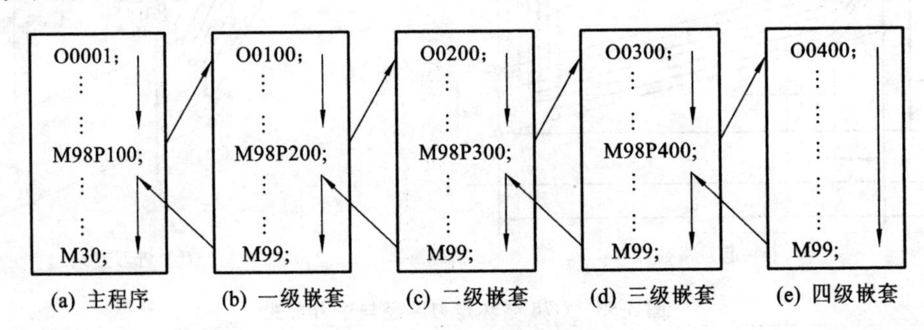


**图 3-54　子程序的嵌套**

1）子程序的调用

在大多数数控系统中,子程序与主程序并无本质区别。子程序和主程序在程序号与程序内容方面基本相同,仅结束标记不同。主程序用 M02 或 M30 表示其结束,而子程序在 FANUC 系统中则用 M99 表示结束,并实现自动返回主程序功能。

子程序的调用可通过辅助功能指令 M98 进行,同时在调用格式中将子程序的程序号地址改为 P,其常用的子程序调用格式有两种:

格式一:　　　　　　　　M98 P××××L××××;

其中,地址符 P 后面的四位数字为子程序号,L 后面的数字表示重复子程序的次数,子程序号与调用次数前的 0 可省略不写。如果子程序只调用一次,则 L 与其后的数字均可省略。

格式二:　　　　　　　　M98 P××××××××;

地址符 P 后面八位数字中,前四位表示调用次数,后四位表示子程序号,采用这种格式时,调用次数前的 0 可省略不写,但子程序号前的 0 不可省略。在同一数控系统中,子程序的两种格式不能混合使用。

2）子程序调用的特殊用法

(1) 子程序返回到主程序中的某一程序段。如果在子程序的返回指令中加上 Pn 指令,则子程序在返回主程序时,将返回到主程序中程序段段号为 n 的那个程序段,而不直接返回主程序。

(2) 自动返回到程序开始段。如果在主程序中执行 M99,则程序将返回到主程序的开始程序段并继续执行主程序。也可以在主程序中插入 M99 Pn,用于返回到指定的程序段。为了能够执行后面的程序,通常在该指令前加"/",以便在不需要返回执行时,跳过该程序段。

(3) 强制改变子程序重复执行的次数。用 M99 L×× 指令可强制改变子程序重复执行的次数,其中 L×× 表示子程序调用的次数。

**2. 宏程序的应用**

FANUC 数控系统的宏程序分为 A、B 两类(一般情况下,较老的系统采用 A 类宏程序,如 FANUC OTD;而在较为先进的系统中,如 FANUC 0i 系统中则采用 B 类宏程序)。

1）宏变量

FANUC 0i 数控系统宏变量见表 3-4。

表 3-4 FANUC 0i 数控系统宏变量

| 变量号 | 变量类型 | 功能说明 |
|---|---|---|
| #0 | 空变量 | 该变量总是空，没有值能赋给该变量 |
| #1～#33 | 局部变量 | 局部变量只能用在程序中存储数据(如运算结果)。当断电时，局部变量被初始化为空。调用宏程序时，自变量对局部变量赋值 |
| #100～#199<br>#500～#999 | 公共变量 | 公共变量在不同的宏程序中通用。当断电时，变量#100～#199 初始化为空，变量#500～#999 的数据保存，即使断电也不丢失 |
| #1000 以上 | 系统变量 | 系统变量用于读和写 CNC 运行时的各种数据，例如刀具的当前位置和补偿 |

局部变量和公共变量的取值范围在 $-10^{47}$ 到 $10^{47}$ 之间，如果计算结果超出有效范围，则发出 P/S 报警 No. 111。为了在程序中使用变量值，将跟随在地址符后的数值用变量来代替的过程称为引用变量。

例如，定义变量#100=30.0、#101=-50.0、#102=80，要表示程序段 G01 X30.0 Z-50.0 F80 时，可引用变量表示为 G01 X#100 Z#101 F#102。

变量也可用表达式指定，此时要把表达式放在括号里，如 G01 X[#1+#2] F#3，变量被引用时，其值根据地址的最小单位自动地舍入。当变量值未定义时，这样的变量成为空变量(如#2 未定义，用#2 = <空>表示)，当引用未定义的变量时，变量及地址字都被忽略。如当变量#1 = 0，#2 =<空>，即#2 的值是空时，G00 X#1 Z#2 的执行结果为 G00 X0。变量#0 为总空变量，它不能写，只能读。

2) 算术与逻辑运算

表 3-5 中所列出的运算可以在变量中执行，运算符号右边的表达式可包含常量和(或)由函数或运算符组成的变量。表达式中的变量#j 和#k 可以用常数赋值。左边的变量也可以用表达式赋值。

表 3-5 算术与逻辑运算

| 功能 | 格式 | 备注 |
|---|---|---|
| 定义 | #i=#j | |
| 加法<br>减法<br>乘法<br>除法 | #i=#j+#k<br>#i=#j-#k<br>#i=#j * #k<br>#i=#j/#k | |
| 正弦<br>反正弦<br>余弦<br>反余弦<br>正切<br>反正切 | #i = SIN[#j]<br>#i=ASIN[#j]<br>#i = COS[#j]<br>#i = ACOS[#j]<br>#i = TAN[#j]<br>#i = ATAN[#j]/[#k] | 角度以度指定。90°30′表示为 90.5° |

续表

| 功　能 | 格　式 | 备　注 |
|---|---|---|
| 平方根<br>绝对值<br>舍入<br>上取整<br>下取整<br>自然对数<br>指数函数 | #i=SQRT[#j]<br>#i=ABS[#j]<br>#i=ROUND[#j]<br>#i=FIX[#j]<br>#i=FUP[#j]<br>#i=LN[#j]<br>#i=EXP[#j] | |
| 或<br>异或<br>与 | #i=#j　OR#k<br>#i=#j　XOR#k<br>#i=#j　AND#k | 逻辑运算一位一位地按二进制数执行 |
| 从 BCD 转为 BIN<br>从 BIN 转为 BCD | #i=BIN[#j]<br>#i=BCD[#j] | 用于与 PMC 的信号交换 |

注：1. 三角函数中#j的值超范围时，发出 P/S 报警 No. 111，#i的取值范围根据不同的机床设置参数有所不同。

2. 运算次序。运算符运算的先后次序为：函数→乘和除运算（*、/、AND、MOD）→加和减运算（+、—、OR、XOR）。

3. 括号嵌套。括号用于改变运算次序。括号可以使用 5 级，包括函数内部使用的括号。当超过 5 级时，出现 P/S 报警 No. 118。

3）宏程序语句

宏程序语句也叫宏指令，它是指包含算术或逻辑运算（=）、控制语句（如 GO、TO、DO、END）、宏程序调用指令（如 G65、G67 或其他 G 代码、M 代码调用宏程序）的程序段。除了宏程序语句以外的任何程序段都为 NC 语句。

宏程序语句与 NC 语句不同，在单程序段运行方式时，根据参数不同，机床可能不停止；在刀具半径补偿方式中，宏程序语句段不作为移动程序段处理。

在一般的加工程序中，程序管好程序段在存储器内的先后顺序依次执行，使用转移和循环语句可以改变、控制程序的执行顺序。有三种转移和循环操作可供使用。

GOTO 语句也称无条件转移，其格式为：

GOTO *n*；

*n* 为程序段顺序号（1～99999），它的作用是转移到标有顺序号 *n* 的程序段。当指定 1～99999 以外的顺序号时，出现 P/S 报警 No. 128。顺序号也可用表达式指定。

IF 语句也称条件转移，格式一：

IF[（条件表达式）]　GOTO *n*

它的作用是：如果指定的条件表达式满足，转移到标有顺序号 *n* 的程序段；如果指定条件表达式不满足，则执行下一个程序段。

格式二：

IF[（条件表达式）]　THEN

它的作用是：如果条件表达式成立，执行 THEN 后的宏程序语句，且只执行一个宏程序语句。

WHILE 语句也叫循环语句。其格式为：

WHILE［条件表达式］ DO $m$ ；($m$=1,2,3)

…

END $m$ ；

说明：$m$ 为标号，标明嵌套的层次，即 WHILE 语句最多可嵌套 3 层。若用 1、2、3 以外的值，则会产生 P/S 报警 No.126。

作用：当指定的条件满足时，则执行 WHILE 从 DO 到 END 之间的程序，否则转到 END 后的程序段。

4) 宏程序调用

调用宏程序语句的子程序称为宏程序的调用。调用宏程序的方法一般有非模态调用(G65)、模态调用(G66、G67)，用 G 代码、M 代码等几种方法。

(1) G65 非模态调用。其格式为：

G65　P××××　L××××　自变量地址

式中：P 指定用户宏程序的程序号；地址 L 指定从 1 到 9999 的重复次数，省略 L 值时，认为 L 等于 1。

G65 调用用户宏程序时，自变量地址指定的数据能传递到用户宏程序体中，被赋值到相应的局部变量。自变量地址与变量号的对应关系见表 3-6。不需要指定的地址可以省略，对于省略地址的局部变量设为空。地址不需要按字母顺序指定，但应符合字地址的格式。但是，I、J 和 K 需要按字母顺序指定。

**表 3-6　自变量地址与变量号的对应关系**

| 地　址 | 变　量　号 | 地　址 | 变　量　号 | 地　址 | 变　量　号 |
|---|---|---|---|---|---|
| A | #1 | I | #4 | T | #20 |
| B | #2 | J | #5 | U | #21 |
| C | #3 | K | #6 | V | #22 |
| D | #7 | M | #13 | W | #23 |
| E | #8 | Q | #17 | X | #24 |
| F | #9 | R | #18 | Y | #25 |
| H | #11 | S | #19 | Z | #26 |

说明：G65 宏程序调用和 M98 子程序调用是有差别的。G65 可指定自变量，而 M98 没有此功能。当 M98 程序段包含另一个 NC 指令时，在执行之后调用子程序；相反，G65 无条件地调用宏程序，在单程序段方式下，机床停止。G65 能改变局部变量的级别，M98 不能改变局部变量的级别。

(2) G66 模态调用。指定 G66 后，在每个沿轴移动的程序段后调用宏程序。G67 取消模态调用。其格式为：

G66　P××××　L××××　自变量地址

式中：P 指定模态调用的程序号；地址 L 指定从 1 到 9999 的重复次数，省略 L 时，认为 L 为 1。与 G65 非模态调用相同，自变量指定的数据传递到宏程序体中。指定 G67 代码时，其后面的程序不再执行模态宏程序调用。注意，在 G66 程序段中，不能调用多个宏程序。

(3) 用 G 代码调用宏程序。FANUC 0i 系统允许用户自定义 G 代码，它通过设置参数(No.6050～No.6059)中相应的 G 代码(从 1～9999)来调用对应的用户宏程序(O9010～O9019)，调用宏程序的方法与 G65 相同。参数号与程序号之间的对应关系见表 3-7。

表 3-7 参数号与程序号之间的对应关系

| 程序号 | 参数号 | 程序号 | 参数号 |
|---|---|---|---|
| O 9010 | 6050 | O 9015 | 6055 |
| O 9011 | 6051 | O 9016 | 6056 |
| O 9012 | 6052 | O 9017 | 6057 |
| O 9013 | 6053 | O 9018 | 6058 |
| O 9014 | 6054 | O 9019 | 6059 |

提示：修改上述参数时应先在 MDI 方式下修改参数写入属性为“1”；如果参数写入属性为“0”，则无法修改＃6050 参数。

# 3.3 数控车加工与编程实例

## 3.3.1 轴类工件的加工与编程

### 1. 锥钉轴的加工与编程

锥钉轴的加工图样如图 3-55 所示。

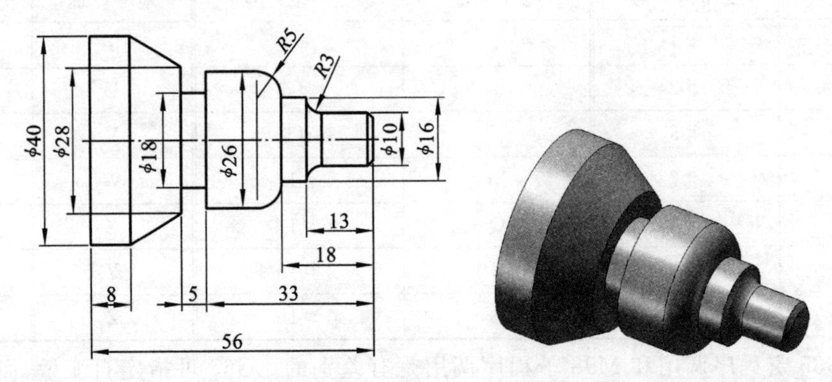


图 3-55 锥钉轴加工图样

锥钉轴毛坯为 ϕ42 mm 棒料，根据图样加工要求，选用 93°机夹尖车刀和刀宽为 5 mm 的切槽刀，并安装在 1、2 号刀位上。工件坐标原点选为右端面与轴线交点，采用固定点换刀方式，换刀点坐标(100,100)。

工件先采用 G94 车端面，再采用 G71 加工外形轮廓，最后换切槽刀切槽后再切断，其加工程序见表 3-8。

表 3-8 锥钉轴的加工程序

| 程序 | 说明 |
|---|---|
| O3011; | 主程序名 |
| G99 M03 S700 T0101; | 用 G99 指令建立工件坐标系，主轴以 700 r/min 正转 |
| G00 X44. Z2.; | 刀具定位，准备车端面 |

续表

| 程　　序 | 说　　明 |
|---|---|
| G94 X－1. Z0. F0.1; | 车端面(考虑刀尖圆弧半径的影响,为避免产生凸头,一般车过端面) |
| G71 U1.5 R1.; | G71 循环粗车各轮廓 |
| G71 P3 Q8 U1. W0.1 F0.2; | |
| N3 G00 X4.; | |
| G01 X10. Z－1. F0.1; | |
| Z－10.; | |
| G02 X16. Z－13. R3.; | |
| G01 Z－18.; | |
| G03 X26. Z－23. R5.; | |
| G01 Z－38.; | |
| X28.; | |
| X40. Z－48.; | |
| Z－56; | |
| N8 G01 X44.; | |
| G70 P3 Q8; | G70 精车各表面 |
| G00 X100. Z100.; | 快速至换刀点 |
| T0202 | 换2号刀 |
| G00 X44. Z－38. | 刀具定位 |
| G01 X18.; | 切槽 |
| X44.; | *X* 向退刀 |
| G00 Z－61.; | *Z* 向进刀至切断处 |
| G01 X0.; | 切断 |
| G00 Z－100.; | 快速至换刀点位置 |
| X100.; | |
| M05; | 主轴停 |
| M30; | 主程序结束并返回 |

**2. 球形轴的加工与编程**

球形轴的加工图样如图3-56所示。

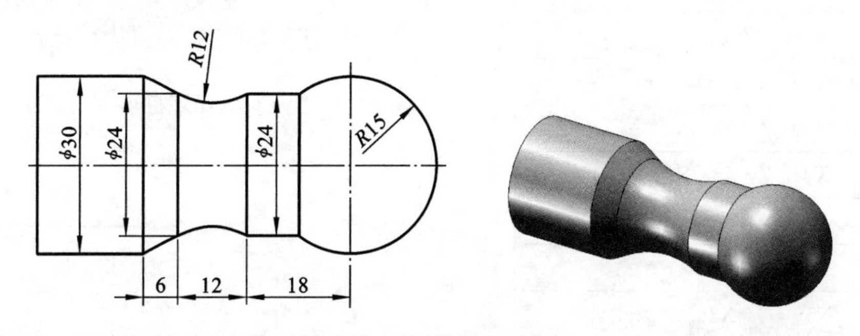


图3-56　球形轴的加工图样

工件以右端面与轴线的交点为工件坐标原点,采用三爪自定心卡盘直接装夹毛坯 $\phi$35 mm

表面，保证伸出长度不少于 70 mm。根据加工内容，选择外圆尖车刀，并安装在 1 号刀位上，采用固定点换刀方式，换刀点坐标(100，100)。

工件先采用 G01 车端面，再采用 G73 加工外形轮廓(采用 G73 循环车削时共分五次循环进给完成，前四次循环车削效果如图 3-57 所示)。其加工程序见表 3-9。

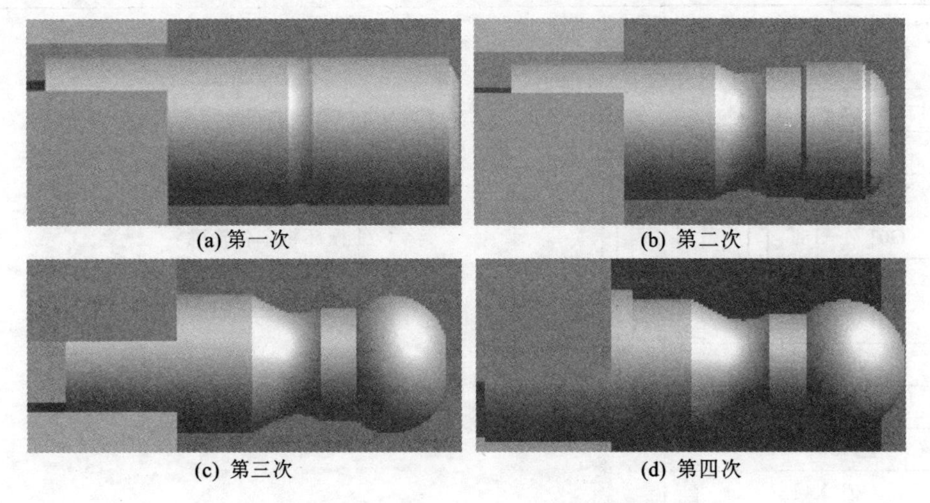
(a) 第一次　(b) 第二次　(c) 第三次　(d) 第四次

图 3-57　G73 循环加工前四次循环效果图

表 3-9　球形轴的加工程序

| 程　序 | 说　明 |
| --- | --- |
| O3012; | 主程序名 |
| G99 T0101 M03 S700; | 主轴以 700 r/min 正转 |
| G00 X 36. Z0.; | |
| G01 X−1. F0.1; | 车端面 |
| Z2.; | |
| G00 X36.; | |
| G90 X32. Z−2. R−4.; | 粗车 *R*15 圆球表面 |
| X32. Z−6. R−8.; | |
| G73 U8. W0.1 R4.; | G73 循环粗车 |
| G73 P20 Q50 U0.2 W0.1 F0.2; | |
| N20 G00 X0.; | |
| G01 Z0.; | |
| G03 X24. Z−24. R15. F0.1; | |
| G01 Z−33.; | |
| G02 X24. Z−45. R12.; | |
| G01 X30. W−6.; | |
| Z−61.; | |
| N50 G01 X36.; | |
| G70 P20 Q50; | G70 精车轮廓表面 |
| G00 X100. Z100.; | 取消刀具半径补偿，刀具返回换刀点位置 |

续表

| 程　　序 | 说　　明 |
|---|---|
| M05； | 主轴停 |
| M30； | 主程序结束并返回 |

**3. 滚纸轴的加工与编程**

滚纸轴的加工图样如图 3-58 所示。

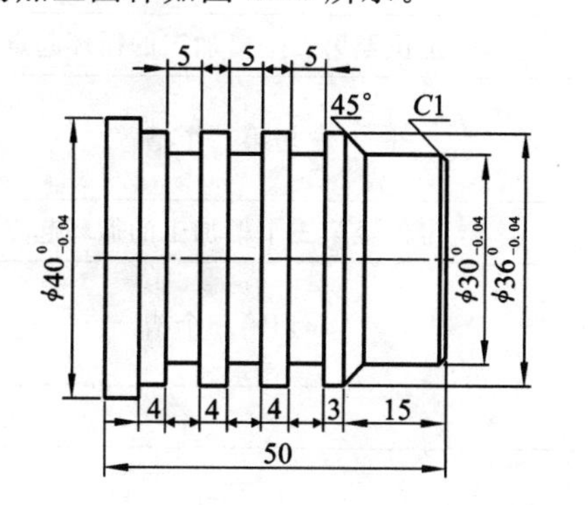

**图 3-58　滚纸轴的加工图样**

滚纸轴毛坯为 $\phi$42 mm 棒料，根据图样加工要求，选择 55°外圆车刀，装夹在 1 号刀位上，同时选择刀头宽为 3 mm 切槽(断)刀安装在 2 号刀位上。以工件右端面回转中心为编程原点，采用固定点换刀方式，换刀点坐标(100,100)。

工件先采用 G94 车端面，再采用 G71 加工外形轮廓，然后换切槽刀采用 G75 切槽后再进行切断，其加工程序见表 3-10。

**表 3-10　滚纸轴的加工程序**

| 程　　序 | 说　　明 |
|---|---|
| O3013； | 主程序名 |
| G99 M03 S700 T0101； | |
| G00 X44. Z2.； | 至循环起刀点 |
| G94 X−1. Z0. F0.1； | 车端面 |
| G71 U2. R1.； | G71 循环粗车 |
| G71 P15 Q25 U0.5 W0.1 F0.15； | |
| N15 G00 X24.； | |
| G01 X30. Z W−1. F0.08； | |
| Z−12.； | |
| X36 W−3.； | |
| Z−45.； | |
| X40.； | |
| Z−55.； | |
| N25 G01 X42.； | |
| G70 P15 Q25； | G70 循环精车轮廓尺寸 |
| G00 X100. Z100.； | |

续表

| 程　　序 | 说　　明 |
| --- | --- |
| T0202 S400； | 换 2 号刀 |
| G00 X44. Z−21.； | |
| G75 R0.3； | 切第一个槽 |
| G75 X30. Z−23. P1500 Q2000 F0.08； | |
| G00 Z−30.； | 定位至第二个槽加工的循环起点 |
| G75 R0.3； | 切第二个槽 |
| G75 X30. Z−32. P1500 Q2000 F0.08； | |
| G00 Z−39.； | 定位至第三个槽加工的循环起点 |
| G75 R0.3； | 切第三个槽 |
| G75 X30. Z−41. P1500 Q2000 F0.08； | |
| G00 Z−53.； | |
| G01 X0.； | 切断 |
| Z−50.； | |
| G00 X100. Z100.； | |
| M05； | 主轴停 |
| M30； | 主程序结束并返回 |

## 3.3.2　套类工件的加工与编程

### 1. 锥台孔的加工

锥台孔的加工图样如图 3-59 所示。

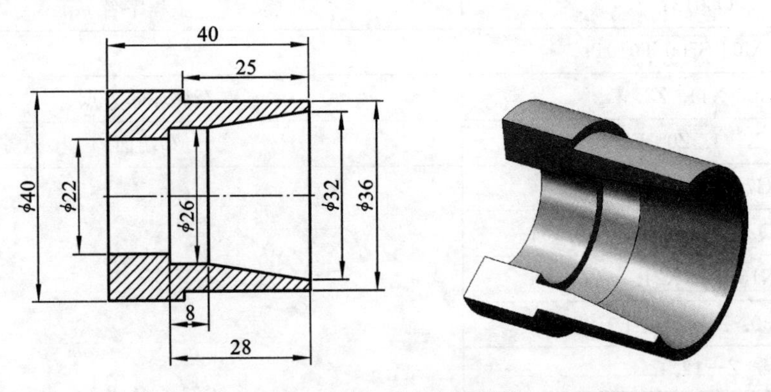


图 3-59　锥台孔的加工图样

锥台孔毛坯为 φ42 棒料，根据图样加工要求，选用 93°机夹外圆车刀、刀宽 5 mm 切断刀和内孔车刀，并分别安装在 1、2 和 3 号刀位上。麻花钻安装尾座上，不参与编程（手动钻出 φ20 mm底孔）。工件坐标原点选为右端面与轴线交点，采用固定点换刀方式，换刀点坐标(100，100)。

工件采用 G94 车端面，然后用 G90 车外轮廓表面，再用 G90 车内轮廓各表面，用 G01 精车内形轮廓表面，最后换切断刀切断。

工件加工程序见表 3-11。

**表 3-11 锥台孔的加工程序**

| 程　　序 | 说　　明 |
| --- | --- |
| O3014； | 主程序名 |
| G99 M03 S800 T0101； | |
| G00 X44. Z2.； | 快速定位 |
| G94 X18. Z0. F0.08； | 车端面 |
| G90 X40. Z－40. F0.15； | G90 车外圆 |
| X36. Z－25.； | |
| G00 X100. Z100.； | |
| T0202 S500； | 换 2 号刀 |
| G00 X18. Z2.； | |
| G90 X21.5 Z－40. F0.1； | G90 车内形轮廓表面 |
| X23. Z－28.； | |
| X25.5； | |
| X26. Z－5 R0.75； | |
| X26. Z－15. R2.25； | |
| X26. Z－20. R3.； | |
| G00 X32.； | 至起刀点 |
| G01 Z0.； | |
| X26. Z－20.； | 精车内锥 |
| W－8.； | 精车 $\phi$26 内孔 |
| X22.； | *X* 向退刀 |
| Z－40.； | 精车 $\phi$22 内孔 |
| X18.； | *X* 向退刀 |
| G00 Z100.； | 至换刀点 |
| X100.； | |
| T0303 S400； | 换 3 号刀 |
| G00 X44.； | 至起刀点 |
| Z－45.； | |
| G01 X22.； | 切断 |
| Z－40.； | |
| G00 X100. Z100.； | 至换刀点 |
| M05； | 主轴停 |
| M30； | 主程序结束并返回 |

**2. 壳套的加工与编程**

壳套加工图样如图 3-60 所示。

壳套毛坯为 $\phi$50 棒料，根据图样加工要求，选用 93°内孔车刀和刀宽为 5 mm 的切断刀，分别安装在 1、2 号刀位上，麻花钻安装尾座上，不参与编程(先手动钻出 $\phi$20 mm 底孔)。零件坐标原点有两个，选为零件左、右端面与轴线的交点。采用固定点换刀方式，换刀点坐标(100,100)。

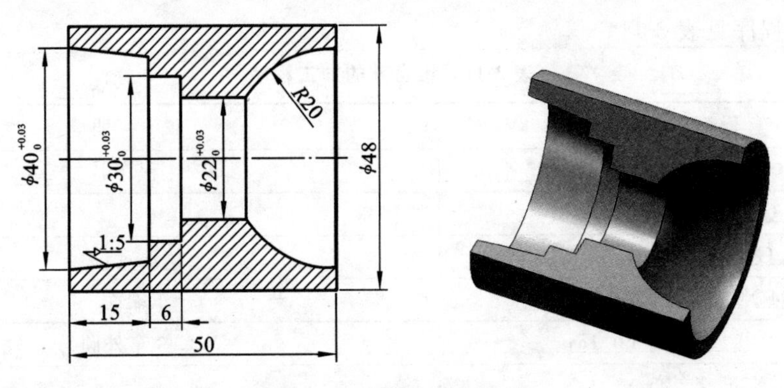


图 3-60　壳套的加工图样

工件先加工左侧，切断后(如图 3-61 所示)再掉头车右侧内形轮廓。其加工程序见表 3-12、表 3-13。

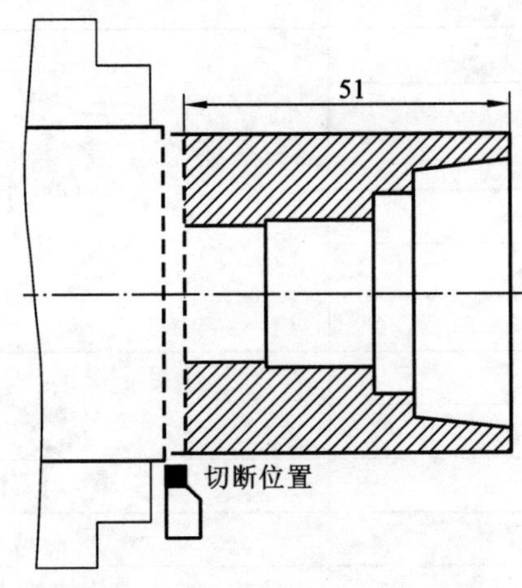


图 3-61　左侧加工后的切断位置

表 3-12　壳套的加工程序(一)(加工左端)

| 程　序 | 说　明 |
| --- | --- |
| O3015; | 主程序名 |
| G99 T0101 M03 S600; | 用 G99 指令建立工件坐标系，主轴以 600 r/min 正转 |
| G00 X20. Z2.; | |
| G71 U1. R0.3; | G71 循环粗车左端内轮廓面 |
| G71 P2 Q9 U−0.5 W0.5 F0.15; | |
| N2 G00 X40. S1200; | |
| G01 Z0.; | |
| X37. Z−15.; | |
| X30.; | |
| Z−21.; | |
| X22.; | |
| Z−34.; | |
| N9 G01 X20.; | |

续表

| 程　　序 | 说　　明 |
| --- | --- |
| G70 P2 Q9； | |
| G00 X100. Z100.； | |
| T0202 S450； | |
| G00 X52. Z−56.； | |
| G01 X22. F0.1； | 切断 |
| Z−53.； | $Z$ 向退刀 |
| G00 X100. Z100.； | |
| M05； | 主轴停 |
| M30； | 主程序结束并返回 |

**表 3-13　壳套的加工程序(二)(加工右端)**

| 程　　序 | 说　　明 |
| --- | --- |
| O3016； | 主程序名 |
| G99 T0101 M03 S600； | 用 G99 指令建立工件坐标系，主轴以 600 r/min 正转 |
| G00 X20. Z2.； | |
| G71 U1. R0.3； | G71 循环粗车右端内轮廓面 |
| G71 P5 Q10 U−0.5 W0.5 F0.15； | |
| N5 G00 X40. S1200； | |
| G01 Z0.； | |
| G03 X21.07 Z−17. R20.； | |
| N10 G01 X20. | |
| G70 P5 Q10； | |
| G00 X100. Z100.； | |
| M05； | 主轴停 |
| M30； | 主程序结束并返回 |

## 3.3.3　螺纹工件的加工与编程

### 1. 螺钉的加工与编程

螺钉加工图样如图 3-62 所示。

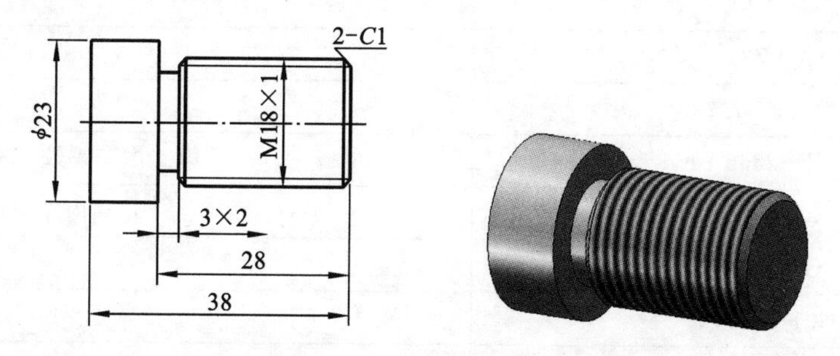


图 3-62　螺钉的加工图样

螺钉毛坯为 $\phi$25 mm 棒料，根据图样加工要求，选用 93°机夹外圆车刀、刀宽 3 mm 切槽刀和60°螺纹车刀，并分别安装在1、2和3号刀位上。工件坐标原点选为右端面与轴线交点，采用固定点换刀方式，换刀点坐标(100,100)。

工件采用G94车端面，采用G90粗车螺纹大径，G01精车螺纹大径，最后采用G32分四次车削螺纹，其加工程序见表3-14。

**表3-14　螺钉的加工程序**

| 程　　序 | 说　　明 |
|---|---|
| O3017； | 主程序名 |
| G99 M03 S800 T0101； | |
| G00 X27. Z2.； | 快速定位 |
| G94 X−1. Z0. F0.1； | 车端面 |
| G90 X22. Z−38. F0.15； | 粗车 $\phi$23 mm 外圆(留1 mm精车余量) |
| X19. Z−28.； | 粗车螺纹大径(留1 mm精车余量) |
| G01 X11.9； | |
| X17.9 Z−1； | 倒角 $C1$ |
| Z−28.； | 精车螺纹大径 |
| X23.； | |
| Z−38.； | 精车 $\phi$23 mm 外圆 |
| X27.； | |
| G00 X100. Z100.； | |
| T0202 S500； | 换2号刀 |
| G00 X25.； | |
| Z−28.； | |
| G01 X14. F0.1； | |
| X25. F0.3； | |
| G00 X100. Z100.； | |
| T0303； | |
| G00 X20. Z3.； | |
| G01 X17.4； | |
| G32 Z−26.5 F1.； | 第一次车螺纹 |
| G01 X20.； | |
| G00 Z3.； | |
| G01 X17.； | |
| G32 Z−26.5 F1.； | 第二次车螺纹 |
| G01 X20.； | |
| G00 Z3.； | |
| G01 X16.7； | |
| G32 Z−26.5 F1.； | 第三次车螺纹 |
| G01 X20.； | |

续表

| 程　　序 | 说　　明 |
| --- | --- |
| G00 Z3.； | |
| G01 X16.6； | |
| G32 Z−26.5 F1.； | 第四次车螺纹 |
| G01 X20.； | |
| G00 X100. Z100.； | |
| M05； | 主轴停 |
| M30； | 主程序结束并返回 |

**2. 外锥螺纹的加工**

外锥螺纹的加工图样如图 3-63 所示。

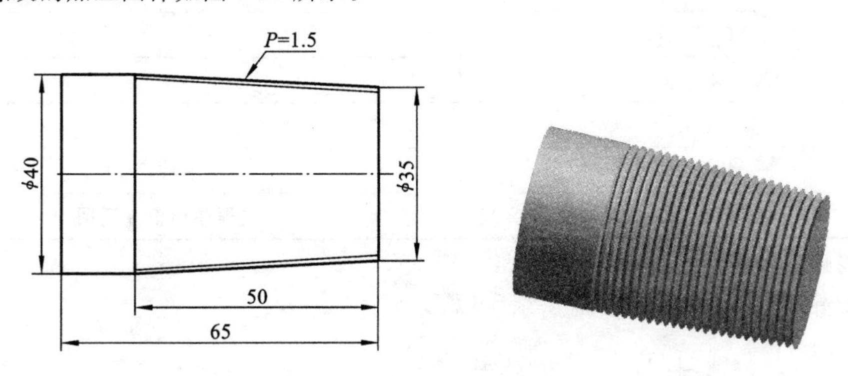


**图 3-63　外锥螺纹加工图样**

工件毛坯为 ϕ45 mm 棒料，根据图样加工要求，选用 93°机夹外圆车刀、60°外螺纹车刀和刀宽 5 mm 的切断刀，并分别安装在 1 号、2 号和 3 号刀位上。其坐标原点选为零件右端面与轴线的交点，并采用固定点换刀方式，换刀点坐标(100,100)。

工件采用 G01 车端面，G90 车削轮廓表面，G92 车外锥螺纹，最后用切断刀切断。其加工程序见表 3-15。

**表 3-15　外锥螺纹加工程序**

| 程　　序 | 说　　明 |
| --- | --- |
| O3018； | 主程序名 |
| G99 T0101 M03 S800； | 用 G99 指令建立工件坐标系，主轴以 800 r/min 正转 |
| G00 X47. Z0.； | 刀具定位 |
| G01 X−1. F0.1； | 车端面 |
| Z2.； | |
| G00 X47.； | |
| G90 X42. Z−65. F0.15； | |
| X40.； | |
| G00 X100. Z100.； | |
| T0202 S500 | 换 2 号刀 |
| G00 X42. Z2.； | 快速定位 |

续表

| 程　序 | 说　明 |
| --- | --- |
| G92 X39.2 Z-50. F1.5 R-2.6; | 车外锥螺纹 |
| X38.7; | |
| X38.4; | |
| X38.15; | |
| X38.05; | |
| G00 X100. Z100.; | 至换刀点位置 |
| T0303; | |
| G00 X47.; | |
| Z-70.; | |
| G01 X0. F0.1; | |
| G00 Z100.; | |
| X100.; | |
| M05; | 主轴停 |
| M30; | 主程序结束并返回 |

**3. 梯形螺纹轴的加工与编程**

梯形螺纹轴加工图样如图 3-64 所示。

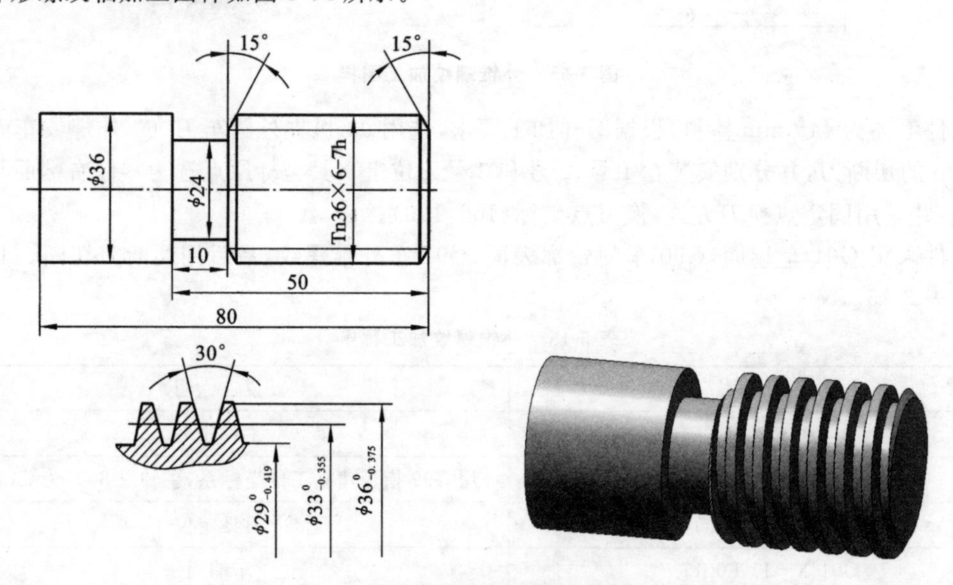


**图 3-64　梯形螺纹轴的加工图样**

梯形螺纹轴毛坯为 ϕ40 mm 棒料，根据图样加工要求，选用 93°机夹外圆车刀、刀头宽为 5 mm的切槽刀与 30°梯形螺纹车刀，并分别安装在 1 号、2 号和 3 号刀位上。其坐标原点选为零件右端面与轴线的交点(为保证车削安全，可采用后顶尖支撑，即一夹一顶装夹方式)，采用固定点换刀方式，换刀点坐标(100,100)。

工件采用 G94 车端面，采用 G01 粗、精车螺纹大径，然后进行切槽，最后采用 G76 车梯形螺纹，其加工程序见表 3-16。

表 3-16 梯形螺纹轴的加工程序

| 程　序 | 说　明 |
|---|---|
| O3019； | 主程序名 |
| G99 T0101 M03 S800； | 用 G99 指令建立工件坐标系，主轴以 800 r/min 正转 |
| G00 X42. Z2.； | 快速定位起刀点(准备车端面) |
| G94 X−1. Z0. F0.1； | 车端面 |
| G00 X37.； | |
| G01 Z−80. F0.2； | 粗车螺纹大径 |
| X42.； | |
| G00 Z2.； | |
| X29.； | |
| Z0.； | |
| G01 X36. Z−0.94 F0.1； | 倒角 |
| Z−80.； | 精车螺纹大径 |
| X42.； | |
| G00 X100.； | |
| Z100.； | |
| T0202 S400； | 换 2 号刀，主轴以 400 r/min 转动 |
| G00 X40. Z−50.； | |
| G01 X24. F0.12； | 切槽并倒角 |
| X40. F0.3； | |
| W5.94； | |
| X36.； | |
| X29. W−0.94. F0.12； | |
| X24.； | |
| W−5.； | |
| X40. F0.3； | |
| G00 X100. Z100.； | |
| T0303； | 换 3 号刀 |
| G00 X38. Z3.； | |
| G76 P011030 Q100 R200； | G76 车螺纹 |
| G76 X29. Z−45. P3500 Q1000 F6.0； | |
| G00 X100. Z100.； | 至换刀点位置 |
| M05； | 主轴停 |
| M30； | 主程序结束并返回 |

## 3.3.4 复杂工件的加工与编程

### 1. 图章的加工与编程

图章的加工图样如图 3-65 所示。

图章毛坯为 $\phi$65 mm 棒料，据图样加工要求，选用 35°机夹外圆尖车刀，安装在 1 号刀位上。

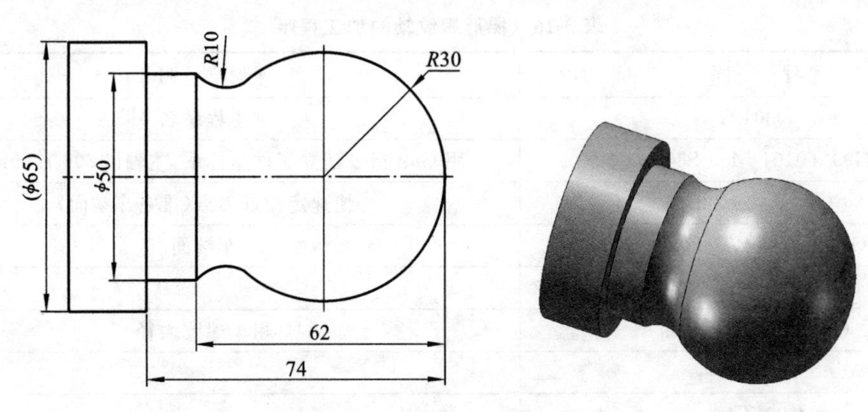


图 3-65　图章的加工图样

工件坐标原点选为右端面与轴线交点，采用固定点换刀方式，换刀点坐标(100,100)。

工件采用子程序，并调用 11 次完成图章的加工。其加工程序见表 3-17。

表 3-17　图章的加工程序

| 程　序 | 说　明 |
|---|---|
| O3020； | 主程序名 |
| G99 T0101 M03 S600； | 用 G99 指令建立工件坐标系，主轴以 600 r/min 正转 |
| G00 X67. Z2.； | |
| G01 X−0.5 F0.12； | 车端面 |
| Z2.； | 返回对刀点 |
| G00 X67.； | |
| M98 P00115202； | 调用子程序 O5202，共计 11 次 |
| G00 X100. Z100.； | |
| M05； | 主轴停 |
| M30； | 主程序结束并返回 |
| | |
| O5202； | 子程序名 |
| G01 U−4.； | |
| Z0.； | |
| G03 U48. Z−48. R30. F0.1； | 车 $R30$ 圆弧 |
| G03 U2. Z−62. R10.； | 车 $R10$ 圆弧 |
| G01 Z−74.； | 车 $\phi50$ 外圆 |
| U14.； | |
| G00 Z2.； | |
| G01 U−66.； | |
| M99； | 子程序结束并回到主程序 |

**2. 正弦曲线面的加工**

正弦曲线面的加工图样如图 3-66 所示。

工件毛坯为 $\phi40$ mm 棒料，根据加工内容，选择刀尖角为 35°机夹车刀，并安装在 1 号刀位

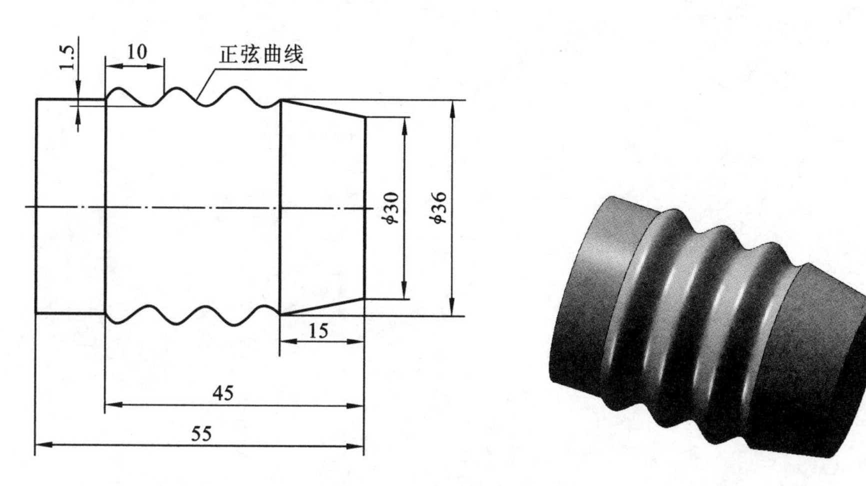


图 3-66 正弦曲线加工图样

上,其坐标原点选为零件右端面与轴线的交点。采用固定点换刀方式,换刀点坐标(100,100)。其加工程序见表 3-18。

表 3-18 正弦曲线的加工程序

| 程　　序 | 说　　明 |
| --- | --- |
| O3021; | 主程序名 |
| G99 T0101 M03 S600; | 用 G99 指令建立坐标系 |
| G00 X100. Z100.; | |
| X41. Z1.; | 快速定位 |
| N1 G00 X30.; | |
| G01 Z0. F0.15; | |
| #1=0; | 宏程序车正弦曲线 |
| N2#2=[10*#1/360]; | |
| #3=[36-3*SIN[#1]]; | |
| #4=#2+20; | |
| G01 X[#3]Z[-#4]; | |
| #1=#1+1; | |
| IF[#1LE1080] GOTO 2; | 插补结束 |
| N3 G01 W-10. F0.1; | |
| X51.; | |
| G00 X100. Z100.; | 至换刀点位置 |
| M30; | 主程序结束并返回 |

# 第4章
# 数控铣加工与编程

## 4.1 数控铣床的基本操作

### 4.1.1 文明生产和安全操作注意事项

(1) 操作人员应穿好工作服、安全鞋,戴好工作帽及防护镜;不允许戴手套操作数控机床,以防将手卷入旋转刀具和工件之间。

(2) 数控机床运转时,不得调整、测量工件和改变润滑方式,以防手触及刀具,碰伤手指。

(3) 切削过程中不要用手清除切屑,也不要用嘴吹,以防切屑损伤皮肤和眼睛。

(4) 零件加工前,一定要检查机床是否能正常运行。加工前一定要通过试车保证机床正确工作。

(5) 操作机床之前应仔细地检查输入的数据,如果使用了不正确的数据,机床可能发生误动作,有可能引起零件的损坏、机床本身的损坏或使操作者受伤。

(6) 确保指定的进给速度与想要进行的机床操作相适应,通常每一台机床都有最大许可进给速度,合适的进给速度根据不同的操作而变化,如果没有按正确的速度进行操作,机床有可能发生误动作,从而引起工件或机床本身的损坏甚至伤及操作者。

(7) 当使用刀具补偿功能时,请仔细检查补偿方向和补偿量。

(8) 在接通机床电源后,需要进行手动返回参考点。在手动返回参考点前,行程检查功能不能用,注意当不能进行行程检查时,即使出现超程系统也不会发出警报,这也许会造成刀具、机床本身、零件的损坏,甚至伤及操作者。

(9) 当手动操作机床时,要确定刀具和零件的当前位置,并保证正确地指定了运动轴方向和进给速度。

(10) 接通电源后,应执行手动返回参考点位置。如果机床没有执行手动返回参考点就进行操作,机床的运动不可预料。

(11) 在手轮进给时,在较大的倍率下旋转手轮,刀具和工作台会快速移动。

(12) 在螺纹加工、刚性攻丝或其他攻丝期间,如果倍率被禁止(根据宏变量的规定),速度不能预测,可能会造成刀具、机床本身和零件的损坏,或者伤害操作者。

(13) 一般来说,在机床按照程序运行时,不要进行清除原点或原点预置操作。否则,机床有可能出现误动作,造成刀具、机床本身的损坏,甚至伤及操作者。

(14) 下班前应关断机床总电源,关好门窗。

### 4.1.2 数控铣操作面板和控制面板与功能

FANUC 0i 数控铣操作面板如图 4-1 所示,它由 CRT/MDI 操作面板和用户操作面板组成。控制面板如图 4-2 所示,其按键功能说明见表 4-1。

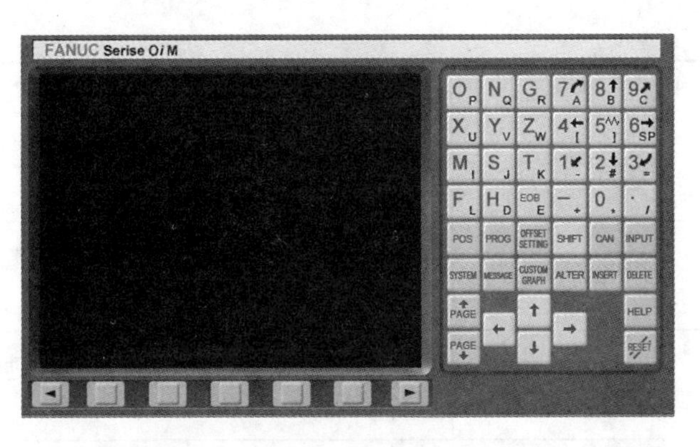


图 4-1　FANUC 0i 数控铣操作面板

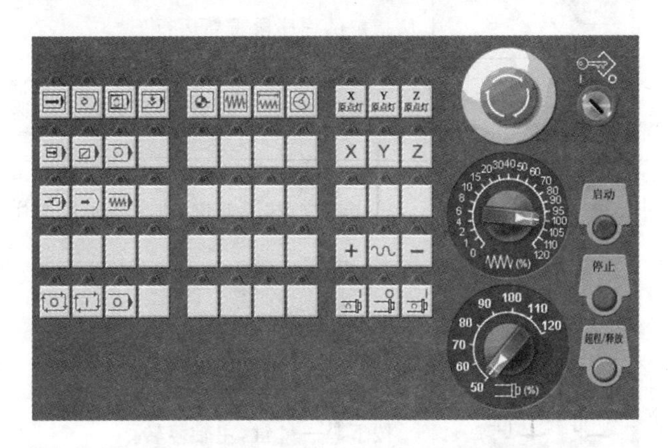


图 4-2　FANUC 0i 数控铣控制面板

表 4-1　FANUC 0i 数控铣控制面板按键功能说明

| 名　　称 | 图　　标 | 功能说明 |
| --- | --- | --- |
| 运行方式键 |  | EDIT(编辑键):按下该键进入编辑运行方式 |
|  |  | AUTO(自动模式键):按下该键进入自动运行方式 |
|  |  | MDI 键：按下该键进入 MDI 运行方式 |
| 运行方式键 |  | JOG(手动模式键):按下该键进入手动运行方式 |
|  |  | HANDLE 键(手轮方式)：按下该键进入手摇(手轮)运行方式 |
|  |  | SINGLE 键(单段运行):按下该键进入单段运行方式 |
|  |  | REF 键(回参考点):按下该键可以进行返回铣床参考点操作 |

续表

| 名　　称 | 图　　标 | 功能说明 |
| --- | --- | --- |
| 运行方式键 | | INC键:手动脉冲方式进给 |
| | | 程序段跳键:在自动模式下按下此键,跳过程序段开头带“/”的程序 |
| | | 文件传输键:通过RS232接口把控制系统与计算机相连接并传输文件 |
| | | 重新启动键:由于刀具破损等其他原因自动停止后,程序可从指定的程序段重新运行 |
| | | 空运行键:按下此键,各轴以固定的速度运动 |
| | | 机床锁住:按下此键,机床各轴被锁住 |
| 主轴控制键 | | 按下键,主轴反转 |
| | | 按下键,主轴停转 |
| | | 按下键,主轴正转 |
| 循环启动与停止键 | | 循环按键,按下此键,程序运行;循环启动键,模式选择旋钮在“AUTO”和“MDI”位置时,按下此键,自动加工程序,其余时间按下此键无效;程序停止,自动模式下,遇有M00指令程序停止 |
| 主轴速度调节旋钮 | | 调节主轴速度,调节范围为50%～120% |
| 程序编辑开关 | | 置于“I”位置,可进行程序的编辑 |
| 进给轴与方向选择键 | X Y Z + ∿ - | 用来选择车床的移动轴和方向。<br>其中的为快进键。当按下该键后,该键变为红色,表明快进功能开启;再按一下该键,该键恢复成白色,则表示快进功能关闭 |

续表

| 名　称 | 图　标 | 功能说明 |
| --- | --- | --- |
| 速度进给调节旋钮 | | 调节进给速度，调节范围为 0～120% |
| 系统启动/停止键 | | 用来开启和关闭数控系统。在通电开机和断电关机时用 |
| 急停键 | | 用于锁住铣床。按下急停键时，铣床立即停止运动，旋转可释放 |

## 4.1.3 数控铣床的手动操作

**1. 系统通电**

(1) 检查 CNC 机床外表是否正常。

(2) 打开位于铣床/加工中心后面的电控柜上的主电源开关。

(3) 按控制面板上的按钮接通电源，几秒钟后 CRT 显示器上出现图 4-3 所示的位置画面。

(4) 顺时针轻轻旋转急停键，使其抬起，处于松开状态。

(5) 绿灯亮后，机床液压泵启动，机床进入准备状态。

**2. 回参考点操作**

(1) 按控制面板上的，此时该键正上方的小灯亮。

(2) 按下 X 键，再按下 + 键，$X$ 轴返回参考点，此时亮。

(3) 按下 Y 键，再按下 + 键，$Y$ 轴返回参考点，此时亮。

(4) 按下 Z 键，再按下 + 键，$Z$ 轴返回参考点，此时亮。

回参考点后 CRT 显示图 4-4 所示的界面。

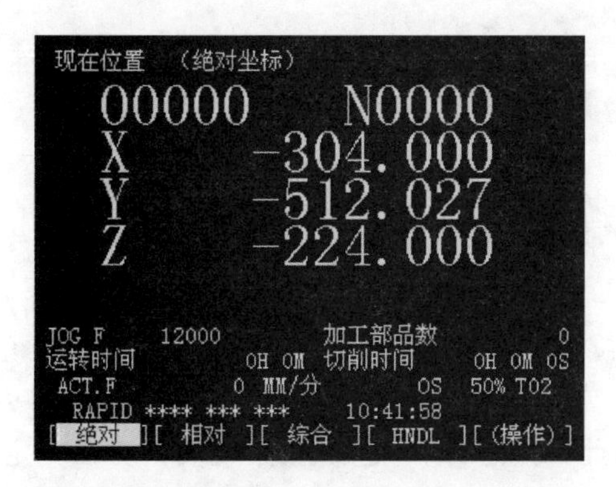


图 4-3 系统通电后位置显示画面

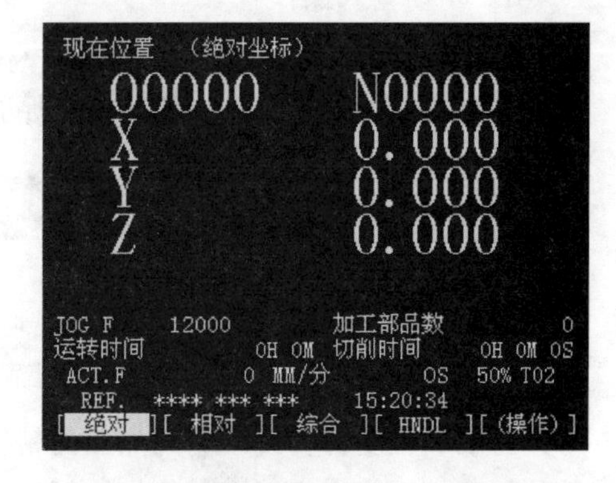


图 4-4 回参考点后 CRT 界面显示

**3. 手动移动机床主轴的方法**

1) 主轴坐标轴控制

(1) 在控制面板上按下键。

(2) 选择坐标轴 X 或 Y 或 Z ，再按下 + 或 - 方向键，则可移动单轴、两轴或三轴，移动的速度由速度进给调节旋钮控制。如果同时按下快进键和相应的坐标轴键，则坐标轴以快进速度运行。

(3) 按下键，进入增量模式状态（手摇模式），可实现手摇单元操作控制各坐标轴增量移动，增量值的大小由手摇控制器中的步距按钮控制。

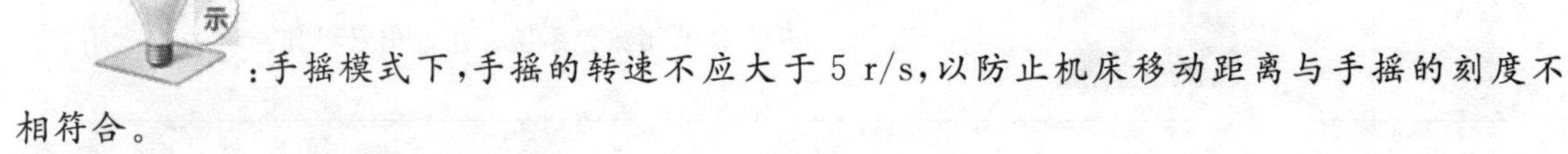


：手摇模式下，手摇的转速不应大于 5 r/s，以防止机床移动距离与手摇的刻度不相符合。

2）主轴控制

其操作步骤为：

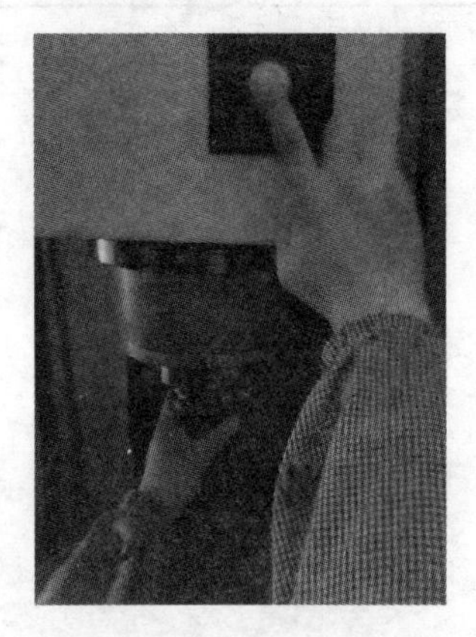

图 4-5　刀柄的安装

(1) 在控制面板上按下键。

(2) 按键，主轴正转；按键，主轴停止；按键，主轴反转。

**4. 装刀与换刀**

(1) 确认刀具和刀柄的重量不超过机床规定的许用最大重量。

(2) 擦干净刀柄锥面与主轴锥孔。

(3) 左手握住刀柄，将刀柄的键槽对准主轴端面键，垂直伸入至主轴内。

(4) 右手按下换刀按钮，压缩空气从主轴内吹出以清洁主轴和刀柄，按住此按钮，直至刀柄锥面与主轴锥孔完全贴合后，松开按钮，刀柄即被自动夹紧，如图 4-5 所示。

(5) 刀柄装上后，用手转动主轴，检查刀柄装夹是否正确。

(6) 卸刀柄时，先用左手握住刀柄，再用右手按换刀按钮，取下刀柄，放在卸刀座上。

## 4.1.4　数控铣床 MDI 操作及对刀

**1. MDI 手动输入操作**

(1) 按键，铣床进入 MDI 工作模式状态。

(2) 按 POS 键，CRT 界面显示如图 4-6 所示。

(3) 按软键 MDI ，自动出现加工程序名。

(4) 输入测试程序，如“M03 S800”，按 INSERT 键，测试程序段被输入，如图 4-7 所示。

(5) 按循环启动键，运行测试程序。

(6) 如遇 M02 或 M30 指令，停止运行或按复位键结束程序。

**2. 对刀**

对刀的准确程度将直接影响到加工的精度，因此，对刀操作一定要仔细，对刀的方法一定要与零件的加工精度相适应。当零件加工精度要求较高时，可采用千分表找正对刀。用这种方法对刀，每次所需时间较长，效率低。目前很多加工中心采用了光学或电子装置等新方法来减少工时和提高精度。

1）$X$、$Y$ 方向的对刀

① 采用杠杆百分表（或千分表）对刀，如图 4-8 所示，其操作步骤为：

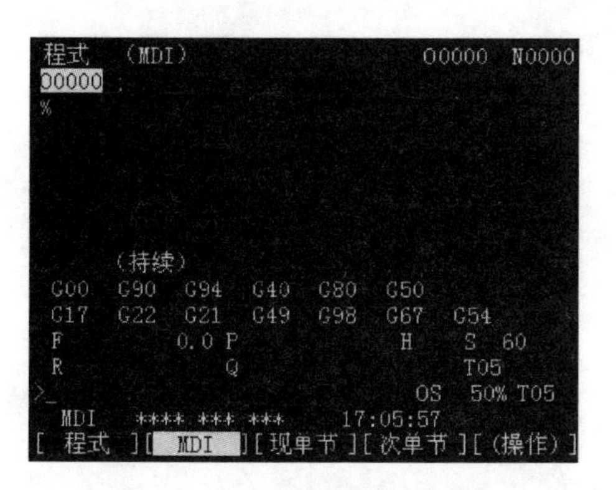


图 4-6 MDI 状态程序显示界面

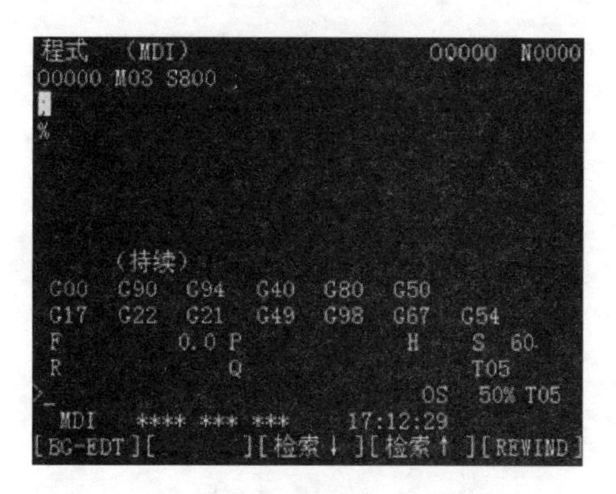


图 4-7 测试程序段的输入

a. 在“HANDLE”模式下，用磁性表座将杠杆百分表吸在数控机床主轴的端面上，并手动转动机床主轴。

b. 手动操作使旋转表头依 $X$、$Y$、$Z$ 的顺序逐渐靠近侧壁（或圆柱面）。

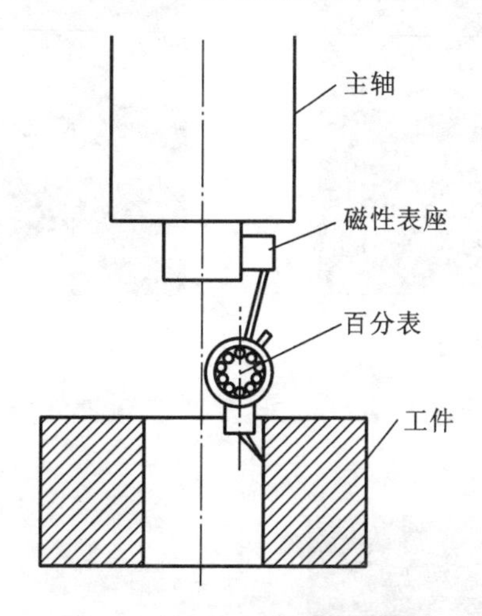


图 4-8 采用杠杆百分表对刀

c. 移动 $Z$ 轴，使表头压住被测表面，指针转动约 0.1 mm。

d. 逐步降低手摇的 $X$、$Y$ 移动量，使表头旋转一周时，其指针的跳动量在允许的对刀误差内，如 0.02 mm，此时可认为主轴的旋转中心与被测孔中心重合。

e. 记下此时机床坐标系中的 $X$、$Y$ 坐标值，此 $X$、$Y$ 坐标值即为 G54 指令建立工件坐标系的偏置值。

提示：这种操作方法较为麻烦，且效率低，但对刀精度高，对被测孔的精度要求也较高，最好是经过铰或镗加工的孔，仅粗加工后的孔不宜采用。

② 试切法对刀。使用 G54，G55，…，G59 等零点偏置指令，将机床坐标系原点偏置到工件坐标系零点上。通过对刀将偏置距离测出并输入存储到 G54 中。$X$ 方向的对刀如下：

先移动刀具，让刀具刚好接触工件左侧面，如图 4-9 所示；再按 OFFSET SETTING 键，显示刀具形状列表，如图 4-10 所示；再按【坐标系】软键，显示图 4-11 所示的坐标轴设定界面；然后再将光标移至 G54 的 $X$ 轴数据处，并在输入区输入刀具在工件坐标系中的 $X$ 值，如图 4-12 所示；最后按[(操作)]软键，再按[测量]软键，完成 $X$ 轴的对刀，如图 4-13 所示。

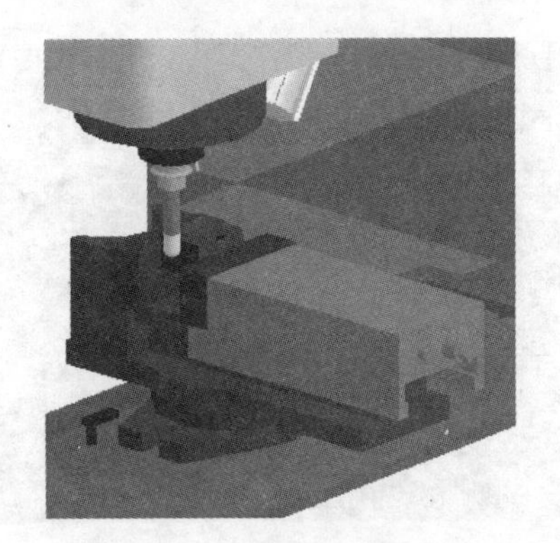

图 4-9　移刀示意图

工具补正　　00000　N0000
番号　形状(H)　磨耗(H)　形状(D)　磨耗(D)
001　0.000　0.000　0.000　0.000
002　0.000　0.000　0.000　0.000
003　0.000　0.000　0.000　0.000
004　0.000　0.000　0.000　0.000
005　0.000　0.000　0.000　0.000
006　0.000　0.000　0.000　0.000
007　0.000　0.000　0.000　0.000
008　0.000　0.000　0.000　0.000
现在位置　（相对坐标）
X　-710.400　　Y　-221.200
Z　-256.800
>_　　OS　50% T05
MEM.　**** *** ***　18:44:49
[ 补正 ][SETTING][　][坐标系][(操作)]

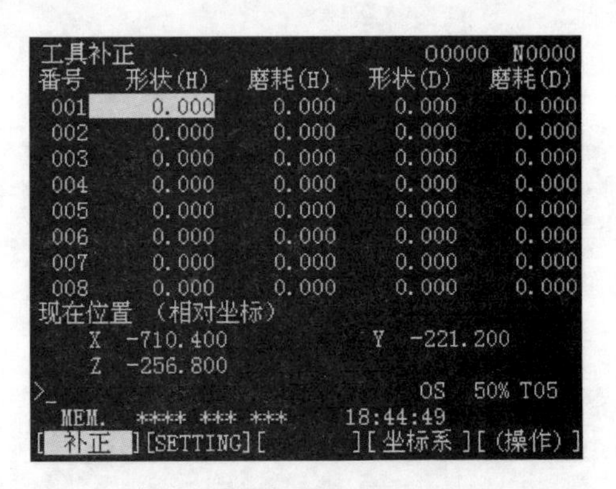

图 4-10　刀具形状列表

工件坐标系设定　　00000　N0000
番号
00　X　0.000　02　X　0.000
(EXT)　Y　0.000　(G55)　Y　0.000
Z　0.000　Z　0.000
01　X　0.000　03　X　0.000
(G54)　Y　0.000　(G56)　Y　0.000
Z　0.000　Z　0.000
>_　　OS　50% T05
MEM.　**** *** ***　18:45:05
[ 补正 ][SETTING][　][坐标系][(操作)]

图 4-11　坐标轴设定界面

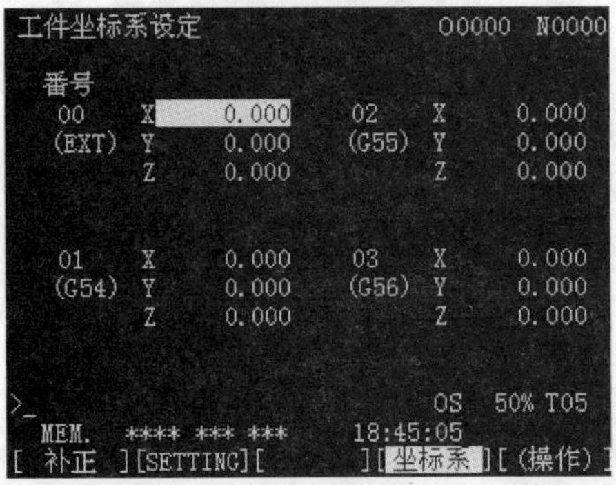

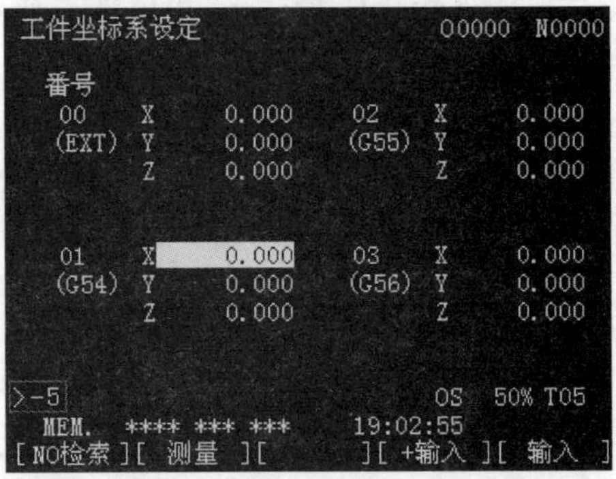

工件坐标系设定　　00000　N0000
番号
00　X　0.000　02　X　0.000
(EXT)　Y　0.000　(G55)　Y　0.000
Z　0.000　Z　0.000
01　X　0.000　03　X　0.000
(G54)　Y　0.000　(G56)　Y　0.000
Z　0.000　Z　0.000
>-5　　OS　50% T05
MEM.　**** *** ***　19:02:55
[NO检索][ 测量 ][　][ +输入 ][ 输入 ]

图 4-12　输入参数

用同样的操作方法完成 $Y$ 方向的对刀。但刀具接触工件所处位置为工件的前侧面，如图 4-14 所示。

工件坐标系设定　　00000　N0000
番号
00　X　0.000　02　X　0.000
(EXT)　Y　0.000　(G55)　Y　0.000
Z　0.000　Z　0.000
01　X　-0.005　03　X　0.000
(G54)　Y　0.000　(G56)　Y　0.000
Z　0.000　Z　0.000
>_　　OS　50% T05
MEM.　**** *** ***　19:06:32
[NO检索][ 测量 ][　][ +输入 ][ 输入 ]

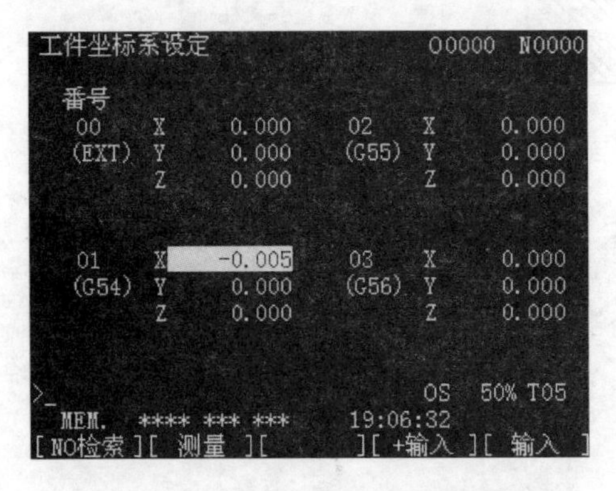

图 4-13　$X$ 轴完成对刀后的界面

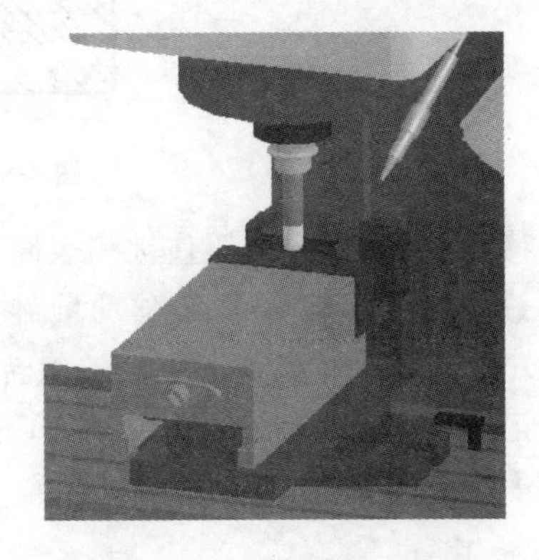

图 4-14　$Y$ 轴对刀示意图

提示：对刀过程中应调小进给倍率，完成后要进行检验，检验测试程序尽可能采用"G01 X0. Y0. Z10. F500."，以免因对刀错误而引起撞刀事故。

③ 采用寻边器对刀。常用的寻边器有偏心式、电子式两种，如图 4-15 所示。

电子式寻边器(也叫电子感应器)的结构如图 4-16 所示。将电子式寻边器和普通刀具一样装夹在主轴上，其柄部和触头之间有一个固定的电位差，当触头与金属工件接触时，即通过床身形成回路电流，寻边器上的指示灯就被点亮；逐步降低步进增量，使触头与工件表面处于极限接

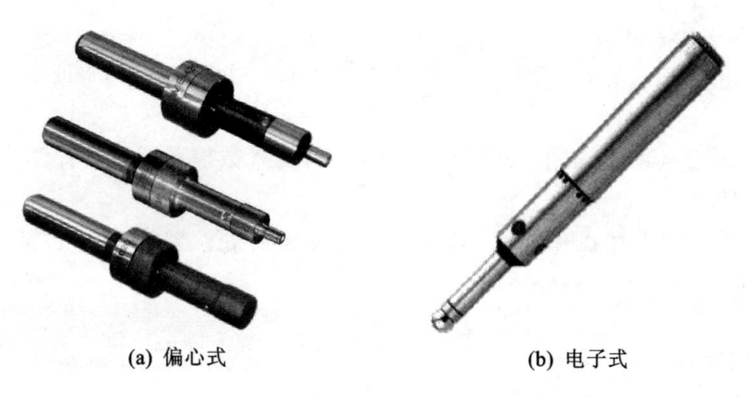

(a) 偏心式　　(b) 电子式

图 4-15 寻边器

触(进一步即点亮,退一步则熄灭),即认为定位到工件表面的位置处。

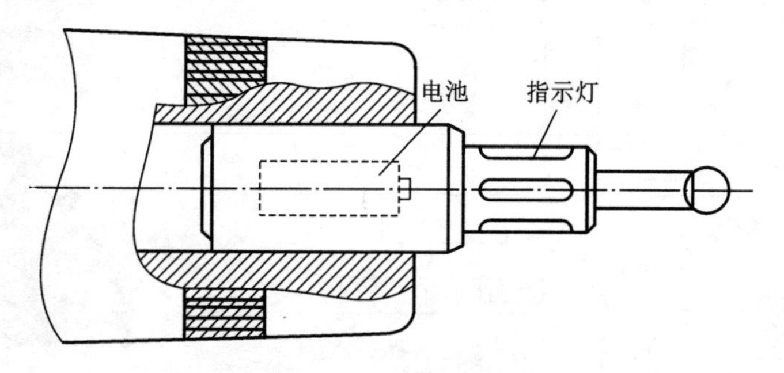


图 4-16 电子式寻边器结构图

如图 4-17 所示,先后定位到工件正对的两侧表面,记下对应的 $X_1$、$X_2$、$Y_1$、$Y_2$ 坐标值,则对称中心在机床坐标系中的坐标应是[$(X_1+X_2)/2$,$(Y_1+Y_2)/2$]。

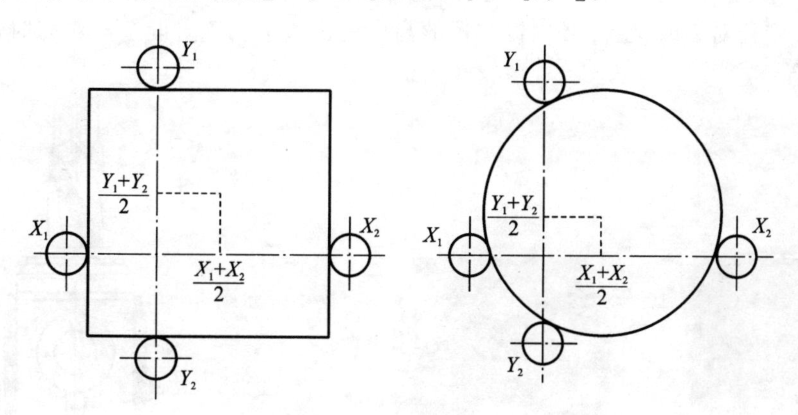


图 4-17 寻边器找对称中心

④ 采用机外对刀仪(刀具预调仪)对刀。加工中心机外对刀仪如图 4-18 所示。机外对刀仪用来测量刀具的长度、直径和刀具形状、角度。刀库中存放的刀具的主要参数都要有准确的值,这些参数值在编制加工程序时都要加以考虑。使用中因刀具损坏需要更换新刀具时,用机外对刀仪可以测出新刀具的主要参数值,以掌握与原刀具的偏差,然后通过修改刀补值确保其正常加工。此外,用机外对刀仪还可测量刀具切削刃的角度和形状等参数,利于提高加工质量。机外对刀仪由刀柄定位机构、测头与测量机构、测量数据处理装置 3 部分组成。

用机外对刀仪对刀的基本过程如下:

a. 选择装配好的一把刀柄刀杆进行对刀,并记下它的长度 $L_1$、半径 $R_1$,有时以它的长度 $L_1$

为基准，但一般情况下不用。

b. 测量第 2 把刀的长度 $L_2$、半径 $R_2$，有时要与第 1 把刀进行比较，这时要注意 $\Delta L_2 = L_2 - L_1$ 的符号。

依次测量其他刀具，分别记下长度 $L_n$、半径 $R_n$，并输入数控系统刀具管理的参数中。

2）$Z$ 向对刀

$Z$ 向对刀的方法与上述操作相同，刀具与工件接触所处位置为工件上表面，如图 4-19 所示，且输入偏值应为 0。

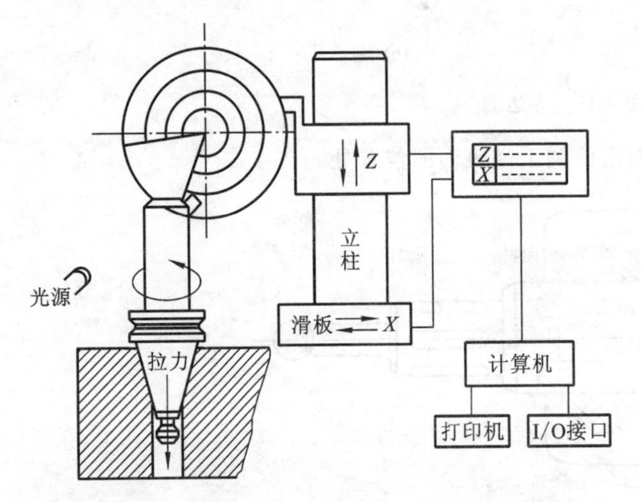


图 4-18　机外对刀仪

图 4-19　$Z$ 向对刀示意图

也可利用图 4-20 所示的 $Z$ 向设定器进行精确对刀，其工作原理与寻边器相同。对刀时也是将刀具的端刃与工件表面或 $Z$ 向设定器的测头接触，利用机床坐标的显示来确定对刀值。当使用 $Z$ 向设定器对刀时，要将 $Z$ 向设定器的高度考虑进去。$Z$ 向设定器对刀时，其操作示意图如图 4-21 所示。

(a) 机械式　　(b) 电子式

图 4-20　$Z$ 向设定器

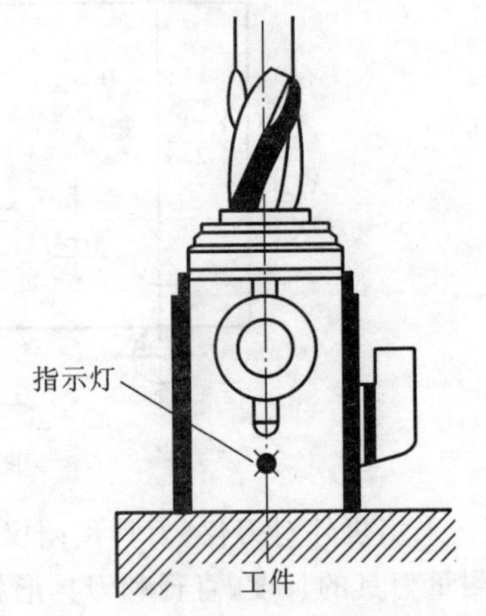


图 4-21　$Z$ 向设定器操作示意图

## 4.1.5　数控程序的编辑与输入

### 1. 数控程序的编辑

数控程序可直接用数控系统的 MDI 键盘输入，其操作步骤为：

（1）按键，进入编辑状态。

（2）按数控系统操作面板上的PROG键，转入编辑页面，如图 4-22 所示。

（3）输入新程序名，如“O4001”。按INSERT键，数控程序名被输入，再按EOB E键，输入“;”，CTR 界面上就出现图 4-23 所示的一个空程序。

图 4-22　数控程序编辑页面

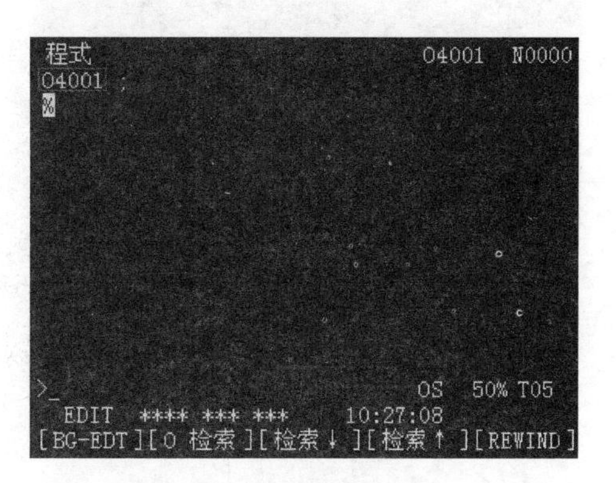


图 4-23　输入选定的程序名

（4）利用 MDI 键盘，在输入一段程序后，按下EOB E键，再按下INSERT键，则此段程序被输入，然后再进行下一段程序的输入。用同样的方法，可将零件加工程序完整地输入到数控系统中去，如图 4-24 所示。

（5）利用方位键↑或RESET键，将程序复位（返回）。

**2. 字符的插入、删除、查找和替换**

（1）字符的插入。移动光标至程序所需位置，单击 MDI 键盘上的数字/字母键，将代码输入到输入区中，按INSERT键，把输入区的内容插入到光标所在代码后面。如图 4-25 所示，在程序段“M3”中，没有设定主轴转速，这时要插入一个字符“S500”。

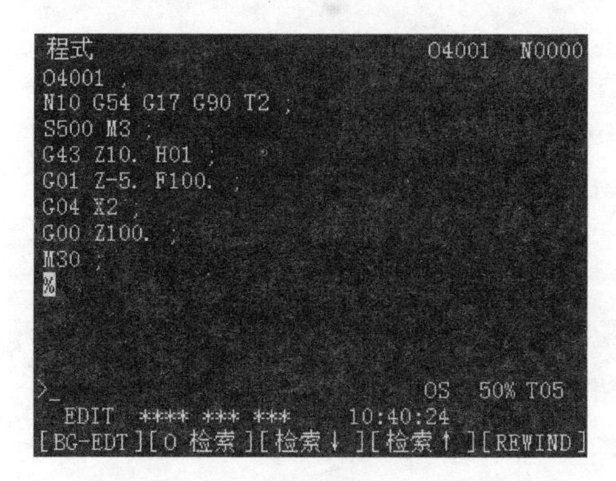


图 4-24　数控程序的输入

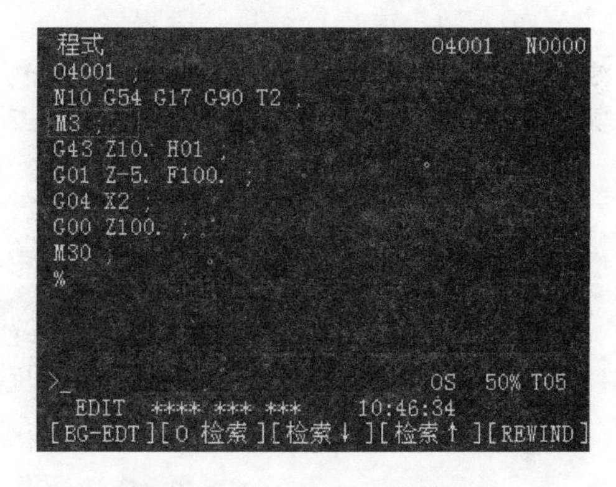


图 4-25　移动光标至所需位置

首先移动光标键至所需插入的地址代码前，再输入“S500”，如图 4-26 所示，按INSERT键，则字符被插入，如图 4-27 所示。

（2）删除输入区内的数据。按CAN键用于删除输入区中的数据，如果只需删除一个字符，则要先将光标移至所要删除的字符位置上，按DELETE键，删除光标所在的地址代码。

（3）字符的查找。输入所需要搜索的字母或代码，按↓键开始在当前数控程序中光标所在位置搜索。如果此数控程序中有所搜索的代码，光标则会停在所搜索到的代码处；如没有（或没搜索到），光标则会停在原处。

```
程式                        O4001  N0000
O4001 ;
N10 G54 G17 G90 T2 ;
M3 ;
G43 Z10. H01 ;
G01 Z-5. F100. ;
G04 X2 ;
G00 Z100. ;
M30 ;
%

>S500                     OS  50% T05
  EDIT  **** *** ***     10:49:45
[BG-EDT][O 检索][检索↓][检索↑][REWIND]
```

图 4-26　输入插入字符

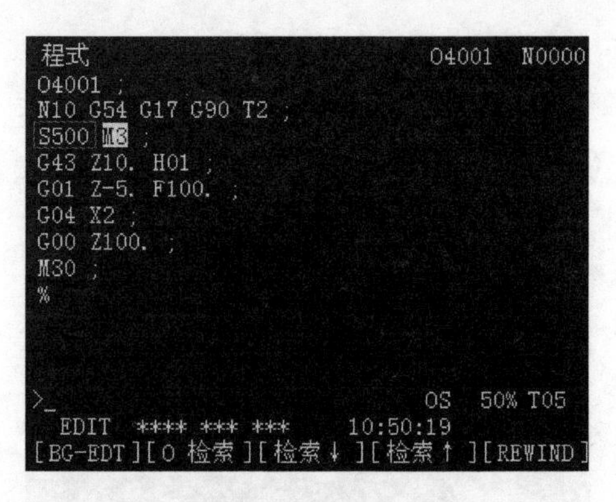


图 4-27　字符插入后的程序

(4) 字符的替换。先将光标移至所需替换的字符的位置上，再通过 MDI 输入所需替换成的字符，按键，完成替换操作。

## 4.1.6　自动加工

**1. 模拟加工**

(1) 单击控制面板上的自动运行按钮，使其指示灯变亮，系统转入自动加工模式。

(2) 单击 MDI 键盘上的键，单击数字/字母键，输入“O$x$”($x$ 为所需要检查运行轨迹和数控程序号)，按开始搜索，找到后，程序显示在 CRT 界面上。

(3) 单击键，进入检查运行轨迹模式，单击控制面板上的循环启动按钮，即可观察程序的运行轨迹。

**2. 自动/单段方式**

(1) 机床回零。

(2) 输入数控或自行编写一段程序。

(3) 单击控制面板上的自动运行按钮，使其指示灯变亮。

(4) 单击控制面板上的单段运行按钮。

(5) 单击控制面板上的循环启动按钮，程序开始执行。

提示：自动/单段方式执行每一行程序均需单击一次按钮。单击按钮，则程序运行时跳过符号“/”有效，该行成为注释行，不执行。单击按钮，则程序中 M01 有效。

# 4.2　数控铣床编程

## 4.2.1　圆弧进给 G02/G03

指令编程格式为：

G17 G02/G03 X-Y-R-F-　或　G17 G02/G03 X-Y-I-J-F-;

G18 G02/G03 X-Z-R-F-　或　G18 G02/G03 X-Z-I-K-F-;

G19 G02/G03 Y-Z-R-F-　或　G19 G02/G03 Y-Z-J-K-F-;

G17、G18、G19 为平面选择指令。铣床三个坐标轴构成三个平面，见表 4-2 和图 4-28。

表 4-2 坐标平面指令代码

| G 代 码 | 平 面 | 垂直坐标轴（在钻、铣削时的长度补偿） |
|---|---|---|
| G17 | *X*/*Y* | *Z* |
| G18 | *Z*/*X* | *Y* |
| G19 | *Y*/*Z* | *X* |

立式铣床和加工中心上加工圆弧与刀具半径补偿平面为 *XOY* 平面，即 G17 平面，长度补偿方向为 *Z* 轴方向，且 G17 代码程序启动时生效。

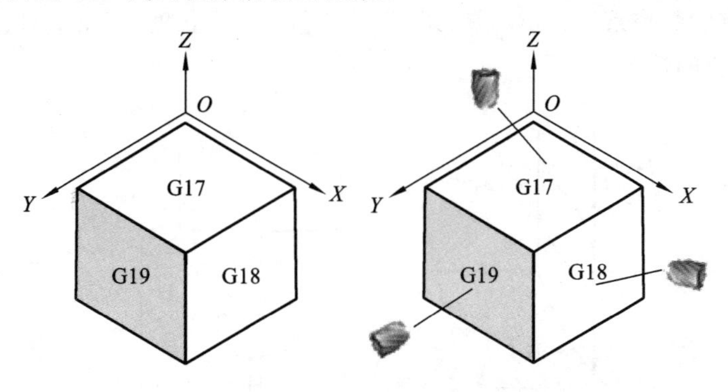


图 4-28 平面与对应 G 代码

G02/G03 指定刀具按顺时针/逆时针进行圆弧加工。其判别方式是在加工平面内根据其插补时的旋转方向来区分的。顺时针和逆时针的判断方法是：观察者逆着垂直于插补平面的第 3 轴观看圆弧的运动轨迹，是顺时针转动的为顺时针插补，是逆时针转动的为逆时针插补，如图 4-29 所示。

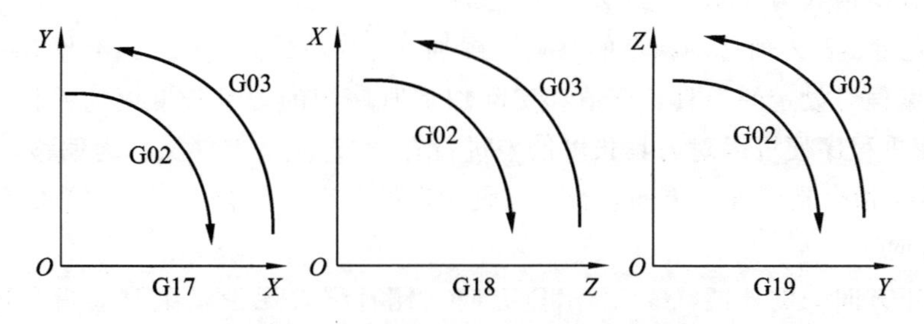


图 4-29 不同平面的 G02 和 G03 选择

I、J、K 为圆心相对于圆弧的增量（等于圆心坐标减去圆弧起点的坐标），在绝对、增量编程时是以增量方式指定的，其选择如图 4-30 所示。F 为被编程两个轴的合成进给速度。

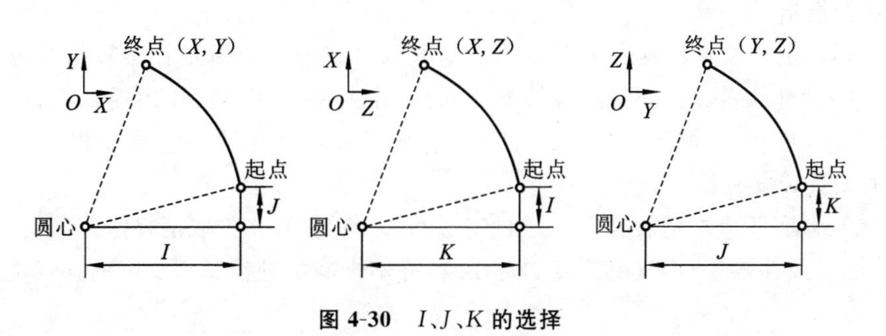


图 4-30 *I*、*J*、*K* 的选择

## 4.2.2　刀具补偿功能

### 1. 刀具长度补偿

刀具长度补偿使刀具垂直于进给平面偏移一个刀具长度修正值。一般而言，刀具长度补偿对于二坐标和三坐标联动加工是有效的，但对于刀具摆动的四、五坐标联动数控加工，刀具长度补偿则无效。在进行刀位计算时可以不考虑刀具长度，但后置处理计算过程中必须考虑刀具长度。刀具长度补偿在发生作用前，必须先进行刀具参数的设置。设置的方法有机内试切法、机内对刀法、机外对刀法和编程法。有的数控系统补偿的是刀具的实际长度与标准刀具的差，如图 4-31(a)所示；有的数控系统补偿的是刀具相对于相关点的长度，如图 4-31(b)、(c)所示，其中图 4-31(c)是球头刀的情况。

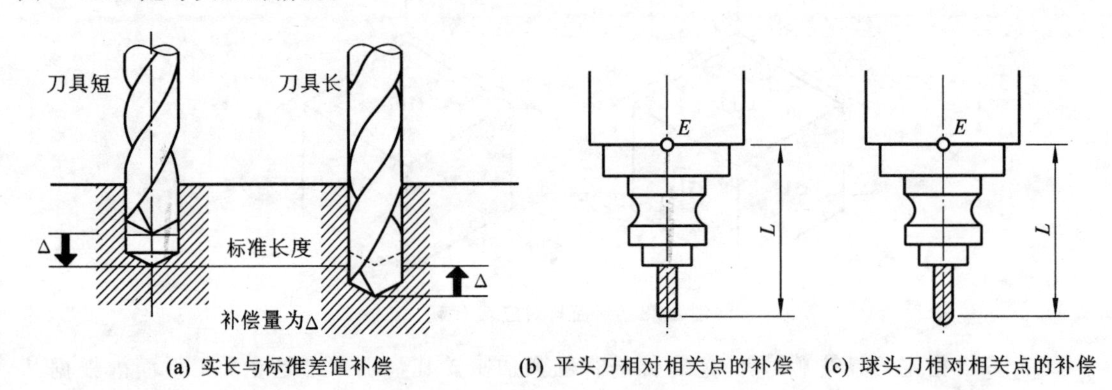


(a) 实长与标准差值补偿　(b) 平头刀相对相关点的补偿　(c) 球头刀相对相关点的补偿

图 4-31　刀具长度补偿

1）刀具长度补偿的建立

刀具长度补偿格式为：G43/G44 Z-H-；或 G43/G44 H-；

根据上述指令，把 $Z$ 轴移动指令的终点位置加上(G43)或减去(G44)补偿存储器设定的补偿值。由于把编程时设定的刀具长度值和实际加工所使用的刀具长度值的差设定在补偿存储器中，故无须变更程序便可以对刀具长度的差进行补偿，这里的补偿又称为偏移。

由 G43、C44 指令指明补偿方向，由 H 代码指定设定在补偿存储器中的补偿量。

2）补偿方向

G43 表示正方向一侧补偿，G44 表示负方向一侧补偿。无论是绝对值指令还是增量值指令，在 G43 时，程序中 $Z$ 轴移动指令终点的坐标加上用 H 代码指定的补偿量，其最终计算结果的坐标值为终点。补偿值的符号为负时，分别变为反方向。G43、G44 为模态 G 代码，在同一组的其他 G 代码出现之前一直有效。

3）指定补偿量

由 H 代码指定补偿号。程序中 $Z$ 轴的指令值减去或加上与指定补偿号相对应(设定在补偿量存储器中)的补偿量。补偿量与补偿号相对应，由 CRT/MDI 操作面板预先输入在存储器中。与补偿号 00 即 H00 相对应的补偿量，始终意味着零。不能设定与 H00 相对应的补偿量。

4）取消刀具长度补偿

指令 G49 或者 H00 取消补偿。一旦设定了 G49 或 H00，立刻取消补偿。

变更补偿号及补偿量时，仅变更新的补偿量，并不把新的补偿量加到旧的补偿量上，如：

H01…;补偿量20.0

H02…;补偿量30.0

G90　G43　Z150.0　H01;$Z$方向移到170.0

G90　G43　Z150.0　H02;$Z$方向移到180.0

**2. 刀具半径补偿**

刀具半径补偿有两种补偿方式,分别称为B型刀补和C型刀补。B型刀补在工件轮廓的拐角处用圆弧过渡,这样在外拐角处,由于补偿过程中刀具切削刃始终与工件尖角接触,使工件上尖角变钝,在内拐角处则会引起过切现象。C型刀补采用了比较复杂的刀偏矢量计算的数学模型,彻底消除了B型刀补存在的不足。下面仅讨论C型刀补。

1) 刀具半径补偿(G40～G42)

二维刀具半径补偿仅在指定的二维进给平面内进行,进给平面由G17($XOY$平面)、G18($ZOX$平面)和G19($YOZ$平面)指定,刀具半径或刀尖半径值则通过调用相应的刀具半径补偿寄存器号码(通常用D指定)来取得。

刀具因磨损、换新刀而引起刀具直径变化后,不必修改程序,只需在刀具参数设置中输入变化后的刀具直径。如图4-32所示,1为未磨损刀具,2为磨损后刀具,两者值不同,只需将刀具参数表中的刀具半径$r_1$改为$r_2$,即可适用同一程序。另外,同一程序、同一尺寸的刀具,利用刀具半径补偿,可进行粗精加工。如图4-33所示,刀具半径$r$,精加工余量$\Delta$。粗加工时,输入刀具直径$D=2(r+\Delta)$,则加工出细点画线轮廓;精加工时,用同一程序、同一刀具,但输入刀具直径$D=2r$,则加工出实线轮廓。

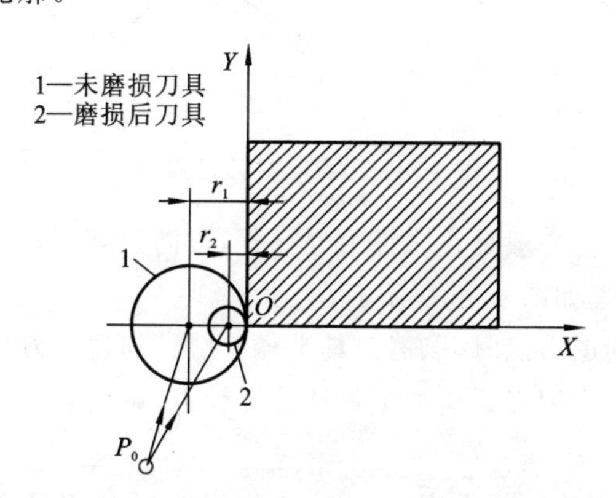


**图4-32　刀具直径变化,加工程序不变**

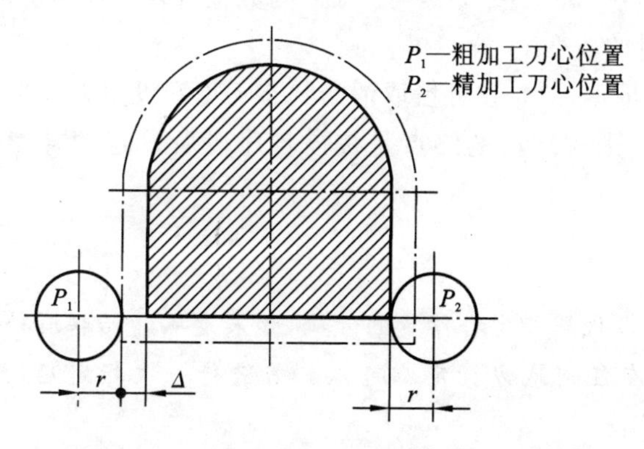


**图4-33　利用刀具半径补偿进行粗精加工**

铣削加工刀具半径补偿分为刀具半径左补偿(用 G41 定义)和刀具半径右补偿(用 G42 定义)。使用非零的 D# #代码选择正确的刀具半径补偿寄存器号。根据 ISO 标准,当刀具中心轨迹沿前进方向位于零件轮廓右边时称为刀具半径右补偿,反之称为刀具半径左补偿;当不需要进行刀具半径补偿时,则用 G40 取消刀具半径补偿。根据参数的设定,可用 D 代码指定刀具半径补偿号。G40、G41、G42 后边一般只能跟 G00、G01,而不能跟 G02、G03 等。补偿方向由刀具半径补偿的 G 代码(G41、G42)和补偿量的符号决定,见表 4-3。

**表 4-3 补偿量符号**

| G 代码 | 补偿量符号 | |
|---|---|---|
| | + | − |
| G41 | 补偿左侧 | 补偿右侧 |
| G42 | 补偿右侧 | 补偿左侧 |

如图 4-34 所示,刀具由起刀点以进给速度接近工件,刀具半径补偿方向由 G41(左补偿)或 G42(右补偿)确定而建立刀具半径补偿。

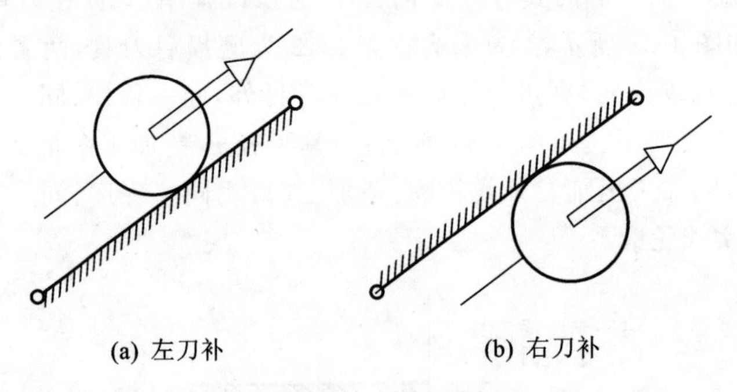

(a) 左刀补　　(b) 右刀补

**图 4-34 刀具半径补偿指令**

在刀具半径补偿建立时,一般是直线且为空行程,以防过切,以 G42 指令为例,其各种情况下的刀具半径补偿建立过程如图 4-35 所示。

当刀具撤离工件,回到退刀点时,取消刀具半径补偿。与建立刀具半径补偿过程类似,退刀点也应位于零件轮廓之外,退刀点距离加工零件轮廓较近,可与起刀点相同,也可以不相同。

2) 补偿量(D 代码)

补偿量由 CRT/MDI 操作面板设定,与程序中指定的 D 代码后面的数字(补偿号)相对应。补偿号 00,即 D00 相对应的补偿量,始终等于 0。与其他补偿号相对应的补偿量可以设定。

3) 刀具半径补偿量的改变

改变刀具半径补偿量,一般是在补偿取消的状态下重新设定刀具半径补偿量。如果在已补偿的状态下改变补偿量,则程序段的终点是按该程序段所设定的补偿量来计算的,如图 4-36 所示。

提示:用 H 或 D 代码指定补偿量的号码,如果是从开始取消补偿方式到刀具半径补偿方式以前,H 或 D 代码在任何地方指定都可以。若进行一次指定后,只要在中途不变更补偿量,则不需要重新指定。

从取消补偿方式移向刀具半径补偿方式时的移动指令,必须是点位(G00)或者是直线(G01)插补,不能用圆弧(G02 或 G03)插补。

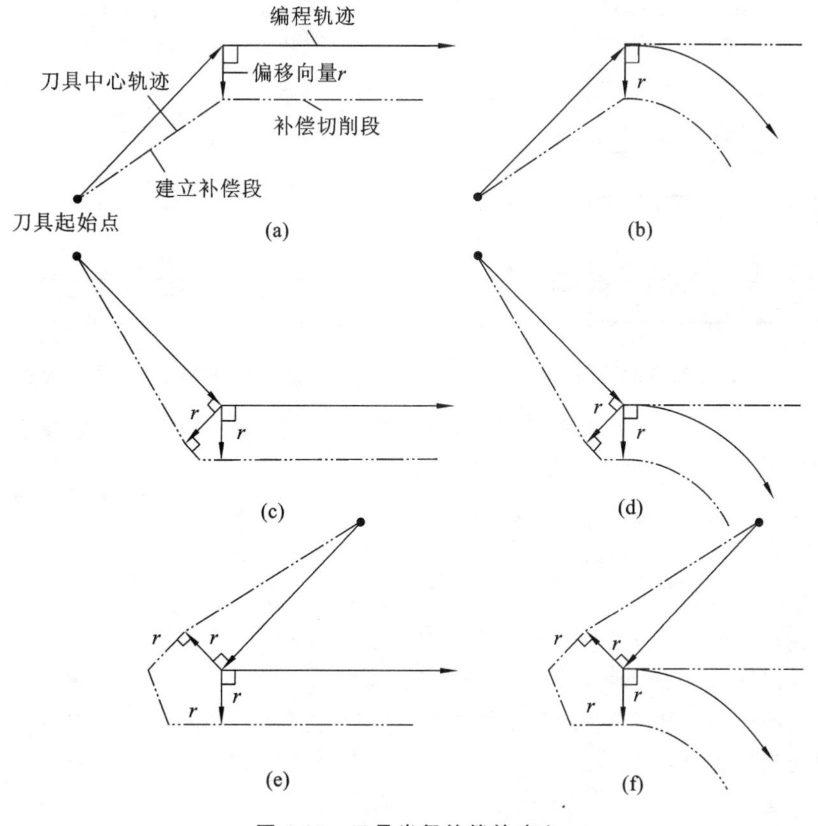


图 4-35 刀具半径补偿的建立

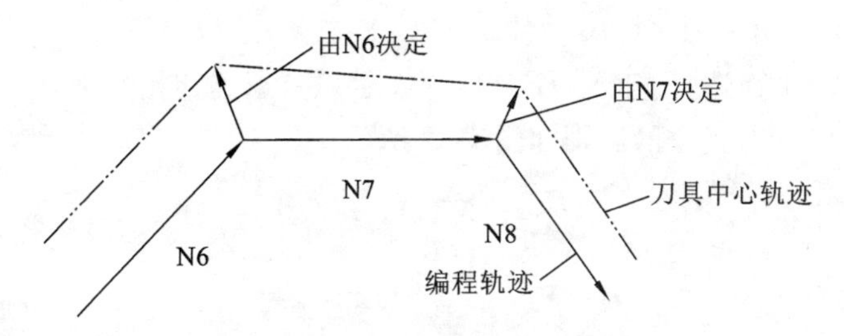


图 4-36 刀具半径补偿量的改变

从刀具半径补偿方式移向取消补偿方式时的移动指令，必须是点位（G00）或者是直线（G01）插补，不能用圆弧（G02 或 G03）插补。

从左向右或从右向左切换补偿方向时，通常要先取消补偿方式（具体情况参照数控系统编程说明书）。

## 4.2.3 孔加工编程指令

对于工件的孔加工，根据刀具的运动位置可以分为 4 个平面，如图 4-37 所示：初始平面（点）、$R$ 平面、工件平面和孔底平面。初始平面是为安全操作而设定的刀具平面；$R$ 平面又叫参考平面，这个平面表示刀具从快进转化为工进的转折位置，$R$ 平面距工件表面的距离主要考虑工件表面形状的变化，一般可取 2～5 mm；$Z$ 表示孔底平面的位置，加工通孔时刀具伸出工件底孔平面一段距离，保证通孔全部加工到位，钻削盲孔时应考虑钻头钻尖对孔深的影响。

为保证孔加工的质量，有的孔加工固定循环指令需要主轴准停、刀具移位。图 4-38 所示，

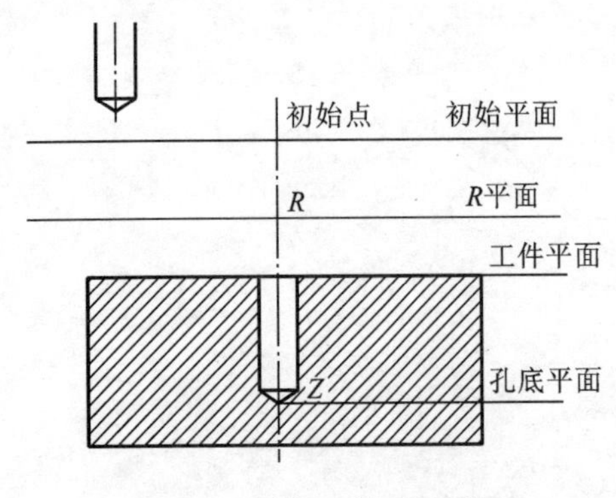


图 4-37　孔加工循环的平面

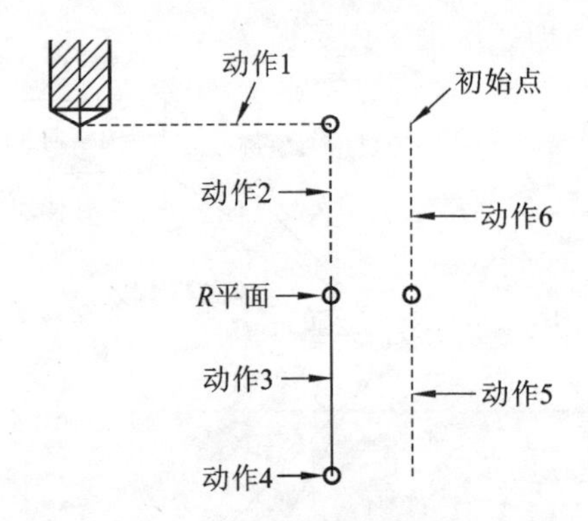


图 4-38　固定循环的动作

表示了在孔加工固定循环中刀具的运动与动作，图中虚线表示快速进给，实线表示切削进给。在孔加工过程中，刀具的运动由 6 个动作组成。

动作 1：快速定位至初始点，*X*、*Y* 表示了初始点在初始平面中的位置。

动作 2：快速定位至 *R* 平面，即刀具自初始点快速进给到 *R* 平面。

动作 3：孔加工，即以切削进给的方式执行孔加工的动作。

动作 4：在孔底的相应动作，包括暂停、主轴准停、刀具移位等动作。

动作 5：返回到 *R* 平面，即继续孔加工时刀具返回 *R* 平面。

动作 6：快速返回到初始平面，即孔加工完成后返回到初始平面。

**1. 孔加工固定循环指令**

编程格式为：

G90　G99　G73～G89 X-Y-Z-R-Q-K-P-F-L-;

G91　G98　G73～G89 X-Y-Z-R-Q-P-F-L-;

G98、G99 为返回平面选择指令。G98 指令表示刀具返回初始平面，G99 指令表示刀具返回到 *R* 平面。G98 与 G99 指令的区别如图 4-39 所示。

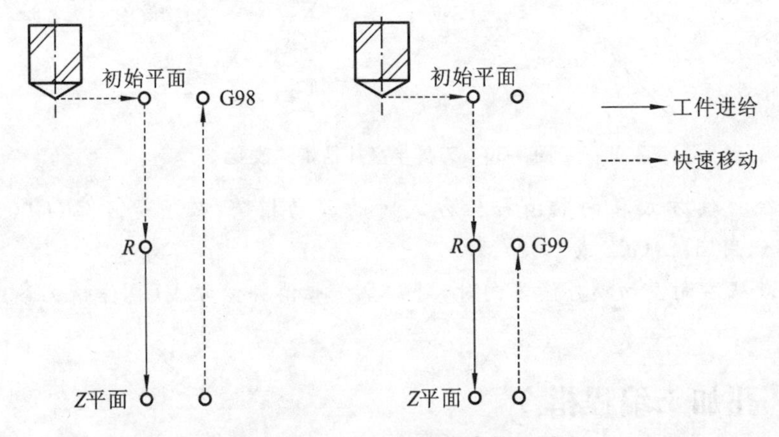


图 4-39　G98 与 G99 指令的区别

X、Y 指定孔加工的位置，Z 值指定孔底平面的位置，R 指定 *R* 平面的位置，均与 G90 或 G91 指令的选择有关。Q 在 G73 或 G93 指令中定义每次进刀加工深度，在 G76 或 G87 指令中定义位移量，Q 值为增量值，与 G90 或 G91 指令的选择无关。K 在 G73 指令中是每次工件进给后快速退回的一段距离；在 G83 指令中是指每次退刀后，再由快速进给转换为切削进给时距上次加工面的距离。P 指定刀具在孔底的暂停时间。F 指定孔加工切削进给速度，该指令为模态指令，即使取消了固定循环，在其后的加工程序中仍然有效。L指定孔加工的重复加工次数，执行一次，即L1可以省略；如果程序中选G90指令，刀具在原来孔的位置上重复加工；如果选择G91指令，则用一个程序段对分布在一条直线上若干个等距孔进行加工；L指令仅在被指定的程序段中有效。

**2. 孔加工方式对应的指令**

孔加工方式对应的指令见表4-4。

**表4-4 孔加工方式对应的指令**

| 指令代码 | 孔加工动作（$-Z$方向） | 底孔动作 | 返回方式（$+Z$方向） | 用途 |
|---|---|---|---|---|
| G73 | 间歇进给 | 暂停→主轴正转 | 快速进给 | 高速深孔往复排屑钻 |
| G74 | 切削进给 | 主轴定向停止→刀具移位 | 切削进给 | 攻左旋螺纹 |
| G76 | 切削进给 | | 快速进给 | 精镗孔 |
| G80 | | | | 取消固定循环 |
| G81 | 切削进给 | 暂停 | 快速进给 | 钻孔 |
| G82 | 切削进给 | | 快速进给 | 锪孔、镗阶梯孔 |
| G83 | 间歇进给 | | 快速进给 | 深孔往复排屑钻 |
| G85 | 切削进给 | | 切削进给 | 精镗孔 |
| G86 | 切削进给 | 主轴停止 | 快速进给 | 镗孔 |
| G87 | 切削进给 | 主轴停止 | 快速进给 | 反镗孔 |
| G88 | 切削进给 | 暂停→主轴正转 | 手动操作 | 镗孔 |
| G89 | 切削进给 | 暂停 | 切削进给 | 精镗阶梯孔 |

注：G80为取消孔加工固定循环指令，如果中间出现了任何01组的G代码，则孔加工固定循环自动取消。因此，用01组的G代码取消孔加工固定循环，其效果与用G80指令是完全相同的。

如图4-40(a)所示，选用绝对坐标方式G90指令，$Z$表示孔底平面相对于坐标原点的距离，$R$表示$R$平面相对于原点的距离；如图4-40(b)所示，选用相对坐标方式G91指令，$R$表示初始平面至$R$平面的距离，$Z$表示$R$平面至孔底平面的距离。

**3. 各种孔加工方式说明**

1）钻孔指令G81和锪孔指令G82

指令编程格式为：

G81 X-Y-Z-R-F-；

G82 X-Y-Z-R-P-F-；

G81指令常用于普通钻孔，其加工动作如图4-41所示，刀具在初始平面已快速定位到指令中指定的$X$、$Y$坐标位置，再$Z$向快速定位到$R$平面，然后执行切削进给到孔底平面，刀具从孔底平面$Z$向快速退回到$R$平面或初始平面。

G82指令在孔底增加了进给后的暂停动作，如图4-42所示，以提高孔底表面粗糙度质量，该指令常用于锪孔或台阶孔的加工。

提示：若G82指令中没有编写关于暂停的P参数，则G82指令的执行动作与G81指令的执行动作相同。

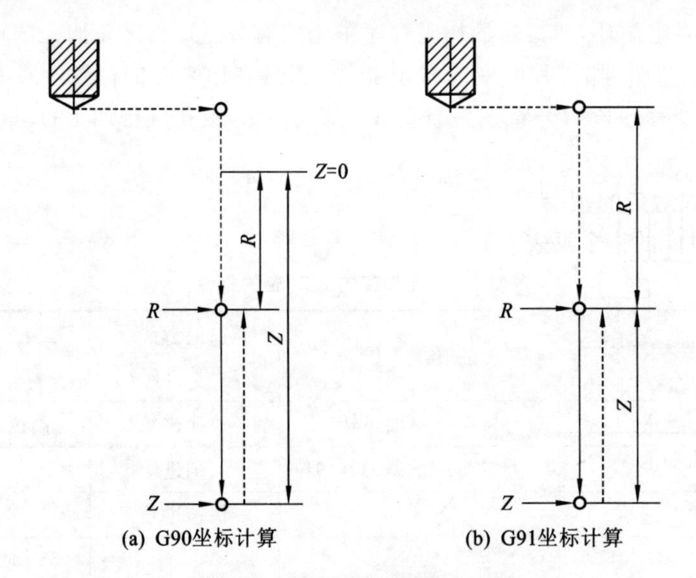


图 4-40 绝对与相对的坐标计算

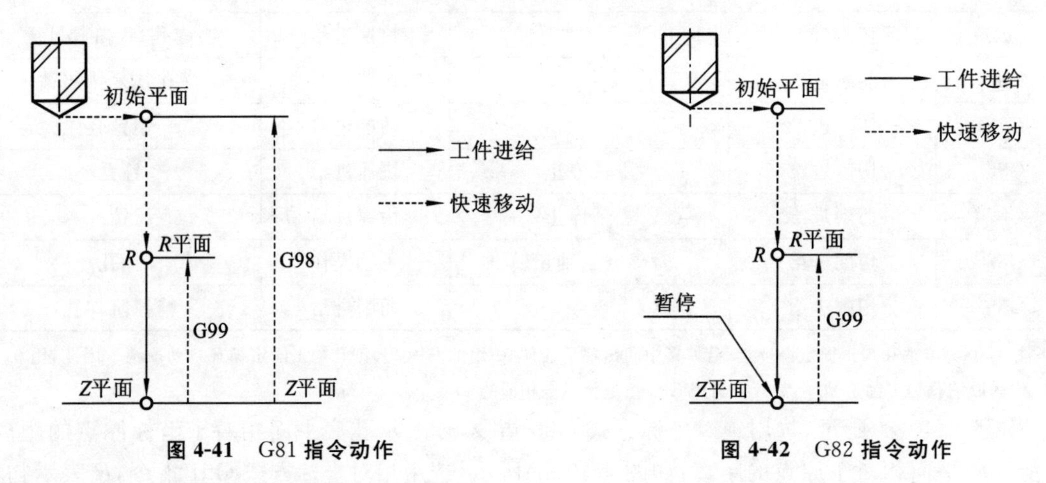


图 4-41 G81 指令动作

图 4-42 G82 指令动作

2）高速深孔往复排屑钻孔指令 G73

G73 指令编程格式为：

G73 X-Y-Z-R-Q-F-；

G73 用于深孔钻削，孔加工动作如图 4-43 所示，$Z$ 轴方向的间断进给有利于深孔加工过程中断屑与排屑。图中 $Q$ 为每一次进给的加工深度（增量值且为正值），图中退刀距离 $d$ 由数控系统内部设定。

3）深孔往复排屑钻孔指令 G83

G83 指令编程格式为：

G83 X-Y-Z-R-Q-F-；

G83 同样用于深孔加工，加工动作如图 4-44 所示，与 G73 指令略有不同的是，每次刀具间歇进给后再退至 $R$ 平面，这种退刀方式排屑畅通，此处的 $d$ 表示刀具间断进给每次下降时由快速进给转为工件进给的那一点至前一次切削进给下降的点之间的距离，$d$ 值由数控系统内部设定。这种钻削方式适宜加工深孔。

4）铰孔循环 G85

G85 指令编程格式为：

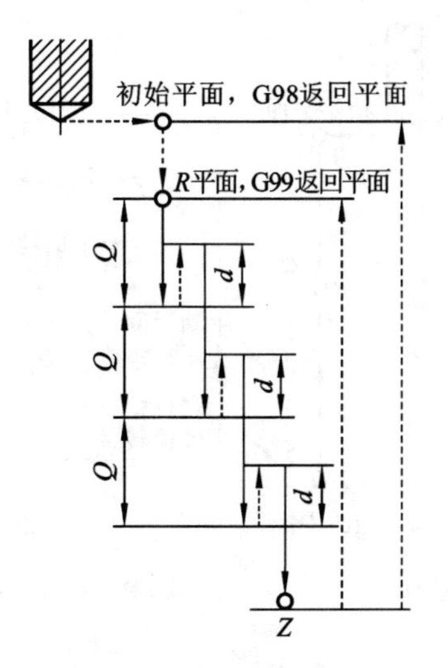


图 4-43　G73 循环动作

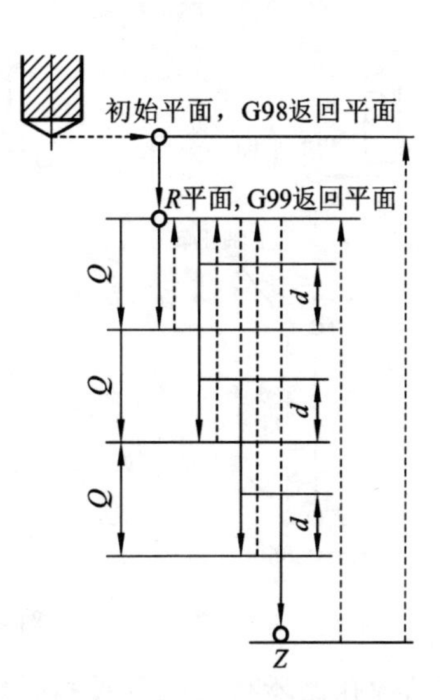


图 4-44　G83 循环动作

G85 X-Y-Z-R-F-；

G85 动作如图 4-45 所示，执行 G85 固定循环时，刀具以切削进给方式加工到孔底，然后以切削进给方式返回到 R 平面。该指令常用于铰孔和扩孔加工，也可用于粗镗孔加工。

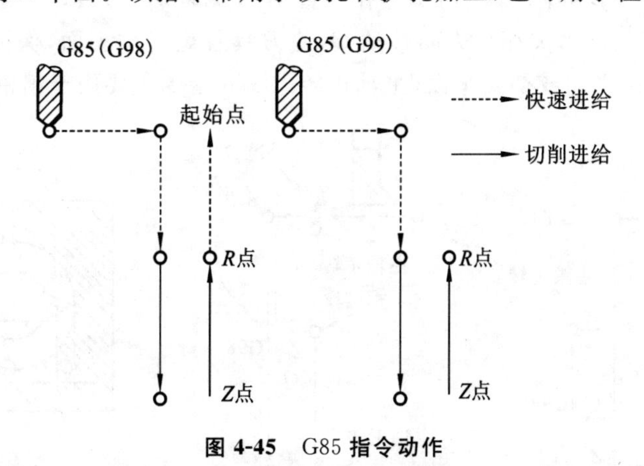


图 4-45　G85 指令动作

5）粗镗孔循环 G86、G88、G89

指令编程格式为：

G86 X-Y-Z-R-F-；
G88 X-Y-Z-R-P-F-；
G89 X-Y-Z-R-P-F-；

粗镗孔循环指令动作如图 4-46 所示。G86 时，刀具以切削进给方式加工到孔底，然后主轴停转，刀具快速退到 R 平面，主轴正转。采用这种方式退刀，刀具在退回过程中容易在工件表面划出条痕，因此该指令常用于对表面粗糙度要求不高的镗孔加工。

G89 动作与 G85 类似，不同的是，G89 动作在孔底增加暂停，因此该指令常用于阶梯孔的加工。

G88 循环指令较为特殊，刀具以切削进给方式加工到孔底，然后刀具在孔底暂停后主轴停转，这时可通过手动方式从孔中安全退出刀具。这种加工方式虽能提高孔的加工精度，但加工效率较低，因而常用于单件加工。

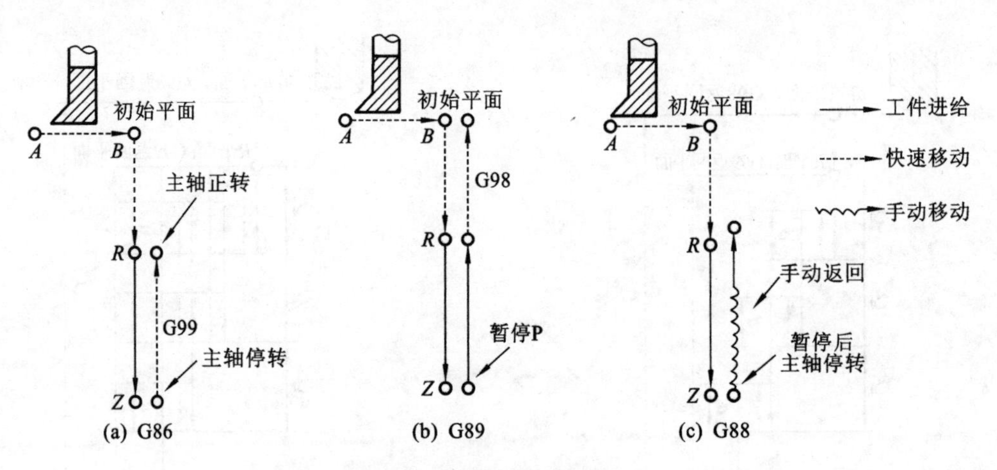


图 4-46 粗镗孔循环指令动作

6）精镗孔循环 G76 与反镗孔循环 G87

指令编程格式为：

G76 X-Y-Z-R-Q-P-F-;

G87 X-Y-Z-R-Q-F-;

精镗孔循环指令动作如图 4-47 所示。在执行 G76 循环时，刀具以切削进给方式加工到孔底，实现主轴准停，刀具向刀尖相反方向移动 $Q$，使刀具脱离工件表面，保证刀具不擦伤工件表面，然后快速退刀至 $R$ 平面或初始平面，主轴正转。G76 指令主要用于精密镗孔加工。

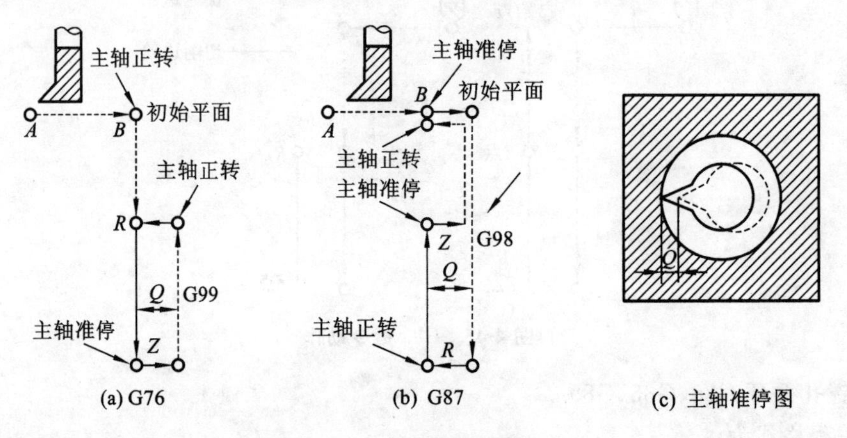


图 4-47 精镗孔循环指令动作

G87 循环时，刀具在 G17 平面内快速定位后，主轴准停，刀具向刀尖相反方向偏移 $Q$，然后快速移动到孔底（$R$ 点），在这个位置刀具按原偏移量反向移动相同的 $Q$ 值，主轴正转并以切削进给方式加工到 $Z$ 平面，主轴再次准停，并沿刀尖相反方向偏移 $Q$，快速提刀至初始平面并按原偏移量返回到 G17 平面的定位点，主轴开始正转，循环结束。由于 G87 循环刀尖无须在孔中经工件表面退出，因此加工表面质量较好，所以该指令常用于精密孔的削加工。

提示：G87 循环不能用 G99 进行编程。另外，采用 G87 和 G76 指令精镗孔时，一定要在加工前验证刀具退刀方向的正确性，以保证刀具沿刀尖的反方向退刀。

7）攻螺纹指令 G84、G74

指令编程格式为：

G84 X-Y-Z-R-P-F-;(右旋螺纹攻螺纹)

G74 X-Y-Z-R-P-F-;(左旋螺纹攻螺纹)

指令动作如图 4-48 所示,说明如下:

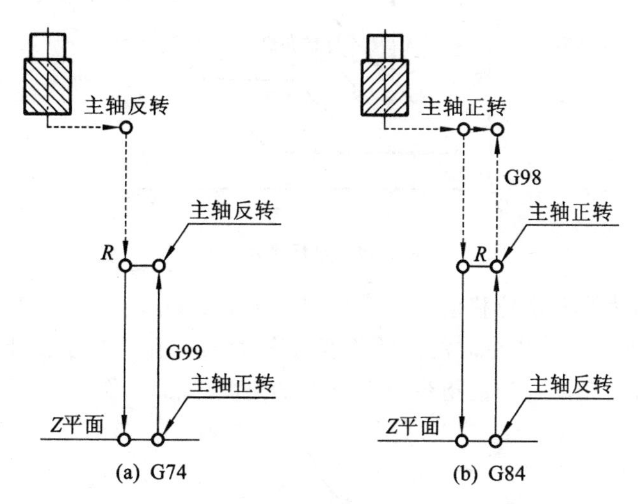


图 4-48 攻螺纹指令动作

G74 循环为左旋螺纹攻螺纹循环,用于加工左旋螺纹。执行该循环时,主轴反转,在 G17 平面快速定位后快速移动到 *R* 点,执行攻螺纹到达孔底后,主轴正转,退回到 *R* 点,完成攻螺纹动作。

G84 的动作与 G74 的基本类似,只是 G84 用于加工右旋螺纹。执行该循环时,主轴正转,在 G17 平面快速定位后快速移动到 *R* 点,执行攻螺纹到达孔底后,主轴反转,退回到 *R* 点,完成攻螺纹动作。

提示:攻螺纹时进给量 *F* 的指定,根据不同的进给模式指定。当采用 G94 模式时,进给量 *F*=导程×转速;当采用 G95 模式时,进给量 *F*=导程。

在指定 G74 前,应先使主轴反转。另外,G74 与 G84 攻螺纹期间,进给倍率、进给保持均被忽略。

### 4.2.4 坐标轴旋转

数控系统旋转指令 G68 和 G69 可将编程中描述的走刀路线按旋转中心旋转某一指定角度(或取消),如图 4-49 所示。

指令编写格式为:

G17 G68 X-Y-R-;(坐标系旋转开始)

G18 G68 Z-X-R-;(坐标系旋转开始)

G19 G68 Y-Z-R-;(坐标系旋转开始)

……;(坐标系旋转方式)

G69;(坐标系旋转取消)

在 *XY* 加工平面中,X 和 Y 为旋转中心的坐标值,只能使用直角坐标系绝对定位的方式指定。如果不指定旋转中心,系统以主轴当前所在的位置为旋转中心。

R 为逆时针方向的旋转角度,当 *R* 为负值时,表示顺时针旋转的角度。不指定时,则参数

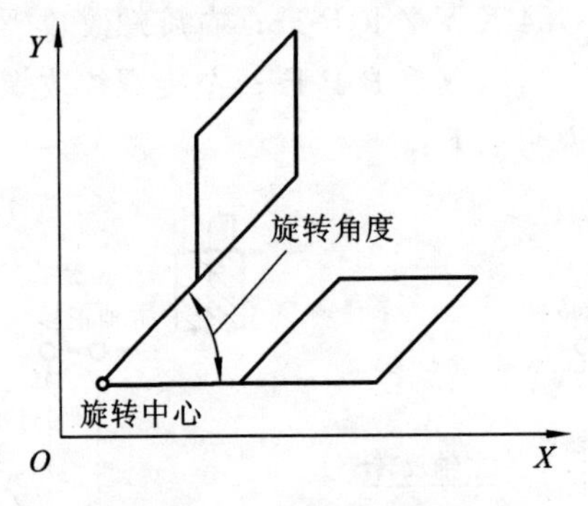


图 4-49　坐标系旋转

No. 5410 中的值被认为是角度位移值。

在 G90 方式下使用 G68 指令时的旋转角度为绝对角度，在 G91 方式下使用 G68 指令时的旋转角度为上一次旋转角度与当前指令中 R 指令的角度之和，如图 4-50 所示。

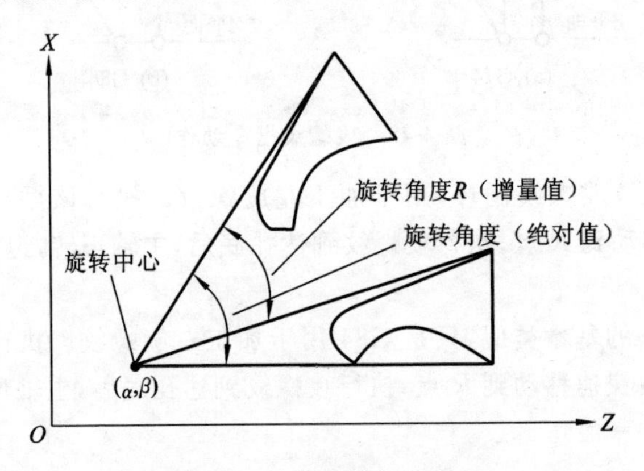


图 4-50　坐标系旋转的角度

在 G68 之后的程序段中出现 G91 编程时，旋转中心改为主轴当前的位置，此前由 G90 指令指定的旋转中心无效。如果需要刀具半径和长度补偿，则在 G68 执行后进行。结束旋转功能必须使用 G69 指令，否则 G68 一直模态有效，且 G69 后的第一个移动指令须用绝对值指定，否则不能进行正确的移动。

### 4.2.5　比例缩放指令 G51 和 G50

G51 和 G50 指令编程格式为：

格式一：G51 X-Y-Z-P-，；（缩放开始）

……；（缩放有效，加工程序段被缩放）

G50；（缩放取消）

格式二：G51 X-Y-Z-I-J-K-，；（缩放开始）

……；（缩放有效，加工程序段被缩放）

G50；（缩放取消）

G51 指令指定缩放开启，由单独的程序段指定。使用缩放功能可使原编程尺寸按指定比例缩小或放大。使用时既可以指定平面缩放，也可以指定空间缩放。

X、Y 和 Z 为缩放中心的坐标值，且只能以绝对值方式指定。如果不指定，则系统将把刀具当前所在的位置设为比例缩放中心。P 为缩放比例系数，为各轴缩放指定的比例系数，最小输入量为0.001。在G51后，运动指令的坐标值以($X,Y,Z$)为缩放中心，按P规定的缩放比例进行计算直至出现G50。如果未指定P，则参数(No.5411)设定的比例有效。

I、J和K为与$X$、$Y$和$Z$各轴对应的缩放比例系数。在G51后使编程的形状以指定的位置为中心，各轴按指定的比例缩放，直至G50取消该缩放功能。如果未指定I、J和K，则参数(No.5421)设定的比例有效。参数P或I、J和K的数值设定为1，则不对相应的轴进行缩放；参数P或I、J和K的数值设定为－1，则对相应的轴进行镜像。

G50指令指定缩放关闭。在增量值编程中，如果在G50后紧跟移动指令，则刀具当前所在的位置即为该移动指令进给的起始点。

提示：比例缩放对刀具半径补偿、刀具长度补偿和刀具偏置值没有影响。当指定平面沿一个轴执行镜像时，圆弧指令的旋转方向反向，刀具半径补偿的偏置方向反向，旋转坐标系的旋转角度方向反向。

缩放比例系数是指缩放后图形上某一点到缩放中心的距离与缩放前该点到缩放中心的距离的比值。根据缩放比例系数的含义，不难确定缩放比例的计算方法，计算公式为$I=a/b$，$J=c/d$，如图4-51所示。

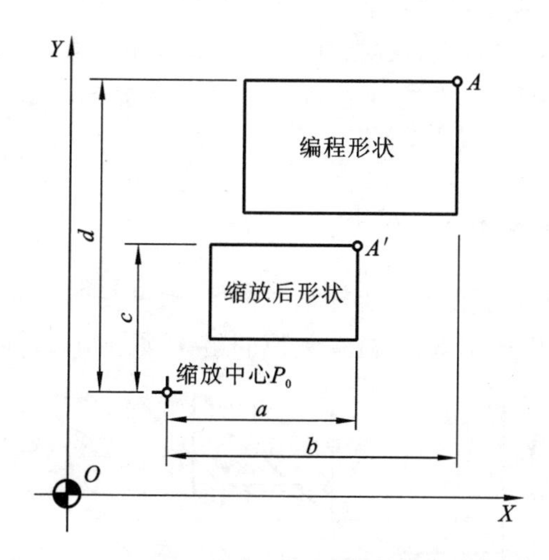


图4-51 缩放比例系数

若已知缩放比例系数和某一点在缩放前后的尺寸值，缩放中心的坐标值便可计算出来，如图4-52所示。已知$P$和相关点$A$和$A'$之间在$X$方向上的距离为$\delta$，则$P=a/b=(b-\delta)/b$，不难算得$b=\delta/(1-P)$，缩放中心$P_0$的$X$坐标为$L=X_A-b=X_A-\delta/(1-P)$。同理，可以算得缩放中心$P_0$的$Y$坐标。

比例缩放功能不仅可以用于等比例的图形缩放，也可以用于不等比例的图形缩放。当比例缩放系数$I$、$J$或$K$设定为负值时还可以进行镜像。在进行镜像时，半径补偿G41与G42互换；走刀路径带有圆弧时，G02与G03互换。

## 4.2.6 可编程镜像指令G51.1和G50.1

指令格式为：

G51.1 X-Y-;(设置可编程镜像，X，Y为对称轴的位置)

G50.1 X-Y-;(取消可编程镜像)

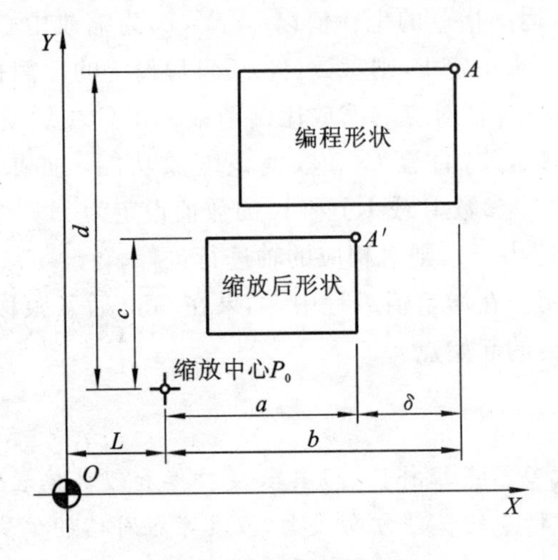


图 4-52　确定缩放中心

指令格式中的 X 和 Y 用于指定对称轴或对称点。当 G51.1 指令后仅有一个坐标字时，该镜像以某一轴线为镜像轴；当 G51.1 指令后有两个坐标字时，该镜像是以某一点作为中心对称点进行镜像的。如果指定可编程镜像功能，同时又用 CNC 外部形状或 CNC 设置生成镜像时，则可编程镜像功能首先执行。CNC 的数据处理顺序是程序镜像—比例缩放—坐标系旋转，应按顺序指定指令，取消时相反。在指定平面内对某个轴镜像时，G02 与 G03 互换，G41 与 G42 互换，CW 与 CCW 互换。

## 4.2.7　局部坐标系指令 G52

如果图形的走刀路线不便于在工件坐标系中描述，则可在工件坐标系中建立一个局部坐标系来描述图形的走刀路线，以便于编程，减少数值的运算，如图 4-53 所示。

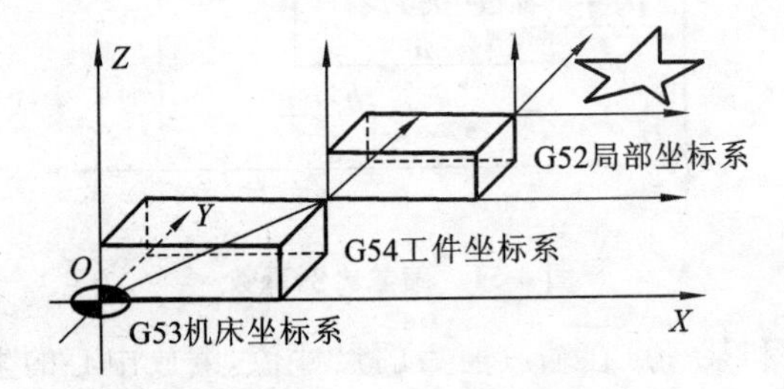


图 4-53　设定局部坐标系

局部坐标系 G52 指令格式为：

G17 G52 X-Y-;(设定局部坐标系)　　G17 G52 X0 Y0;(取消局部坐标系)

G18 G52 Z-X-;(设定局部坐标系)　　G18 G52 Z0 X0;(取消局部坐标系)

G19 G52 Y-Z-;(设定局部坐标系)　　G19 G52 Y0 Z0;(取消局部坐标系)

在 *XY* 平面中，X 和 Y 为局部坐标系的原点设定在工件坐标系中 *X* 和 *Y* 指定的位置，用绝对坐标值指定。一旦局部坐标系被设定，以后在 G90 方式下的进给移动的坐标值是该点在局部坐标系中的数值。指定了 G52 后，就消除了刀具半径补偿、刀具长度补偿等，在后续的程序段中必须重新指定刀具半径补偿和刀具长度补偿，否则会发生撞刀或其他现象。

G52 是非模态指令，要变更局部坐标系，同样可用 G52 在工件坐标系中指定新的局部坐标系原点的位置予以实现。在缩放及旋转功能下不能使用 G52 指令，但在 G52 下可以进行缩放及坐标系旋转指令。取消局部坐标系时，可恢复为原来的工件坐标系，使局部坐标系的原点与工件坐标系原点一致。

## 4.2.8 宏程序

### 1. 用户宏程序中的控制指令

控制指令起到控制程序流向的作用，分为无条件转移指令、有条件转移指令和循环指令三种。

1）无条件转移指令

指令格式为：

GOTO $n$；

GOTO ＃10；

$n$ 为顺序号（1～9999），可用表达式指定顺序号。

2）有条件转移指令

指令格式为：

IF[条件表达式] GOTO $n$；

如果条件表达式满足，执行一个预先定义的宏程序语句。

| 如果＃1 和＃2 的值相同，0 赋值给＃3 |
| --- |
| IF[＃1EQ＃2] THEN ＃＝0； |

当指定条件不满足时，执行下一个程序段。当指定条件满足时，转移到标有顺序号为 $n$ 的程序段。运算符号见表 4-5。

**表 4-5 运算符号**

| 运算符号 | 含　义 | 运算符号 | 含　义 | 运算符号 | 含　义 |
| --- | --- | --- | --- | --- | --- |
| EQ | 等于(＝) | LT | 小于(＜) | GE | 大于或等于(≥) |
| GT | 大于(＞) | NE | 不等于(≠) | LE | 小于或等于(≤) |

使用有条件转移语句和无条件转移语句可构成循环的指令结构。

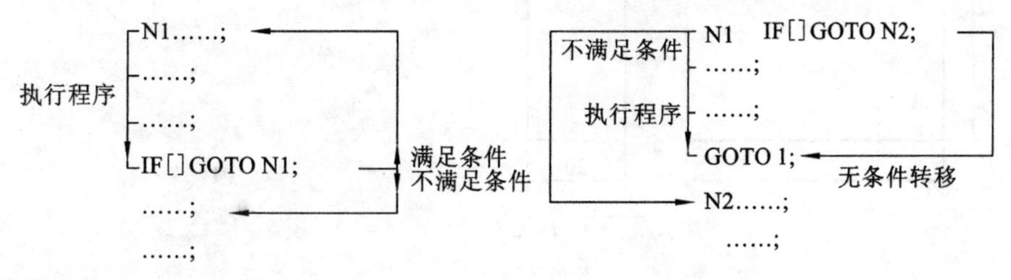


3）循环指令

指令格式为：

WHILE[条件表达式] DO $m$；($m$＝1，2，3)

END $m$；

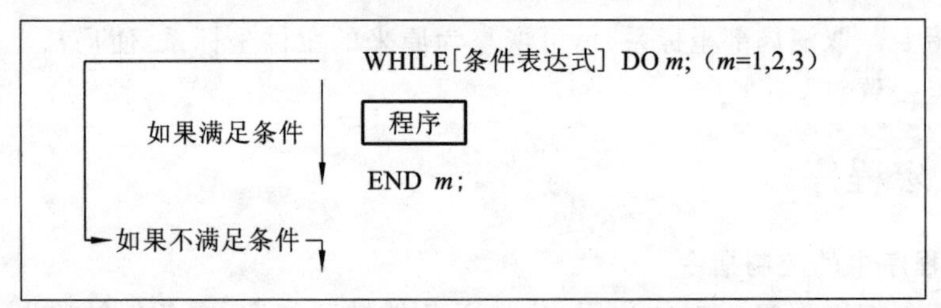


当指定的条件满足时，循环执行从 DO 到 END 之间的程序；当指定的条件不满足时，执行 END 后的程序段。标号值为 1、2、3，用标号值以外的值会产生 P/S 报警 No. 126。WHILE DO *m* 和 END *m* 必须成对使用，嵌套不允许超过 3 级。

**2. 宏程序的格式与调用**

宏程序的格式与子程序的完全相同。

宏程序的调用
- 非模态调用（G65）
- 模态调用（G66，G67）
- 用G代码调用宏程序
- 用M代码调用宏程序

格式一：　　　　G65 P×××× L××××；

P 后是要调用的程序名，L 后是重复调用的次数，默认值为 1。

格式二：　　　　G66 P×××× L××××；
　　　　　　　　G67；

一旦发出 G66，则指定模态调用，即指定沿移动轴移动的程序段后调用宏程序。直至 G67 取消模态调用。

# 4.3 数控铣加工与编程实例

## 4.3.1 一般平面工件的加工与编程

一般平面工件的加工与编程图样如图 4-54 所示。

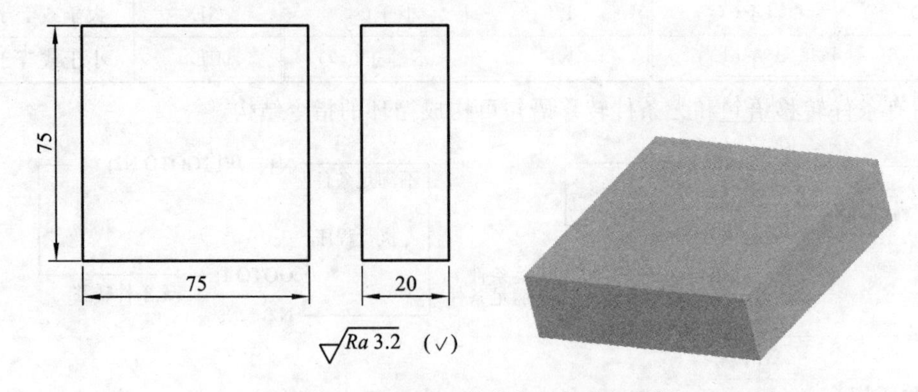


图 4-54 一般平面工件的加工与编程图样

1. 平面铣削工艺路径

平面铣削工艺路径有往复平行铣切路径、单向平行切削路径和环切切削路径三种铣削方式，见表 4-6。

表 4-6 平面铣削工艺路径

| 路径方式 | 图示 | 说明 |
| --- | --- | --- |
| 往复平行铣切 | | 刀具以顺、逆铣混合方式切削平面，通常用于精铣平面 |
| 单向平行切削 | | 刀具以单一的顺铣或逆铣方式切削平面，一般用于精铣平面 |
| 环切切削 | | 刀具以环状走刀方式铣削平面，可从里向外或从外向里铣削 |

**2. 加工编程**

工件采用平口虎钳装夹(注意应使工件的加工面高出钳口)，下面用垫铁支承。采用 $\phi$20 mm的键槽铣刀进行平面粗加工，选用 $\phi$20 mm 立铣刀进行平面的精加工。工件坐标系原点设置在工件左角上表面顶点处，刀具加工起点选在距工件上表面 10 mm 处。其加工程序见表 4-7。

表 4-7 一般平面铣削加工程序

| 程序 | 说明 |
| --- | --- |
| O4001； | 主程序名 |
| G49 G80 G69 G90 G40； | 设置初始状态 |
| G00 G54 G21 G94 M03 S600 T0101； | 设置加工参数 |
| G00 X−15. Y0. Z10.； | 刀具运动至点(−15,0,10) |
| G00 Z−4.； | 下刀 |
| G01 X90. F80； | 粗铣平面 |
| Y18.； | |
| X−15.； | |
| Y36.； | |
| X90.； | |
| Y54.； | |
| X−15.； | |
| Y72.； | |
| X90.； | |

续表

| 程　　序 | 说　　明 |
| --- | --- |
| Y90.; | 粗铣平面 |
| X−15.; | |
| Y100.; | |
| X90.; | |
| G00 Z100.; | 粗加工表面结束,抬刀 |
| M05; | 主轴停 |
| M00; | 程序暂停 |
| M03 S800 T0202; | 换精铣刀 |
| G00 X−15. Y0. Z10.; | 刀具移至起刀点 |
| G00 Z−5.; | 下刀 |
| G01 X90. F50; | 精铣平面 |
| G00 X−15. Y18.; | |
| G01 X90.; | |
| G00 X−15. Y36.; | |
| G01 X90.; | |
| G00 X−15. Y54.; | |
| G01 X90.; | |
| G00 X−15. Y72.; | |
| G01 X90.; | |
| G00 X−15. Y90.; | |
| G01 X90.; | |
| G00 X−15. Y100.; | |
| G01 X90.; | |
| G00 Z100.; | 精加工表面结束,抬刀 |
| M05; | 主轴停 |
| M30; | 程序结束 |

## 4.3.2　直线图形的加工与编程

直线图形的加工与编程图样如图 4-55 所示。

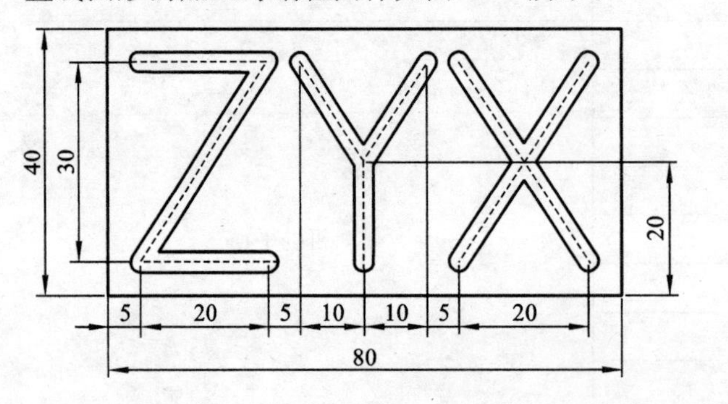


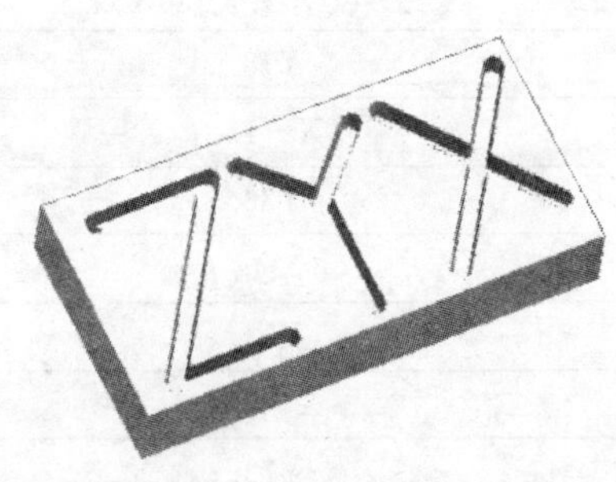

图 4-55　直线图形的加工与编程图样

工件采用平口虎钳装夹，下面用垫铁支承。因工件的加工需要垂直下刀，故选用键槽铣刀为宜，直径 3 mm。据工件坐标系建立原则，工件坐标系原点设置在工件左上侧顶点上。*Z* 坐标零点设置在工件上表面，*X*、*Y* 零点设置在设计基准上，其加工程序见表 4-8。

**表 4-8　直线图形铣削的加工程序**

| 程　　序 | 说　　明 |
|---|---|
| O4002； | 主程序名 |
| G54 G90GG40 M03 S1200 T0101； | 设置零点偏置，主轴以 1200 r/min 正转，选用 1 号刀 |
| G00 X5. Y35. Z5. ； | 快速移至起刀点 5 mm 处（"Z"字起点位置上方） |
| G01 Z－1. F50. ； | 下刀 |
| X25. F70. ； | 直线加工（"Z"字上横） |
| X5. Y5. ； | 直线加工（"Z"字斜横） |
| X25. ； | 直线加工（"Z"字下横） |
| G00 Z5. ； | 抬刀 |
| X30. Z35. ； | 快速移至"Y"字左上方点 |
| G01 Z－1. ； | 下刀 |
| X40. Y20. ； | 直线加工至"Y"字交叉点 |
| Y5. ； | 直线加工至"Y"字下直线点 |
| G00 Z5. ； | 抬刀 |
| X50. Y35. ； | 快速移至"Y"字右上方点 |
| G01 Z－1. ； | 下刀 |
| X40. Y20. ； | 直线加工至"Y"字交叉点 |
| G00 Z5. ； | 抬刀 |
| X55. Y35. ； | 快速移至"X"字左上方点 |
| G01 Z－1. ； | 下刀 |
| X75 Y5； | 直线加工至"X"字右上方点 |
| G00 Z5； | 抬刀 |
| X75. Y35. ； | 快速移至"X"字右上方点 |
| G01 Z－1. ； | 下刀 |
| X55. Y5. ； | 直线加工至"X"字左下方点 |
| G00 Z100. | 抬刀 |
| M02； | 程序结束 |

### 4.3.3　圆弧图形的加工与编程

圆弧图形的加工与编程图样如图 4-56 所示。

工件采用平口虎钳装夹，选用直径 3 mm 的键槽铣刀，根据工件坐标系建立原则，工件坐标系原点设置在工件左上侧顶点上。*Z* 坐标零点设置在工件上表面，*X*、*Y* 零点设置在设计基准上，其加工程序见表 4-9。

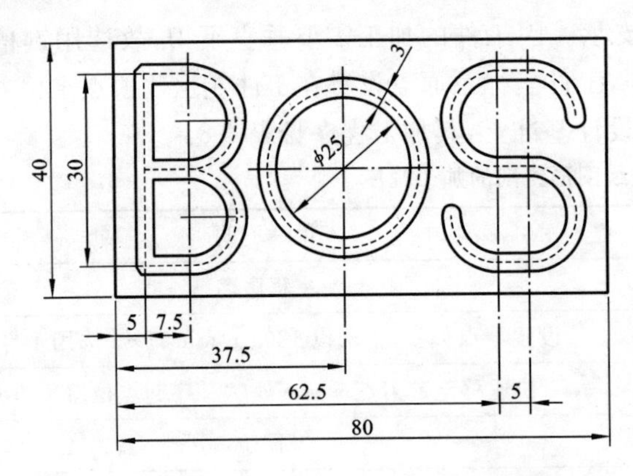

图 4-56　圆弧图形的加工与编程图样

表 4-9　圆弧图形的加工程序

| 程　序 | 说　明 |
| --- | --- |
| O4003; | 主程序名 |
| G54 G17 G90 G00 X0 Y0 Z100 M03 S1200 T0101; | 设置工件坐标系，主轴以 1200 r/min 正转，选用 1 号刀 |
| X5. Y20. Z5.; | 快速移至起刀点位置上方("B"字左中间点位置) |
| G01 Z-1. F50.; | 下刀 |
| Y35. F70.; | 加工"B"字 |
| X12.5; | |
| G02 X12.5 Y20. I0. J-7.5; | |
| G01 X5.; | |
| Y5.; | |
| X12.5; | |
| G03 Y20. I0. J7.5; | |
| G00 Z5.; | 抬刀 |
| X25. Y20.; | 快速移至"O"字最左边处位置 |
| G01 Z-1.; | 下刀 |
| G02 I12.5 J0.; | 加工"O" 字 |
| G00 Z5.; | 抬刀 |
| X55. Y12.5; | 快速移至"S"字下弯钩点上方 |
| G01 Z-1.; | 下刀 |
| G03 X62.5 Y5. I7.5 J0; | 加 "S"字 |
| G01 X67.5; | |
| G03 X67.5 Y20. I0. J7.5; | |
| G01 X62.5; | |
| G02 Y35. I0. J7.5; | |
| G01 X67.5; | |
| G02 X75. Y27.5 I0. J7.5; | |

续表

| 程　序 | 说　明 |
| --- | --- |
| G00 Z100.； | 抬刀 |
| M05； | 主轴停止 |
| M02； | 主程序结束 |

## 4.3.4　孔工件的加工与编程

孔工件加工图样如图 4-57 所示。

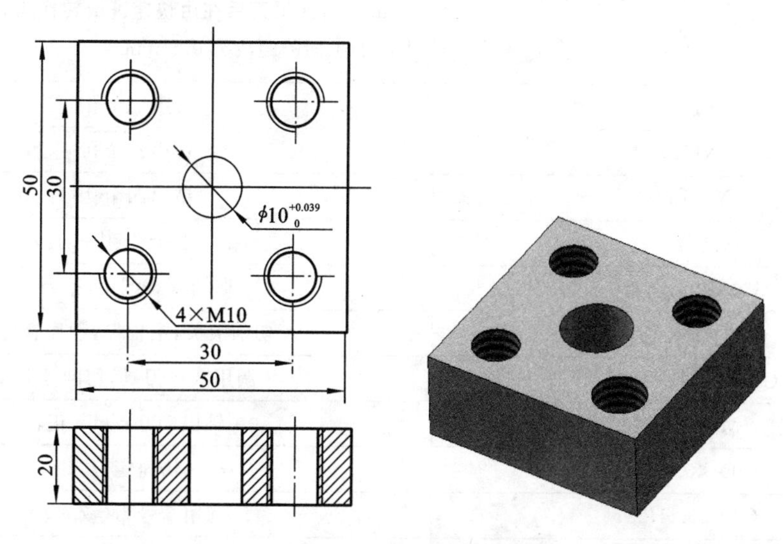


图 4-57　孔工件的加工图样

工件采用平口虎钳装夹，零件只要求加工 4 个 M10 内螺纹和 1 个中间孔，根据加工要求，先选用 A2.5 中心钻钻中心孔，再选用 $\phi$8.5 mm 麻花钻钻出螺纹底孔，用 $\phi$10 mm 铰刀铰 $\phi 10_{0}^{+0.021}$ mm 孔至尺寸要求，最后用 M10 丝锥攻出 4 个内螺纹。工件坐标系原点设置在上表面对称中心处，刀具加工起点选在距工件上表面 5 mm 处。其加工程序见表 4-10。

表 4-10　孔工件的加工程序

| 程　序 | 说　明 |
| --- | --- |
| O4004； | 主程序名 |
| G90 G54 M03 S1000； | 建立工件坐标系，调用 1 号刀，主轴以 1000 r/min 正转，切削液开 |
| G43 Z5. H1 M08； | |
| G00 X－15. Y－15. Z5.； | 快速定位 |
| G99 G82 Z－3. R5 F100； | 钻中心孔 |
| Y15.； | |
| X15.； | |
| Y－15.； | |
| X0. Y0.； | |
| G80 G00 Z200.； | 抬刀 |

续表

| 程　序 | 说　明 |
| --- | --- |
| M09 M05 M00； | 切削液关，主轴停，程序暂停 |
| G43 Z5. H2 M08； | 调用2号刀，切削液开 |
| M03 S800； | 主轴以800 r/min正转 |
| G90 G54 G00 X－15 Y－15.； | 快速定位 |
| G99 G83 Z－23. R5 Q3 F100； | 起动深孔钻钻环，设定进给量，钻第1个孔，快速降到参考点，钻深为－23 mm，钻完后返回 *R* 点，*R* 点高度为5 mm。每次退刀后在由快速进给转换为切削进给时，距上次加工面的距离为0.6 mm |
| Y15.； | 钻第二个孔 |
| X15.； | 钻第三个孔 |
| Y－15.； | 钻第四个孔 |
| X0. Y0.； | 钻第五个孔(中心孔) |
| G80 G00 Z200.； | 取消模态调用，抬刀 |
| M09 M05 M00； | 切削液关，主轴停，程序暂停 |
| G43 Z5. H3 M08； | 调用3号刀具，切削液开 |
| M03 S100； | 主轴以100 r/min正转 |
| G00 X0. Y0.； | 快速定位 |
| G43 Z5. H03； | 调用3号刀(铰刀) |
| G99 G81 Z－23. R5 F50； | 铰孔 |
| G80 G00 Z200.； | 取消模态调用，抬刀 |
| M09 M05 M00； | 切削液关，主轴停，程序暂停 |
| M06 T0303； | 换刀 |
| G90 G54 G00 X－15. Y－15.； | |
| M03 S100； | |
| G43 Z5. H03 M08； | |
| G99 G84 Z－23. R5 F150； | 攻丝 |
| Y15.； | |
| X15.； | |
| Y－15.； | |
| G80 G00 Z200.； | |
| M09 M05； | |
| M30； | |

### 4.3.5　复杂轮廓的加工与编程

复杂轮廓的加工与编程图样如图4-58所示。

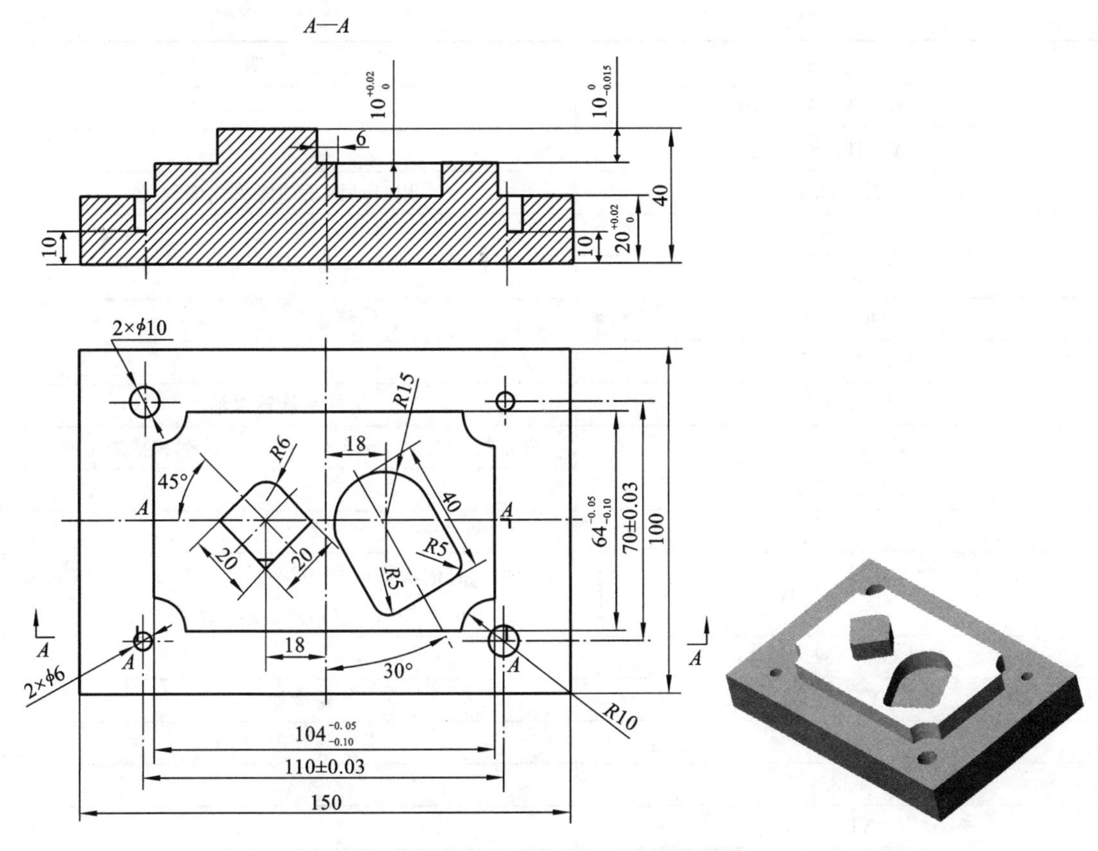


图 4-58　复杂轮廓的加工与编程图样

工件坐标系原点设置在上表面对称中心处，刀具加工起点选在距工件上表面 10 mm 处。外轮廓 20 mm×20 mm 和异形腔旋转了固定角度，可使用坐标系旋转指令以简化编程。两个外轮廓的加工余量大，选用 90°面铣刀进行轮廓粗铣和底面的精铣，最后用 ϕ12 mm 立铣刀完成轮廓的精加工。异形腔用 ϕ10 mm 键槽铣刀加工，R5 mm 圆角由刀具自然形成，孔的加工选择用 A4 中心钻预钻中心孔定位，再用 ϕ 6 mm 和 ϕ 10 mm 键槽铣刀完成 2×ϕ6 mm 和 2×ϕ10 mm孔的加工，安排 2×ϕ10 mm 孔与异形孔一起加工，减少换刀次数。其加工程序见表 4-11。

表 4-11　复杂轮廓的加工程序

| 程　序 | 说　明 |
|---|---|
| O4005； | 主程序名 |
| G17 G40 G69 G54 T0101； | 准备粗加工 20 mm×20 mm 外轮廓和精加工底面 |
| G00 G90 Z50.； | |
| M03 S600； | |
| X65. Y－80.； | |
| Z5.； | |
| G01 Z－10. F1000； | 实际加工时依次修改加工深度为－3 mm、－6 mm、－95 mm、－10 mm 后，重新运行程序 |
| Y80.； | |
| G68 X－18. Y0.0 R－45.； | 坐标系旋转建立 |

续表

| 程　序 | 说　明 |
|---|---|
| G01 G41 X－8. F240； | |
| Y－10. R6.； | |
| X－28.； | 用自动圆角功能简化编程 |
| Y10. R6.； | |
| X0.； | |
| G00 Z100.； | |
| G40 X0. Y0.； | |
| G69； | 坐标系旋转取消 |
| G00 G90 Z50.； | 准备粗加工 104 mm×64 mm 外轮廓和精加工底面 |
| X100. Y80.； | |
| Z5.； | |
| G01 Z－20. F1000； | 实际加工时依次修改加工深度为－13 mm、－16 mm、－19.5 mm、－20 mm 后，重新运行程序 |
| G01 G41 X52. F240； | |
| Y－32.； | 轮廓加工 |
| X55.； | |
| Y32.； | |
| X100.； | |
| G40 X100. Y80.； | |
| G00 Z100.； | |
| T0202 S800； | 调用 2 号刀，半粗、精加工 104 mm×64 mm 外轮廓 |
| X85. Y60. M08； | *X*、*Y* 轴定位，切削液开 |
| Z5.； | |
| G01 Z－20. F1000； | |
| G41 X52. F150； | |
| Y－22.； | 轮廓加工 |
| G03 X42. Y32. R10.； | |
| G01 X－42.； | |
| G03 X－52. Y－22. R10.； | |
| G01 Y22.； | |
| G03 X－42. Y32. R10.； | |
| G01 X42.； | |
| G03 X52. Y32. I10. J0.； | |
| G40 X80. Y60.； | |
| G68 X－18. Y0. R－45.； | 坐标系旋转建立，精加工 20 mm×20 mm 外轮廓 |
| G00 G90 X0. Y18.； | *X*、*Y* 轴定位 |
| Z5.； | |
| G01 Z－10. F150； | |

续表

| 程　　序 | 说　　明 |
|---|---|
| G01 G41 X−8. F240; | |
| Y−10. R6.; | |
| X−28.; | |
| Y10. R6.; | |
| X0.; | |
| G00 Z50. M09; | |
| G40 G00 X20.; | |
| G69; | |
| T0303 S1500; | 调用3号刀,准备钻中心孔 |
| G00 G90 Z50.; | |
| G98 G81 X55. Y35. Z−25. R−17. F80 M08; | 固定循环钻中心孔 |
| Y−35.; | |
| X−55.; | |
| Y35.; | |
| G80 M09; | 取消固定循环,切削液关 |
| G00 Z100.; | |
| T0404 S800; | 调用4号刀,粗、精加工异形腔和精加工 $\phi$10 mm孔 |
| G00 G90 Z50. | |
| Z3.; | |
| G68 X18. Y0. R30.; | |
| X18. Y0.; | |
| G01 Z−8. F1000; | |
| Z−20. F40; | 实际加工时依次修改加工深度为−13.3 mm、−16.6 mm、−19.58 mm、−20 mm后,重新运行程序 |
| Y−19.; | |
| G91 G41 X−6. F100; | |
| G03 X6. Y−. R6.; | $R$6 mm圆弧切入轮廓 |
| G01 X15.; | |
| Y25.; | |
| G03 X−30. R15.; | |
| G01 Y−25.; | |
| X15.; | |
| G03 X6. Y6. R6.; | $R$6 mm圆弧切出轮廓 |
| G00 Z50.; | |
| G90 G01 G40 X18. Y0.; | |

续表

| 程　序 | 说　明 |
|---|---|
| G69； | |
| M08； | |
| /G98 G81 X55. Y－35. Z－30. R－17. F80； | 粗加工时，打开控制面板上的跳步开关“/”，不执行 $\phi$10 mm孔的加工，精加工时关闭跳步开关，执行加工 |
| /X55. Y35.； | |
| G80 M09； | |
| G00 Z100.； | |
| T0505 S800； | 调用5号刀，准备加工 $\phi$6 mm孔 |
| G00 G90 Z50. M08； | |
| G98 G81 X55. Y35. Z－30. R－17. F80； | |
| X－55. Y－35.； | |
| G80 M09； | |
| M05 M30； | |

## 4.3.6　圆柱面的加工与编程

圆柱面的加工与编程图样如图4-59所示。

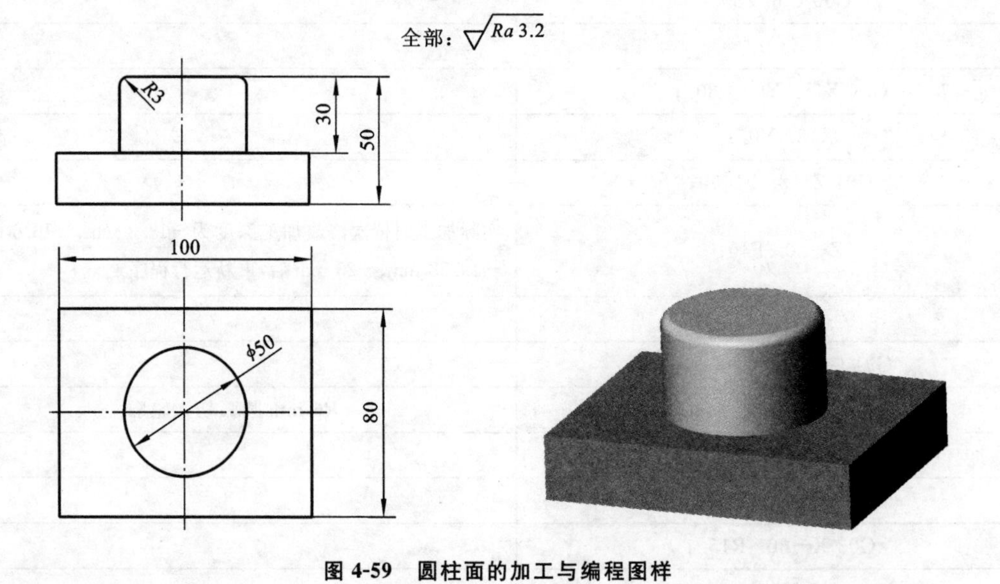


图4-59　圆柱面的加工与编程图样

### 1. 曲面的加工方法

圆柱面属于复杂的曲面，加工一般通过自动编程来实现，而对于比较简单的曲面，可以根据曲面的形状和刀具的形状以及精度的要求，采用不同的铣削方法手工编程加工。在数控铣削中，对于不太复杂的空间曲面，使用较多的是两坐标联动的三坐标行切法。

两坐标联动的三坐标行切法又称为二轴半坐标联动，是指在加工中选择 $X$、$Y$ 和 $Z$ 三坐标轴中的任意两轴做联动插补，并沿第三轴做单独的周期进刀的加工方法，如图 4-60 所示。将 $X$ 向分成若干段，球头铣刀沿 $YZ$ 面所截的曲线进行铣削，每一段加工完成后沿 $X$ 轴进给一个行间距 $\Delta X$，再加工另一条相邻的曲线，如此依次切削即可加工整个曲面。行间距 $\Delta X$ 的选取取决于轮廓表面粗糙度的要求。

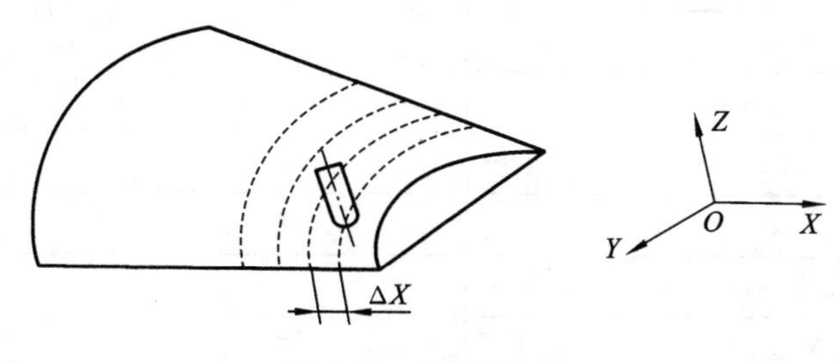


图 4-60　曲面行切法

行切法就是指刀具与零件轮廓的切点轨迹是一行一行的，行间距按照零件加工精度的要求确定。行切法加工有两种走刀路线。在图 4-61(a)所示的行切法一的加工方案中，每次行切都沿直线加工，刀位点计算简单，程序少，加工过程符合直纹面的形成，可以准确保证母线的直线度。在图 4-61(b)所示的行切法二的加工方案中，每次行切都沿曲线加工，加工效果符合这类零件数据给出的情况，便于加工后检验，叶形的准确度高，但程序较多。在安排走刀路线时，边界敞开的直纹曲面由于没有其他表面的限制，球头刀应由边界外开始加工。

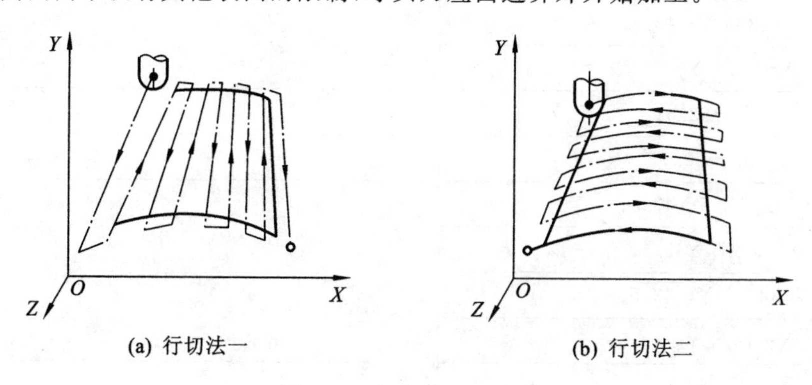


(a) 行切法一　　(b) 行切法二

图 4-61　行切法加工曲面

**2. 加工编程**

工件坐标系原点设置在上表面几何对称中心处，起刀点设在工件左上角上方 50 mm。零件采用 $\phi35$ mm 立铣刀分六个层次递增铣切平面轮廓（切除圆柱面多余余量，圆周留 2 mm 精铣余量），再用 $\phi16$ mm 的立铣刀分层铣削圆柱面，然后采用 $\phi10$ mm 的球头铣刀进行 $R3$ 倒角加工，其加工程序见表 4-12。

表 4-12　圆柱面的铣削参考程序

| 程　　序 | 说　　明 |
| --- | --- |
| O4006； | 程序名 |
| G90 G54 G40 G49； | 加工准备 |
| T0101 M03 S500； | |
| G00 X－43.5. Y－62.5. Z－50.； | 至起刀点 |
| G01 Z－5 F80； | $Z$ 向进刀 |

续表

| 程　序 | 说　明 |
| --- | --- |
| X－43.5 Y43.5； | 第一刀 |
| X43.5 Y43.5； | |
| X43.5 Y－43.5； | |
| X－43.5 Y－43.5； | |
| X－62.5； | |
| Z－10.； | |
| X－43.5 Y43.5； | 第二刀 |
| X43.5 Y43.5； | |
| X43.5 Y－43.5； | |
| X－43.5 Y－43.5； | |
| X－62.5； | |
| Z－15.； | |
| X－43.5 Y43.5； | 第三刀 |
| X43.5 Y43.5； | |
| X43.5 Y－43.5； | |
| X－43.5 Y－43.5； | |
| X－62.5； | |
| Z－20.； | |
| X－43.5 Y43.5； | 第四刀 |
| X43.5 Y43.5； | |
| X43.5 Y－43.5； | |
| X－43.5 Y－43.5； | |
| X－62.5； | |
| Z－25.； | |
| X－43.5 Y43.5； | 第五刀 |
| X43.5 Y43.5； | |
| X43.5 Y－43.5； | |
| X－43.5 Y－43.5； | |
| X－62.5； | |
| Z－30. | |
| X－43.5 Y43.5； | 第六刀 |
| X43.5 Y43.5； | |
| X43.5 Y－43.5； | |
| X－43.5 Y－43.5； | |
| G00 Z100.； | |

续表

| 程　序 | 说　明 |
| --- | --- |
| M05; | |
| T0202 M06; | 换2号刀,准备铣圆柱面 |
| M03 S800; | |
| G17 G00 G90 Z50.; | |
| X60. Y50.; | |
| G43 G00 Z0. H02; | |
| #1=5 | 每层高度 |
| #2=30 | 加工高度 |
| WHILE[#1LE#2] DO 1; | |
| G01 Z[-#1] F500; | |
| G41 X25. D02 F120; | |
| Y0.; | |
| G02 I-25.; | |
| G01 Y-50.; | |
| G00 G40 X60.; | |
| Y50.; | |
| #1=#1+5; | |
| END 1; | |
| G00 Z100.; | |
| M05; | |
| T0303 M06; | 换3号刀,准备加工 $R3$ 倒角 |
| M03 S3000; | |
| G000 G90 Z50.; | |
| X32. Y30.; | |
| G43 G00 Z5. H03; | |
| #1=0 | 初始角度 |
| #2=90; | 终止角度 |
| #3=3; | 倒角半径 |
| #4=5; | 刀具半径 |
| WHILE[#1LE#2] DO 1; | 循环体开始,判断#1是否小于等于#2 |
| #5=[#3+#4]*COS[#1]-#3; | 计算刀具偏置值 |
| #6=[#3+#4]*SIN[#1]-[#3+#4]; | 计算 $Z$ 坐标 |
| G01 Z#6 F600; | |
| G01 L12 P1 R#5; | |
| G41 D03 X25.; | |
| Y0.; | |

续表

| 程　　序 | 说　　明 |
|---|---|
| G02 I－25.； | |
| G01 Y－10.； | |
| G40 X32.； | |
| Y30.； | |
| ＃1＝＃1＋5； | 变量计算赋值 |
| END 1； | |
| G00 Z100.； | |
| M05； | |
| M30； | |

### 4.3.7　综合工件的加工与编程

综合工件的加工与编程图样如图 4-62 所示。

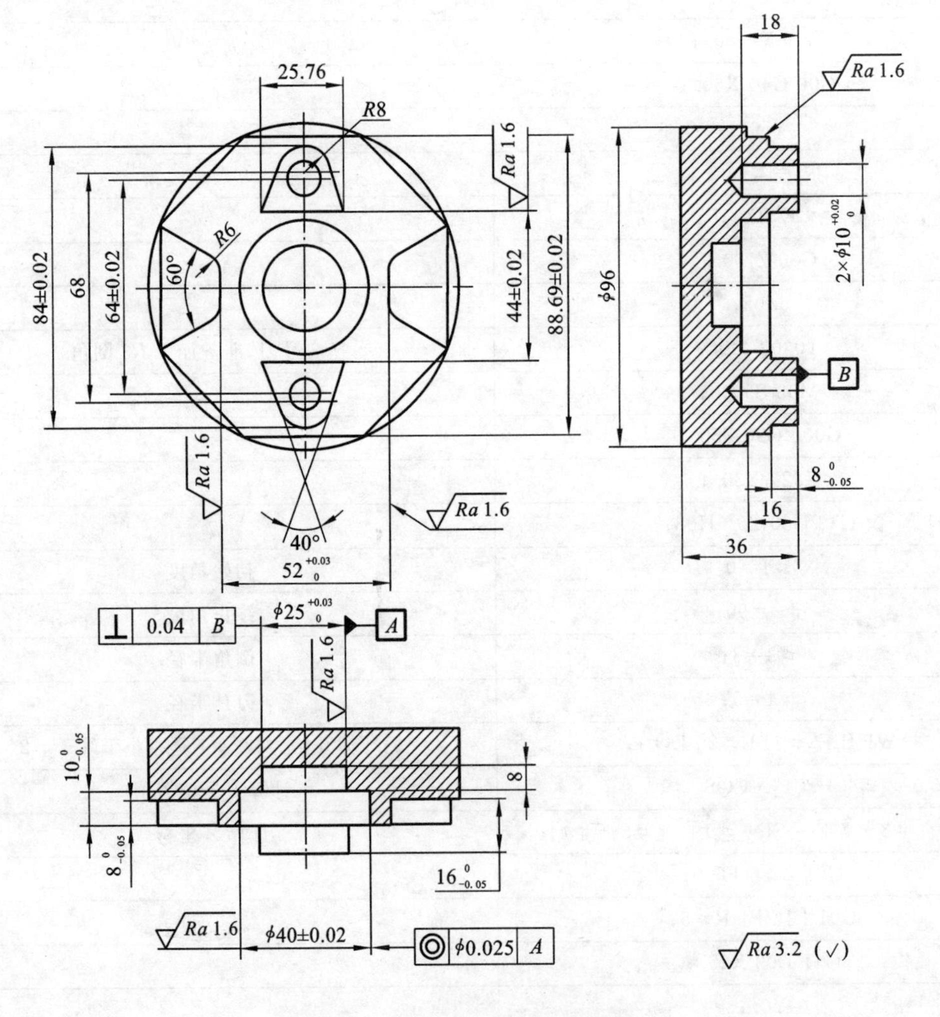


图 4-62　综合工件的加工与编程图样

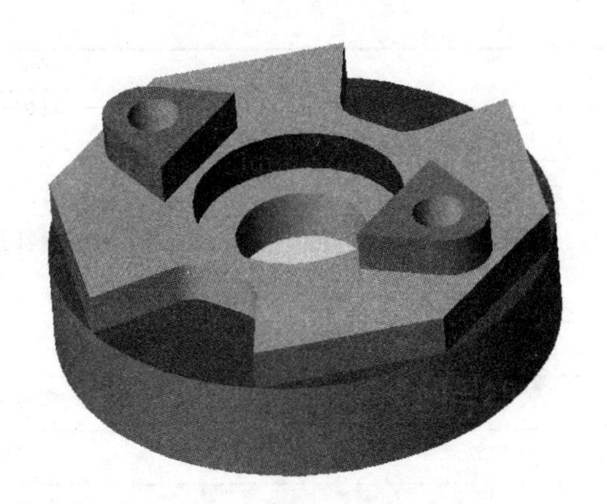

续图 4-62

选择工件中心和上表面作为工件坐标系原点，起刀点设在工件坐标系 G54 原点的上方 100 mm。采用 $\phi$16 mm 立铣刀粗精铣正八边形、$\phi$25 mm 与 $\phi$40 mm 孔以及梯形凸台，采用 $\phi$10 mm立铣刀粗精铣凹台，A3 中心钻钻中心孔，$\phi$9.8 mm 麻花钻钻孔，$\phi$10H7 铰刀铰孔，其加工程序见表 4-13。

表 4-13　综合工件的加工程序

| 程　序 | 说　明 |
| --- | --- |
| O3012； | 程序名 |
| G17 G40 G69 G54； | 加工准备 |
| G00 G90 Z100.； | |
| M03 S600； | |
| X0. Y0. M08； | |
| G01 Z1. F1000； | |
| G41 X12.5 D01 F150 | 粗加工时 D01＝8.2，精加工时 D01＝8 |
| G03 I－12.5 Z－4.； | 螺旋线插补加工 $\phi$25 mm 孔 |
| I－12.5 Z－8.； | |
| I－12.5 Z－12.； | |
| I－12.5 Z－16； | |
| I－12.5 Z－20； | |
| I－12.5 Z－24； | |
| I－12.5 Z－26； | |
| I－12.5； | 修平底面 |
| X4.5 Y0. I－8.5 J0.； | 切向切出 |
| G40 G01 X0. Y0.； | 取消刀具半径补偿 |
| G00 Z1.； | $Z$ 轴定位 |
| G41 G01 X20. D01 F150； | 建立刀具半径补偿 |

续表

| 程　　序 | 说　　明 |
|---|---|
| G03 I－20. Z－4.； | 螺旋线插补加工 $\phi$40 mm 孔 |
| I－20. Z－8.； | |
| I－20. Z－12.； | |
| I－20. Z－16.； | |
| I－20. Z－18.； | |
| I－20.； | 修平底面 |
| X0. Y0. I－10. J0.； | 切向切出 |
| G40 G01 X0. Y0.； | 取消刀具半径补偿 |
| G00 G90 Z100.； | |
| M98 P1201； | 调用子程序 O1201 加工梯形凸台 |
| G68 X0. Y0. R180.； | 执行坐标系旋转功能 |
| M98 P1201； | 调用子程序 O1201 加工梯形凸台 |
| G69； | 取消坐标系旋转功能 |
| G00 G90 Z100.； | |
| M98 P1202； | 调用子程序 O1202 加工八边形 |
| G68 X0. Y0. R45.； | 执行坐标系旋转功能 |
| M98 P1202； | 调用子程序 O1202 加工八边形 |
| G69； | 取消坐标系旋转功能 |
| G00 G90 Z100. M09； | |
| M05； | |
| T0202 M06； | 换 2 号刀，准备加工梯形凹台 |
| M03 S800； | |
| G00 G90 Z50. M08； | |
| M98 P1203； | 调用子程序 O1203 加工梯形凹台 |
| G68 X0. Y0. R180.； | 执行坐标系旋转功能 |
| M98 P1203； | 调用子程序 O1203 加工梯形凹台 |
| G00 G90 Z100. M09； | |
| G69； | 取消坐标系旋转功能 |
| M05； | |
| T0303 M06； | 换 3 号刀（A3 中心钻） |
| G17 G80 G40 G54； | |
| M03 S1500； | |
| G00 G90 Z50.； | |
| X0. Y32. M08； | |
| G98 G81 Z－4. R3. F80； | 固定循环钻中心孔 |

续表

| 程　序 | 说　明 |
| --- | --- |
| Y－32.； | |
| G80； | |
| G00 Z100. M09； | |
| M05； | |
| T0404 M06； | 换 4 号刀 |
| M03 S1000； | |
| G00 Z50.； | |
| X0. Y32. M08； | |
| G98 G83 Z－20. R3. Q4. F100； | 固定循环钻孔 |
| Y－32.； | |
| G80； | |
| G00 Z100. M09； | |
| M05； | |
| T0505 M06； | 换 5 号刀 |
| M03 S300； | |
| G00 G90 Z50.； | |
| X0. Y32. M08； | |
| G98 G81 Z－18.5 R3. F50； | 铰孔 |
| Y－32.； | |
| G80； | |
| M09； | |
| M05； | |
| M30； | |
| | |
| O1201； | 梯形凸台加工子程序 |
| G90 G00 X44. Y55. M08； | |
| Z5.； | |
| G01 Z－8. F1000； | 粗加工分别修改 Z 为－4 mm、－7.8 mm，留 0.2 mm 底面精加工余量 |
| Y－45. F150； | |
| X32.； | |
| Y55.； | |
| G41 X20. D01 F150； | 粗加工时 D01＝8.2，精加工时 D01＝8 |

续表

| 程　序 | 说　明 |
| --- | --- |
| Y22. | |
| X−12.88； | |
| X−7.518 Y36.736； | 加工梯形凸台 |
| G02 X7.518 R8.； | |
| G01 X12.88 Y22.； | |
| Y−50.； | |
| G40 X50.； | |
| G00 Z5.； | |
| M99； | 子程序结束 |
| | |
| O1202； | 四边形加工子程序(正八边形) |
| G90 G00 X60. Y60. M08； | |
| Z5.； | |
| G01 Z−16. F1000； | |
| G41 X44.345 D01 F150； | |
| Y−44.345； | |
| X−44.345； | 加工四边形 |
| Y44.345； | |
| X60.； | |
| G40 X60. Y60.； | |
| G00 Z5.； | |
| M99； | |
| | |
| O1203； | 梯形凹台加工子程序 |
| G90 G00 X60. Y30. M08； | |
| Z0.； | |
| G01 Z−16. F1000； | 粗加工分别修改 Z 为−13 mm、−15.8 mm，留 0.2 mm 底面精加工余量 |
| G41 X44.345 D01 F120； | 粗加工时 D01=5.2,精加工时 D01=5 |
| Y18.372； | |
| X26. Y7.78 R6.； | |
| Y−7.78 R6.； | |
| X44.345 Y−18.372； | |
| Y−25.； | |

续表

| 程　序 | 说　明 |
| --- | --- |
| G40 X60.； | |
| G00 Z5.； | |
| M99； | |

第 5 章

# 数控线切割加工与编程

数控线切割是用一根移动的导线(电极丝)作为工具电极,利用电能、热能对金属进行腐蚀加工的方法,如图 5-1 所示。

图 5-1　数控线切割加工

# 5.1　线切割机床概述

## 5.1.1　文明生产和安全操作注意事项

(1) 操作者必须熟悉数控电火花线切割机床的操作技术,开机前应按设备润滑要求,对机床有关部位注润滑油(润滑油必须符合机床说明书的要求)。

(2) 操作者必须熟悉数控电火花线切割加工工艺,恰当地选取加工参数,按规定操作顺序操作,防止造成断丝等故障。

(3) 用手摇柄操作储丝筒后,应及时将摇柄拔出,防止储丝筒转动时将摇柄甩出伤人。装卸电极丝时,注意防止电极丝扎手。换下来的废丝要放在规定的容器内,防止混入电路和走丝系统中造成电器短路、触电和断丝等事故发生。注意防止因储丝筒惯性造成断丝及传动件碰撞。为此,停机时,要在储丝筒刚换向后尽快按下停止按钮。

## 5.1.2　线切割机床的结构

线切割机床按控制方式可分为靠模仿型机控制、光电跟踪控制、数字程序控制、微机控制等,按走丝速度可分为低速走丝方式(俗称慢走丝)和高速走丝方式(俗称快走丝)。

**1. 快走丝线切割机床的结构与特点**

快走丝线切割机床一般采用 0.08 mm～0.2 mm 的钼丝作为工具电极,而且是双向往返运行,电极丝可多次使用,直至断丝为止。常用的快走丝电火花线切割机床结构如图 5-2 所示。

1) 控制柜

控制柜装有控制系统和自动编程系统,控制系统是数控线切割机床的中枢,它由脉冲电源、输入/输出连接线、控制器、运算器和存储器等组成。

2) 机床主体

机床主机主要包括床身、坐标工作台、走丝系统和工作液循环系统 4 个部分。

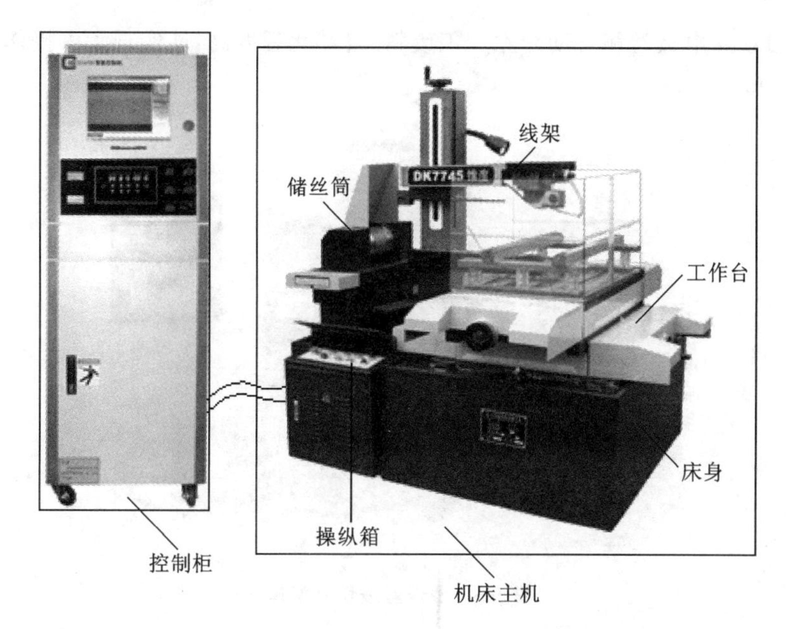


图 5-2 常用的快走丝电火花线切割机床结构

机床床身通常采用箱式结构的铸铁件，它是坐标工作台、走丝系统和工件等的支撑和固定基础。线切割机床的坐标工作台是指在水平面上沿着 $X$ 轴和 $Y$ 轴两个坐标方向移动，用于装夹摆放工件的“平台”。坐标工作台在 $X$ 轴和 $Y$ 轴两个方向的移动是由两个受控的步进电动机或伺服电动机驱动的。控制系统每发出一个进给信号，步进电动机或伺服电动机就转动一定角位移，经过减速，带动丝杆旋转，使工作台前进或后退。走丝系统主要由电极丝、线架、储丝筒、导轮部件、张力装置、导电块、电动机等组成。线切割走丝系统的作用是使电极丝具有一定的张力和直线度，以给定的速度稳定运动并传递给定的电能。

电极丝是线切割时用来导电放电的金属丝，线架与运丝机构一起构成电极丝的运动系统。它的功能主要是对电极丝起支撑作用，并使电极丝工作部分与工作台平面保持一定的几何角度，以满足各种工件(如带锥工件)加工的需要。导轮部件是确定电极丝直线位置的部件，主要由导轮、轴承和调整座组成。

提示：由于长期高速运转，导轨和轴承很容易因磨损而松动，造成电极丝直线位置的不确定，无法保证线切割精度，所以需要经常调整导轮松紧或更换导轮和轴承。

储丝筒一般用轻金属材料制成，兼有收、放丝卷筒的功能。工作时，将电极丝的一端头固定在储丝筒的一端柱面上，然后按一个方向有序地、密排地在储丝筒上缠绕一层，将电极丝的另一端头穿过整个走丝系统，回到储丝筒，按缠绕方向将电极丝头固定在储丝筒的另一端柱面上。

为保证线切割加工过程中，脉冲放电过程能稳定且顺利地进行，加工区域必须充分、连续地提供清洁的工作液，因而需设置工作液循环系统。工作液循环系统一般由液箱、工作液泵、过滤器、管道、流量控制阀等组成。

快走丝线切割机床结构简单，价格便宜，加工生产率较高。目前快走丝线切割加工机床能达到的加工精度为±0.01 mm，切割速度可达 50 $mm^2$/min，切割厚度与机床的结构参数有关，最大可达 500 mm。

**2. 慢走丝线切割机床的结构与特点**

慢走丝线切割机床的外形如图 5-3 所示。它采用直径为 0.03 mm～0.35 mm 的铜丝作为电极。机床能自动穿电极丝和自动卸除加工废料，自动化程度高，能实现无人操作加工，加工精度可达±0.001 mm。

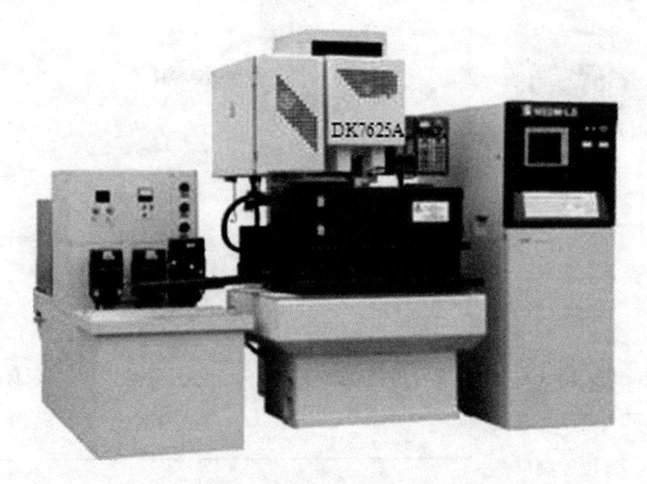


图 5-3 慢走丝线切割机床

慢走丝线切割机床的走丝路径如图 5-4 所示。电极丝绕线管插入绕线轴，电极丝经长导丝轮到张力轮、压紧轮和张力传感器，再到自动接线装置，然后进入上部导丝器、加工区和下部导丝器，使电极丝能保持精确定位；再经过排丝轮，使电极丝以恒定张力、恒定速度运行，废丝切断装置把废丝切碎送进废丝箱，完成整个走丝过程。

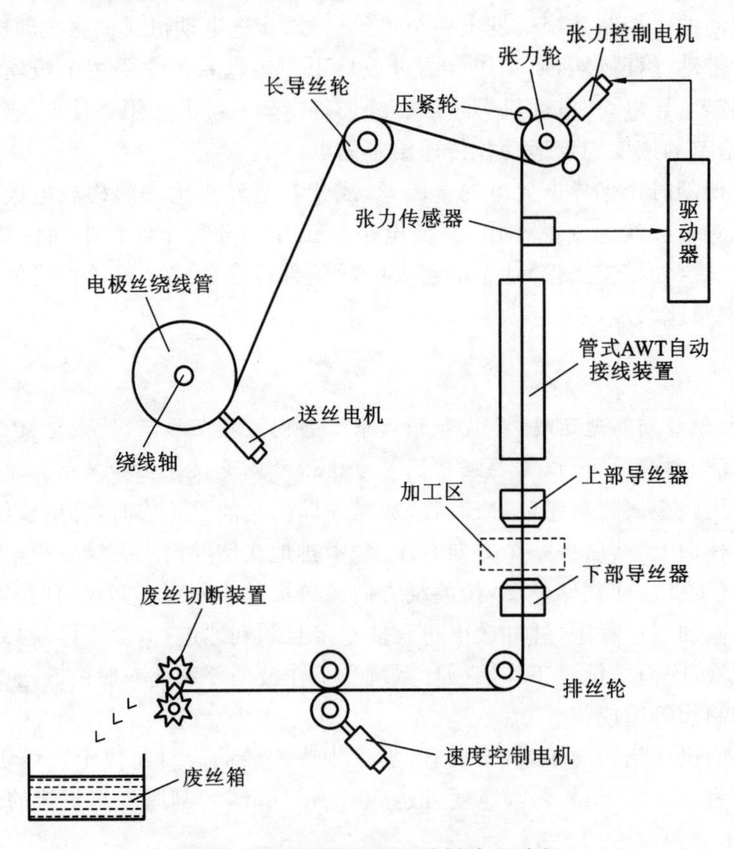


图 5-4 慢走丝线切割机床的走丝路径

## 5.1.3 线切割机床的型号与主要技术

### 1. 线切割机床的型号

线切割机床的型号很多，其区别主要是机床的行程不同，在编程和控制方面大同小异。其型号中的字母和数字的含义表示如下：

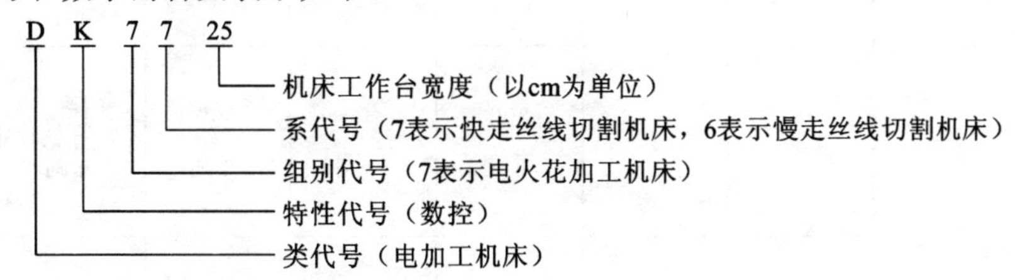


### 2. 线切割机床的主要技术

数控线切割机床的主要技术参数包括工作台行程(纵向行程和横向行程)、最大切割厚度、加工表面粗糙度、加工精度、切割速度以及数控系统的控制功能等。线切割机床参数标准见表 5-1。DK77 系列数控线切割机床的主要型号与技术参数见表 5-2。

**表 5-1 线切割机床参数标准**

<table>
<tr><td rowspan="3">工作台</td><td>横向行程</td><td colspan="2">100</td><td colspan="2">125</td><td colspan="2">160</td><td colspan="2">200</td><td colspan="2">250</td><td colspan="2">320</td><td colspan="2">400</td><td colspan="2">500</td><td colspan="2">630</td></tr>
<tr><td>纵向行程</td><td>125</td><td>160</td><td>160</td><td>200</td><td>200</td><td>250</td><td>250</td><td>320</td><td>320</td><td>400</td><td>400</td><td>500</td><td>500</td><td>630</td><td>630</td><td>800</td><td>800</td><td>1000</td></tr>
<tr><td>最大承载重量/kg</td><td>10</td><td>15</td><td>20</td><td>25</td><td>40</td><td>50</td><td>60</td><td>80</td><td>120</td><td>160</td><td>200</td><td>250</td><td>320</td><td>500</td><td>500</td><td>630</td><td>960</td><td>1200</td></tr>
<tr><td rowspan="3">工件尺寸</td><td>最大宽度</td><td colspan="2">125</td><td colspan="2">160</td><td colspan="2">200</td><td colspan="2">250</td><td colspan="2">320</td><td colspan="2">400</td><td colspan="2">500</td><td colspan="2">630</td><td colspan="2">800</td></tr>
<tr><td>最大长度</td><td>200</td><td>250</td><td>250</td><td>320</td><td>320</td><td>400</td><td>400</td><td>500</td><td>500</td><td>630</td><td>630</td><td>800</td><td>800</td><td>1000</td><td>1000</td><td>1250</td><td>1250</td><td>1600</td></tr>
<tr><td>最大切割厚度</td><td colspan="18">40、60、80、100、120、180、200、250、300、350、400、450、500、550、600</td></tr>
<tr><td colspan="2">最大切割锥度</td><td colspan="18">0°、3°、6°、9°、12°、15°、18°(18°以上，每挡间隔 6°)</td></tr>
</table>

表 5-2 DK77 系列数控线切割机床的主要型号与技术参数

| 机床型号 | DK7716 | DK7720 | DK7725 | DK7732 | DK7740 | DK7750 | DK7763 | DK77120 |
|---|---|---|---|---|---|---|---|---|
| 工作台行程/mm | 200×160 | 250×200 | 300×250 | 500×320 | 500×400 | 800×500 | 800×630 | 2000×1200 |
| 最大切割厚度/mm | 100 | 200 | 140 | 300（可调） | 400（可调） | 300（可调） | 150（可调） | 500（可调） |
| 加工表面粗糙度值 $Ra/\mu m$ | 2.5 | 2.52 | 2.5 | 2.5 | 2.5 | 2.5 | 2.5 | 2.5 |
| 切割速度/($mm^2$/min) | 70 | 80 | 80 | 100 | 120 | 120 | 120 | 120 |
| 加工锥度 | | | | 3°～60°(各生产厂家的型号不同) | | | | |
| 控制方式 | | | | 各种型号均由单板(或单片)机或微机控制 | | | | |

## 5.1.4 线切割加工的应用

线切割加工为新产品的试制、精密零件及模具的制造开辟了一条新的工艺途径，具体应用有以下 4 个方面。

(1) 模具制造　适合于加工各种形状的冲裁模，一次编程后通过调整不同的间隙补偿量，就可以切割出凸模、凹模、凸模固定板、凹模固定板和卸料板等，模具的配合间隙、加工精度通常都能达到要求。此外，电火花线切割还可以加工粉末冶金模、电动机转子模、级进模、弯曲模、塑压模等各种类型的模具。

(2) 加工电火花成型加工用的电极　一般穿孔加工用的电极以及带锥度型腔加工用的电极，若采用银钨、铜钨合金之类的材料，用线切割加工特别经济，同时也可加工微细、形状复杂的电极。

(3) 新产品试制　在试制新产品时，用线切割在坯料上直接切割出零件，由于不需要另行制造模具，可大大缩短制造周期，降低成本。

(4) 加工特殊材料零件　电火花线切割加工薄件时可多片叠加在一起加工；在零件制造方面，可用于加工品种多、数量少的零件，还可加工除不通孔以外的其他难加工的金属零件，如凸轮、样板、成型刀具、异形槽和窄缝等，如图 5-5 所示。

## 5.1.5 线切割机床的操作

### 1. 按键功能简介

线切割机床的按键集中在手控盒和电器控制柜上。

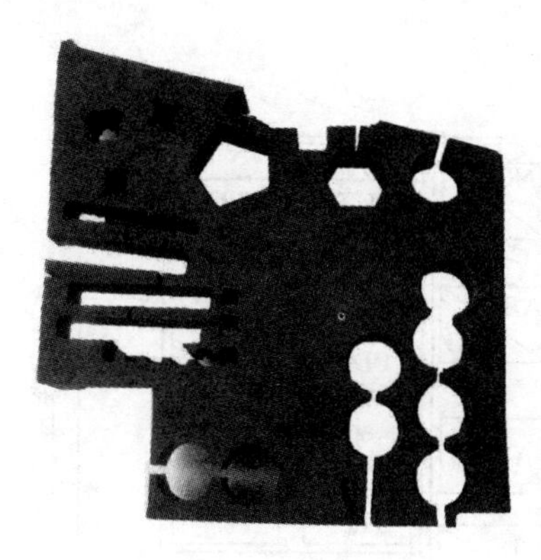

图 5-5 线切割加工工件

1）手控盒按键功能

手控盒按键功能如图 5-6 所示。

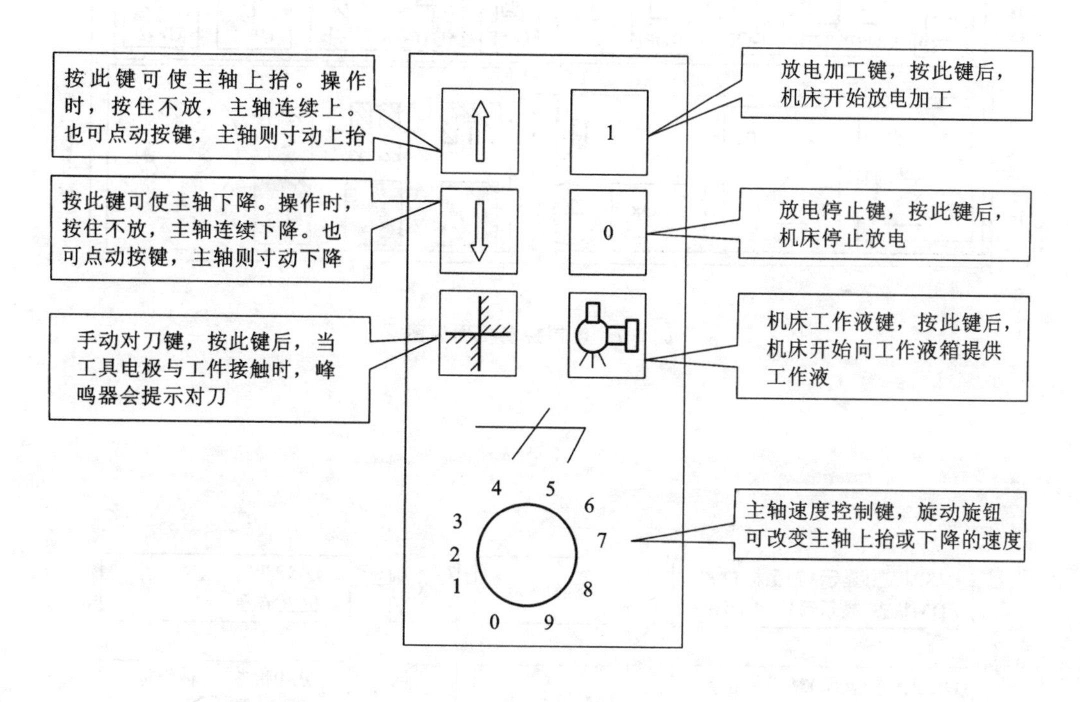


图 5-6 线切割机床手控盒

2）电器控制柜面板按键功能

电器控制柜面板如图 5-7 所示。

图 5-8 所示是电器控制柜面板显示功能区及其功能。显示功能区有两种显示情况：一种是在 DISP 状态下，显示 $X$、$Y$ 和 $Z$ 轴的坐标位置；另一种是在 EDM 状态下显示目标加工深度、当前加工深度和瞬时加工深度。

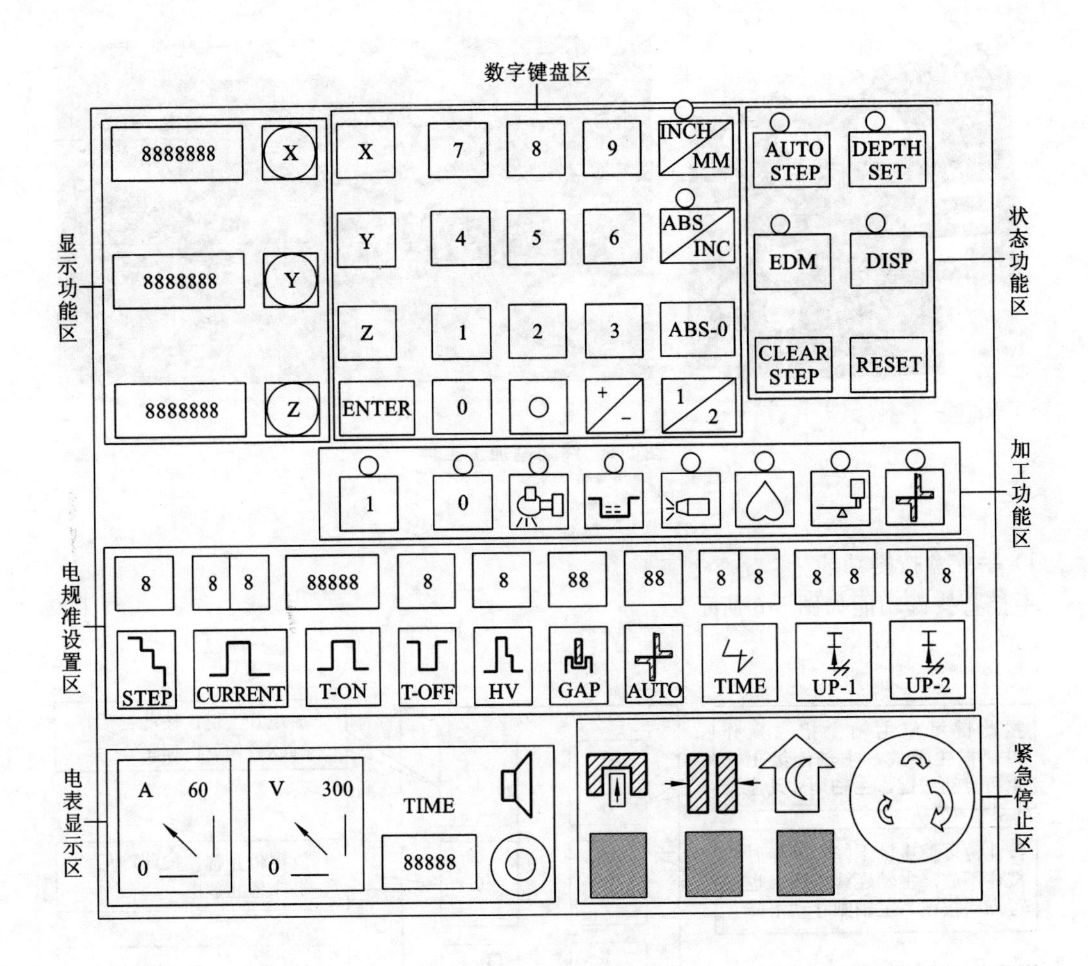


图 5-7　电器控制柜面板图

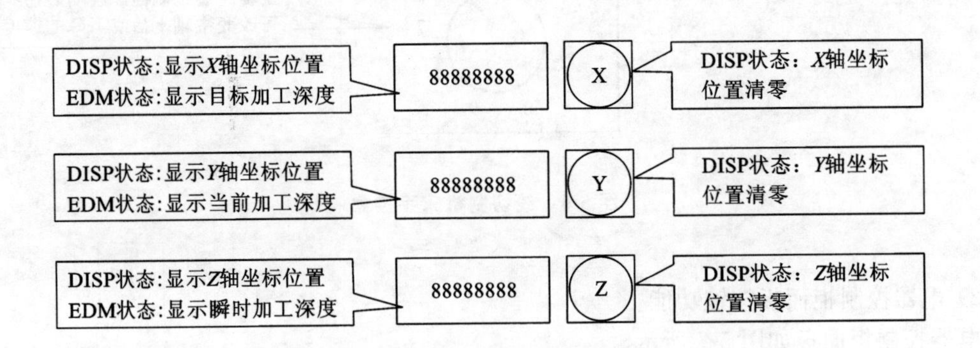


图 5-8　电器控制柜面板显示功能区及其功能

图 5-9 所示为电器控制柜面板的数字键盘区各按键的功能。

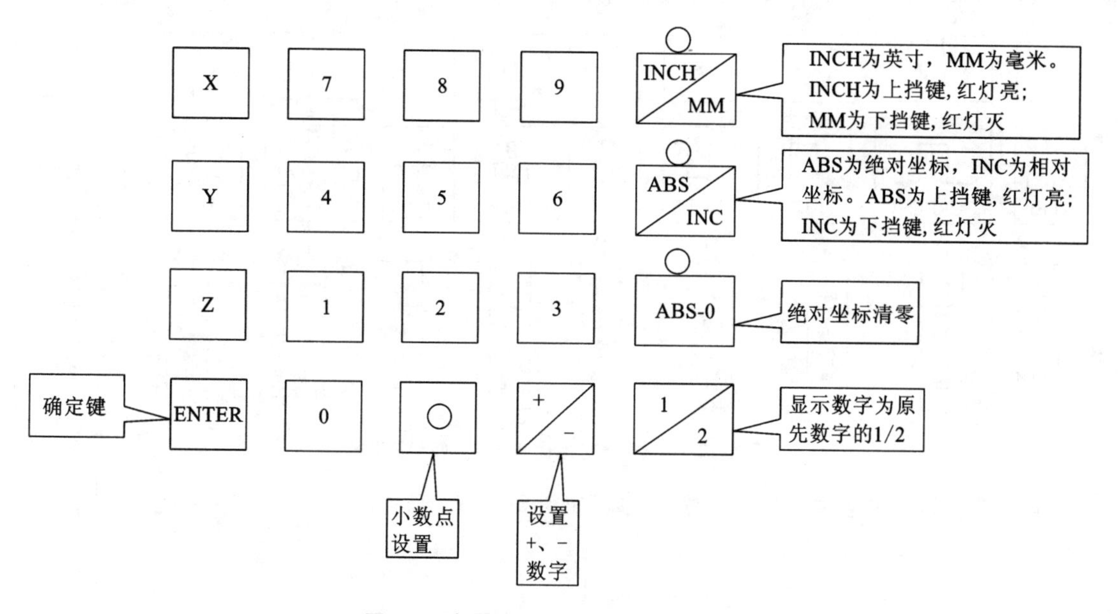


图 5-9 电器控制柜面板的数字键盘区

电器控制柜的状态功能区各按键功能如图 5-10 所示。

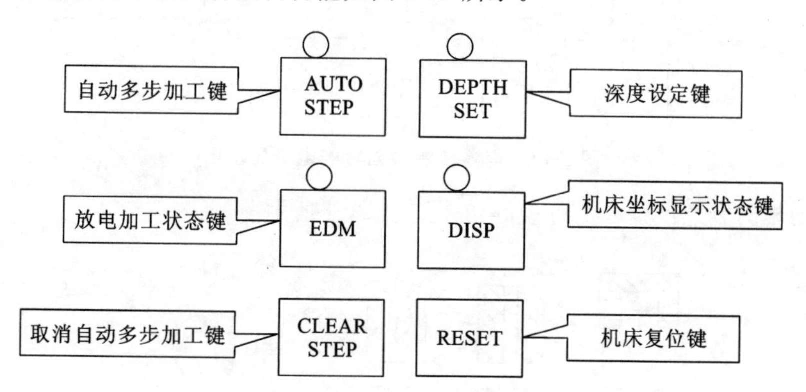


图 5-10 电器控制柜面板的状态功能区

电器控制柜的加工功能区及各按键功能如图 5-11 所示。

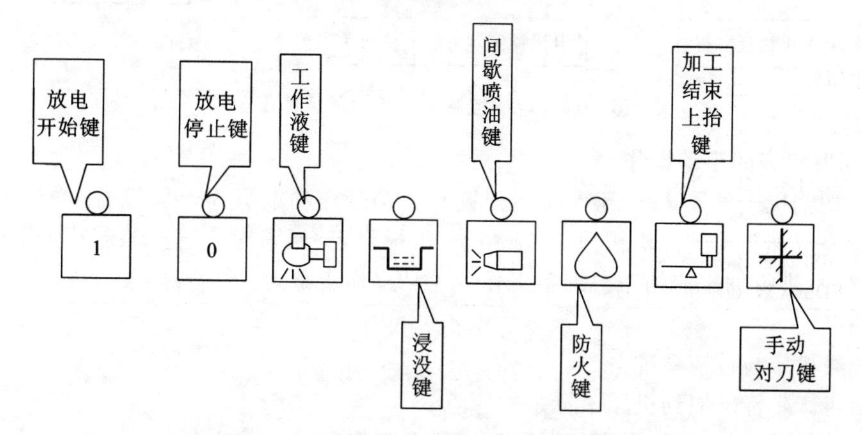


图 5-11 电器控制柜面板的加工功能区

电器控制柜的电规准设置区及各按键功能如图 5-12 所示。

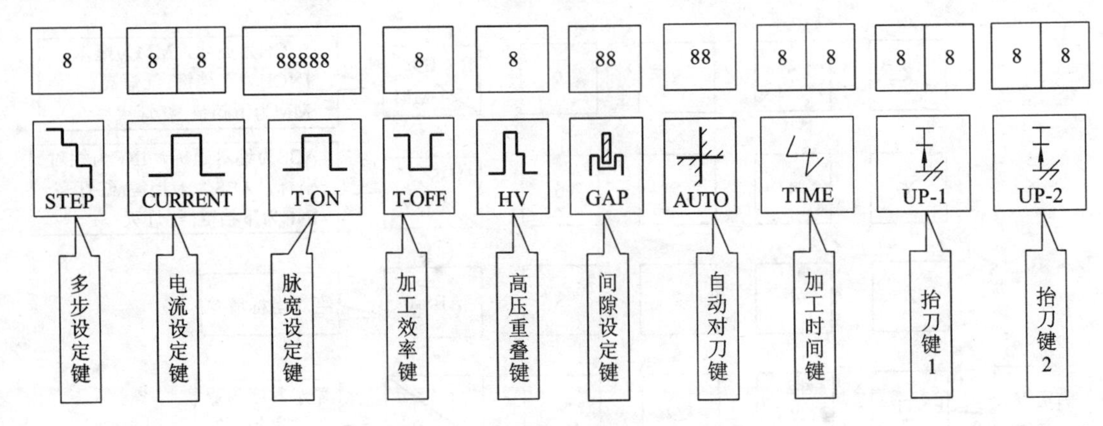


图 5-12 电器控制柜面板的电规准设置区

电器控制柜的电表显示区及各按键功能如图 5-13 所示。

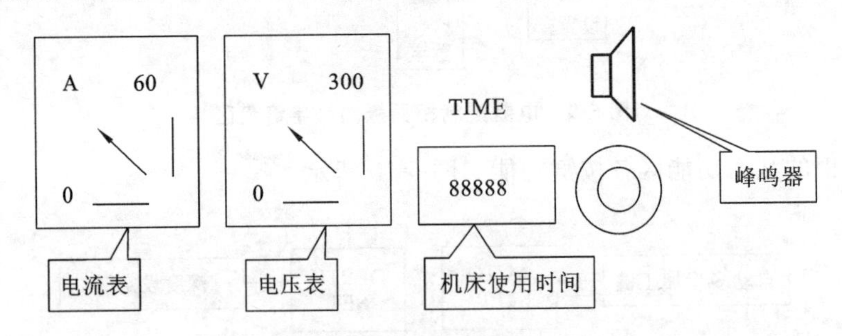


图 5-13 电器控制柜面板的电表显示区

电器控制柜的紧急停止区及各按键功能如图 5-14 所示。

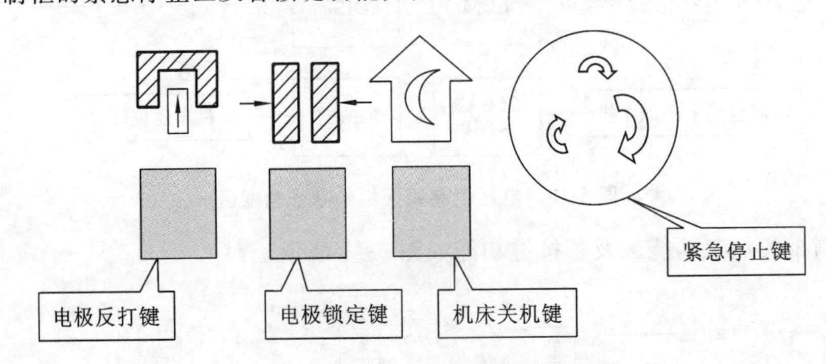


图 5-14 电器控制柜面板的紧急停止区

**2. 线切割机床的手动操作**

数控线切割机床的人-机交互界面多配置有手动操作功能页面，可以利用手控盒或键盘上有关功能键完成加工前的回机械原点、轴移动、坐标设定、回参考点、感知、找中心、找角等基本操作，以方便地进行加工前的工艺准备工作。手动操作步骤为：

(1) 开机。

(2) 接通机床与数控系统电源。

(3) 使机床坐标轴回到机械坐标系的原点。

(4) 进行坐标系的选择，以方便对工件进行多方位加工。

(5) 使某一个或某几个坐标轴按选定的点动速度移动。

(6) 使某一个或某几个坐标轴根据输入坐标数值移动到给定点处。

(7) 将当前坐标点设置为当前坐标系的零点或者任意值。

(8) 使某一个或某几个坐标轴回到当前坐标系的零点。

(9) 让电极和工件接触,以便定位。

(10) 自动确定工件在 $X$ 向或 $Y$ 向上的中心。

(11) 自动测定工件拐角。

(12) 关断机床及数控系统电源。

**3. 加工准备**

1) 上丝与穿丝操作

快走丝线切割机床的上丝操作:上丝的过程是将电极丝从丝盘绕到快走丝线切割机床储丝筒上的过程,如图 5-15 所示。

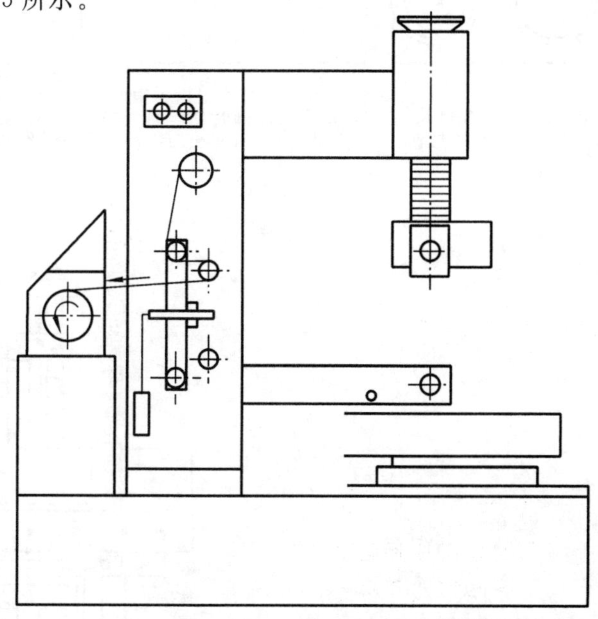

图 5-15 快走丝线切割机床的上丝示意图

具体操作步骤为:

① 启动储丝筒运转开关 SB2(如图 5-16 所示),把储丝筒移动至右端极限位置。

② 把钼丝盘装到上丝盘上,接通上丝电动机电源,将钼丝顺次绕过张紧机构上面的两个辅助导轮,压紧在储丝筒的左端,如图 5-17 所示。

③ 打开上丝电动机起停开关,此时钼丝被张紧,按电极丝直径调整上丝电动机电压调节按钮,调整张力。

④ 此时撞块压下右边的行程限位开关(如图 5-18 所示),启动储丝筒运转开关 SB2,储丝筒向左移动,把电极丝上到储丝筒上,当储丝筒移动到左端极限位置前一段距离时,及时按储丝筒停止开关,停住储丝筒。

⑤剪断电极丝,把丝头压紧在储丝筒右端,并取下钼丝盘。

⑥调节储丝筒下面的两个换向开关,保证储丝筒轴向行走的行程在丝长范围内,以防因惯性而拉断钼丝。绕丝时,钼丝应尽量置于储丝筒的中间部位,并注意不能出现叠丝现象。

快走丝线切割机床的穿丝操作:

① 拆下储丝筒旁和上丝架上方的防护罩。

② 张紧机构锁紧在右端位置(不起张紧作用)。

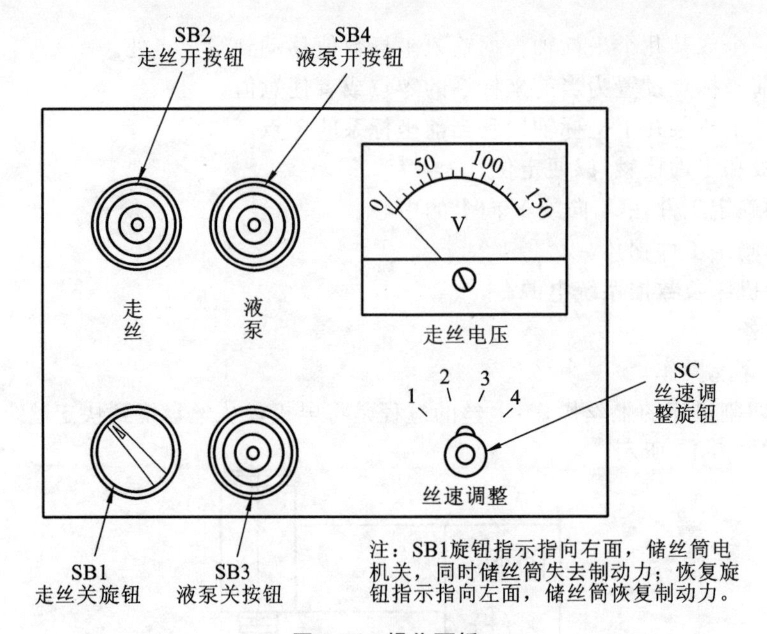


图 5-16　操作面板

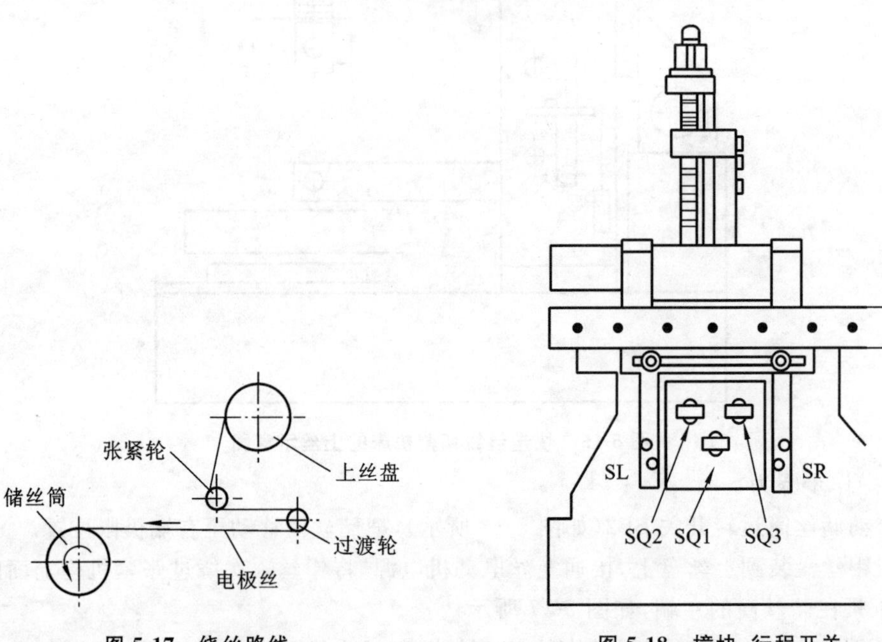


图 5-17　绕丝路线　　图 5-18　撞块、行程开关

③ 将套筒扳手套在储丝筒的转轴上，转动储丝筒，使储丝筒上的钼丝重新绕排至右侧压丝的螺钉处，用十字螺丝刀旋松储丝筒上的十字螺钉，拆下钼丝，如图 5-19 所示。

④ 将钼丝从下丝架处的挡块穿过，到下导轮的 V 形槽，再穿过工件上的穿丝孔，到上导轮的 V 形槽，到上丝架的导向轮，最后绕到储丝筒上的十字螺钉，用十字螺丝刀旋紧，图 5-20 所示。

⑤ 旋松右挡块的螺母，用套筒扳手旋转储丝筒，将钼丝反绕一段后，再旋紧右挡块螺母使右挡块压到右侧的限位开关，确保运丝电动机工作时带动储丝筒反转。左侧挡块的调节也如此操作以确保储丝筒在左、右两个挡块之间反复正反转。

⑥ 手动钼丝，观察钼丝的张紧程度。特别是钼丝在切割工件后，钼丝会松，必须进行张紧。钼丝张紧调节可使用张紧轮，将钼丝收紧；也有在机床丝架立柱处悬挂配重的。

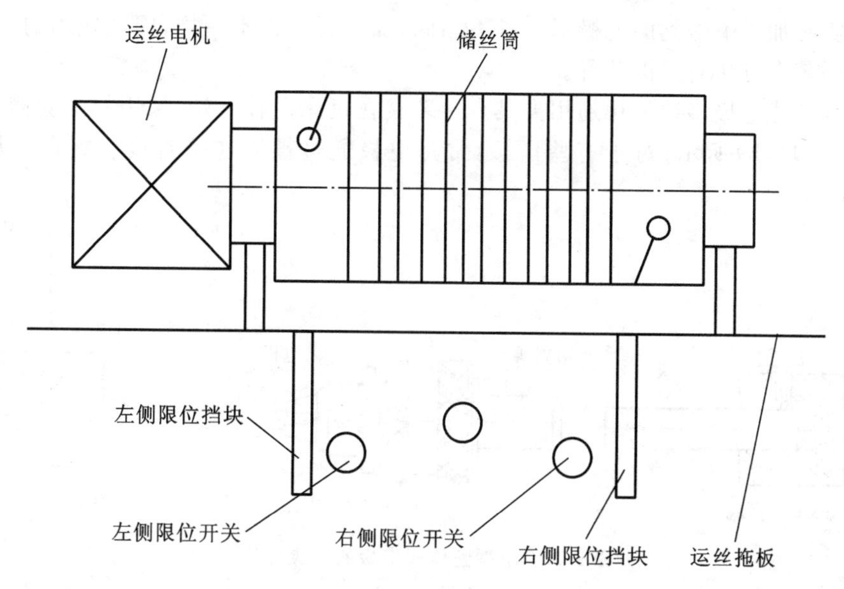


图 5-19 运丝机构

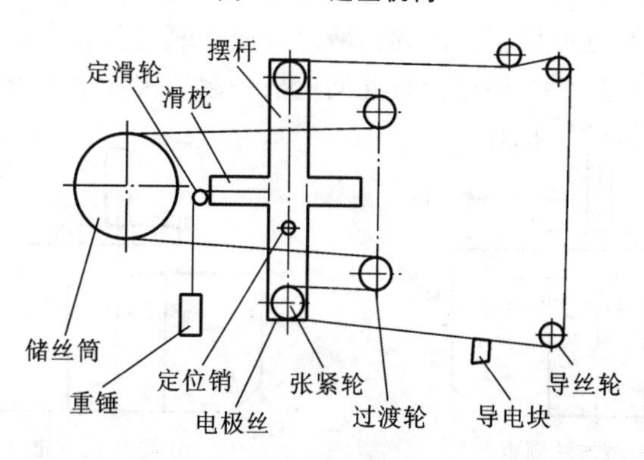


图 5-20 穿丝路线

⑦ 装上储丝筒旁和上丝架上方的防护罩，穿丝完毕。

⑧ 按下电器控制柜上的绿色按钮，再按“ENTER”键，机床重新上电，工作台将由步进电动机驱动。

⑨ 机床在主菜单界面下，按 F3(测试)键，进入测试过程，此时运丝电动机启动，钼丝往复运行，观察穿丝是否正常。

2) 定位电极的装夹与校正

电极的装夹方式有自动装夹和手动装夹两种方式，见表 5-3。

表 5-3 电极的装夹方式

| 装夹方式 | 说明 | 应用特点 |
|---|---|---|
| 自动装夹 | 电极的自动装夹是先进数控电火花加工机床的一项自动功能。它是通过机床的电极自动交换装置(ATC)和配套使用电极专用夹具来完成电极换装的。所有电极由机械手按预定的指令程序自动更换，加工前只需将电极装入 ATC 刀架，加工中即可实现自动换装 | 减少了加工等待工时，使整个加工周期缩短，但配件的价格昂贵 |
| 手动装夹 | 电极的手动装夹是指使用通用的电极夹具，由人工完成电极装夹的操作 | 装夹校正时间长，但大多企业仍采用 |

由于在实际加工中碰到的电极形状各不相同，加工要求也不一样，因此使用的电极夹具也不相同。常用装夹方法有下面几种。

小型的整体式电极多数采用通用夹具直接装夹在机床主轴下端，采用标准套筒、钻夹头装夹，如图 5-21(a)、(b)所示；对于有些电极，常将电极通过螺纹连接直接装夹在夹具上，如图 5-21(c)所示。

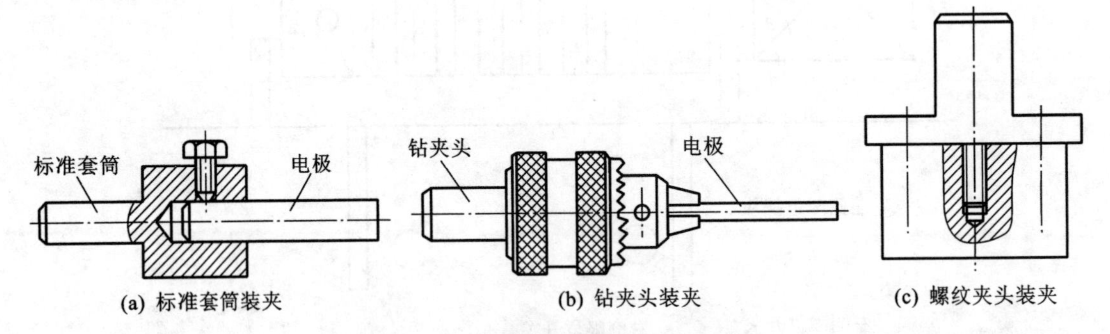


图 5-21　小型整体式电极的装夹方法

镶拼式电极的装夹比较复杂，一般先用连接板将几块电极拼接成所需的整体，然后再用机械固定，如图 5-22(a)所示；也可用聚氯乙烯醋酸溶液或环氧树脂黏合，如图 5-22(b)所示。在拼接中各结合面需平整密合，然后再将连接板连同电极一起装夹在电极柄上。

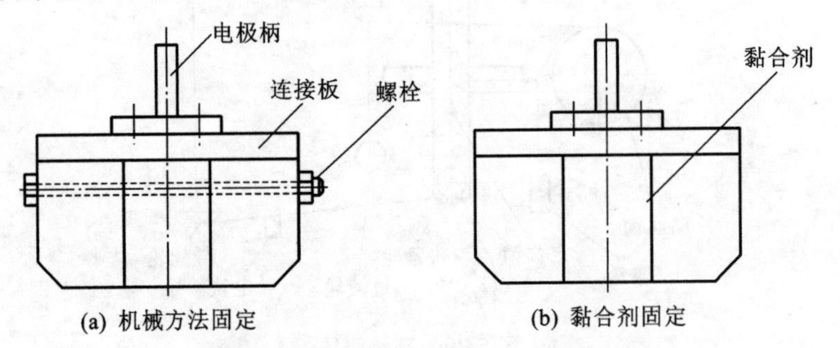


图 5-22　镶拼式电极的装夹方法

电极装夹好后，必须进行校正才能用于加工。不仅要调节电极与工件基准面垂直，而且需在水平面内调节、转动一个角度，使工具电极的截面形状与将要加工的工件型孔或型腔定位的位置一致。电极的校正主要靠调节电极夹头的相应螺钉，如图 5-23 所示。

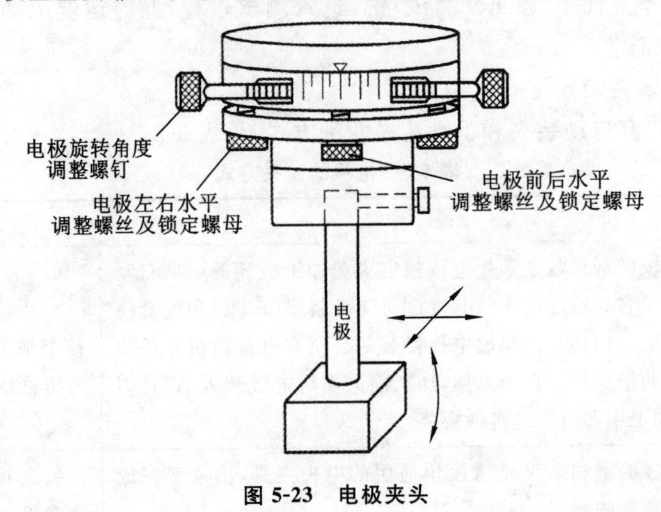


图 5-23　电极夹头

电极的校正方式有自然校正和人工校正两种方式。自然校正是指利用快速装夹定位系统(EROWA、3R)来保证电极与机床的正确位置关系的一种方式;人工校正一般以工作台面的 $X$、$Y$ 水平方向为基准,用百分表、千分表、量规或角尺在电极横、纵两个方向做垂直校正或水平校正,以及电极工艺基准与机床 $X$、$Y$ 轴平行度的校正。为了提高效率,近年来,很多电火花线切割机床采用高精度的定位夹具系统以实现电极的快速装夹与校正。但是,当电极外形不规范、无直壁等情况下就需要辅助基准。一般常用的电极校正方法见表 5-4。

**表 5-4 常用的电极校正方法**

| 校正方法 | 图示 | 说明 |
| --- | --- | --- |
| 侧面校正 | | 当电极侧面直壁面较高时,可将千分表或百分表顶压在电极的两个垂直侧壁基准面上,校正 $X$、$Y$ 方向的垂直度 |
| 固定板基准校正 | | 在制造电极时,电极轴线必须与电极固定板基准面垂直,校正时用百分表保证固定板基准面与工作台面平行 |
| 对中显微镜校正 | | 将电极夹紧后,把对中显微镜放在工作台面上,物镜对准电极,按规定距离从显微镜观察电极影像,调整校正板架上的螺钉,使电极影像分别与板上十字线的竖线重合,即说明电极获得校正 |
| 重复精度要求的校正 | | 采用分解电极技术或多电极加工同一型腔时,要求电极的装夹有一定的重复精度,否则重合不上,造成废品。如采用燕尾槽式夹头和定位销的两类封装夹具 |

提示:在对电极的水平与垂直校正之后,往往在最后紧固时使电极发生错位、移动,造成加工时产生废品。因此,紧固后还要复核校正、检查几次,甚至在加工开始之后,还需停机检查一下是否装夹牢固、校正无误。

电极相对于工件定位是指将已安装校正好的电极对准工件上的加工位置,以保证加工的孔或型腔在工件上的位置精度。建立电极相对于工件定位,一般利用坐标工作台纵、横坐标方向的移动和电极与工件基准之间的角向转动来实现。角向转动多由设在机床主轴头上的角度调节装置完成。确定电极与工件初始坐标位置的方法见表 5-5。

表 5-5　确定电极与工件初始坐标位置的方法

| 对正方法 | 图示 | 说明 |
| --- | --- | --- |
| 千分表比较法 | 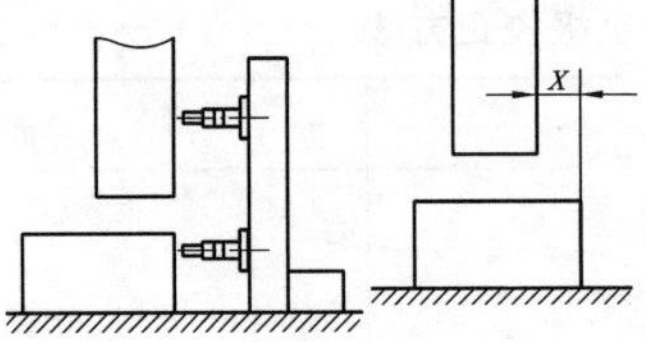 X | 将两只千分表装在表架上，利用角尺将其同时校零后，使下面的千分表靠上工件侧面至其指示为“0”，表明电极与工件侧面处于同一垂直平面。根据电极和工件的相对位置要求，移动工作台实现对正，适用于工件和电极都有垂直基准面的加工 |
| 线对正法 | 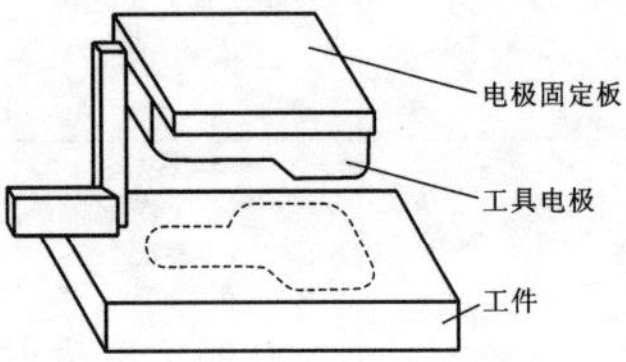 电极固定板<br>工具电极<br>工件 | 当电极端面或侧面为非平面且轮廓形状较为复杂时，可将型腔轮廓准确地画在工件表面上，利用直角尺靠在电极轮廓边缘各点上，不断移动工作台，使之与工件轮廓线各点对应，实现工件和电极的对正。此法简便易行，但因为靠目测，适用于对加工精度尺寸要求不高的型腔 |
| 导向法 | 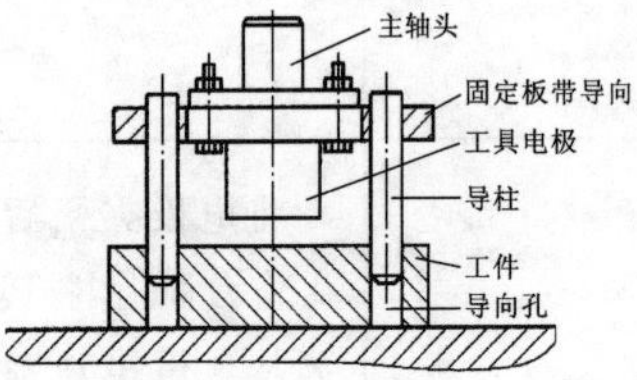 主轴头<br>固定板带导向<br>工具电极<br>导柱<br>工件<br>导向孔 | 将电极通过固定板固定在主轴头的基面上，固定板和工件上均有导向孔，用导柱将工件和固定板穿在一起，即可实现电极和工件的定位，再将工件固定，升起主轴，拔除导柱，便可加工。其加工精度取决于导柱孔和导柱的加工精度 |
| 定位板对正法 | 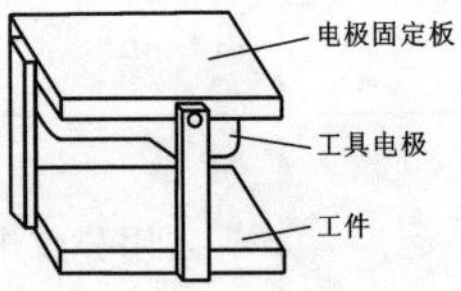 电极固定板<br>工具电极<br>工件 | 电极侧面为曲面时，在电极固定板上安装两块平直的定位板，工件上也加一对定位基准面，将定位基准面和相应定位板轻轻贴紧后用压板压紧工件，卸去定位板即可进行放电加工 |
| 定位盖对正法 | 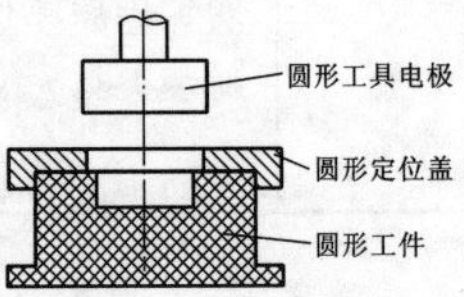 圆形工具电极<br>圆形定位盖<br>圆形工件 | 适合工件和电极外形均为圆形的情况下，制造一个定位盖，其内径与工件外径形成小间隙配合，盖中间加工一个内径与工具电极外径相配合的孔，保证电极顺利进入，达到工件和电极对正的目的。加工时卸去，将工件压装好即可 |

3）电极丝的垂直校正与定位

采用钼丝垂直校正器找正电极丝垂直时，其操作步骤为：

① 将钼丝垂直校正器放置在工作台上，如图 5-24 所示。

② 转动 X 轴方向手轮，移动工作台，将钼丝垂直校正器轻轻接触电极丝，观察钼丝垂直校

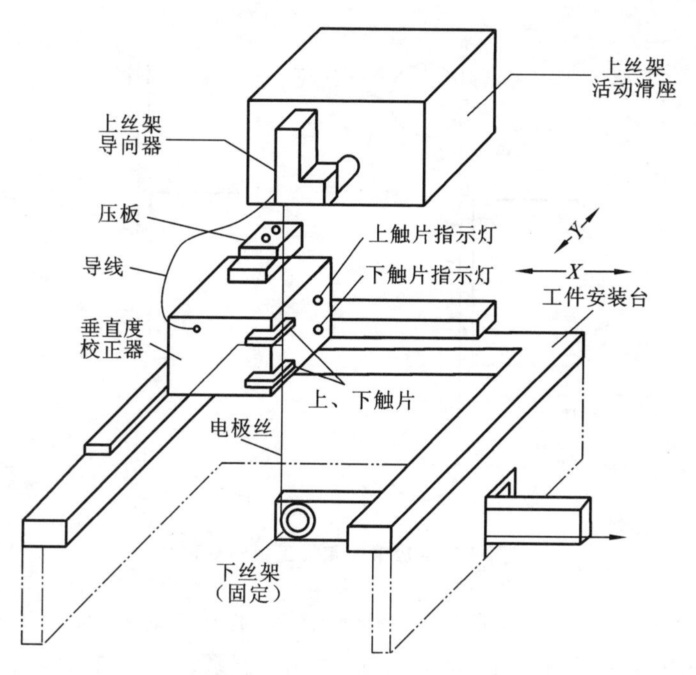


**图 5-24　钼丝垂直校正器的放置**

正器的两个指示灯，若上灯亮，说明电极丝与钼丝垂直校正器的上端先接触，旋转上丝架上的 $X$ 轴方向调节旋钮，使红灯灭。再慢慢转动手轮，将钼丝垂直校正器再与电极丝轻轻接触，直到钼丝垂直校正器上、下两个灯均亮，$X$ 轴方向电极丝垂直找正完毕。

③ $Y$ 轴方向的电极丝垂直找正方法与 $X$ 轴方向的相同。

采用放电火花找正电极丝垂直时，其操作步骤为：

① 转动机床电器控制柜的电源总开关，按下开机按钮，启动机床控制系统。

② 机床显示器上出现“WELCOME TO BACK”欢迎画面，按任意键后进入主菜单界面。

③ 按下“机床电器”(绿色)按钮后，再按回车键(ENTER)，机床准备工作完成。若按了“急停”按钮，则“机床电器”按钮将失去作用，机床也无法正常使用。必须先解除“急停”，再按“机床电器”按钮，才能完成机床准备工作。

④ 在机床的主菜单界面下，按 F3(测试)键进入“测试”子菜单。

⑤ 在“测试”子菜单中，按 F1(开泵)键，打开冷却液泵，按 F3(高运丝)键，储丝筒高速旋转，电极丝往复运行。

⑥ 在“测试”子菜单中，按 F7(电源)键进入“电源”子菜单，同时，装在 $X$ 轴和 $Y$ 轴手轮上的步进电动机失电，操作者可以以转动手轮的手动方式移动工作台。注意：在正常的线切割加工中，工作台的移动是靠步进电动机驱动的，手轮无法转动。

⑦ 在“电源”子菜单中，按 F7(测试)键，手动转动 $X$ 轴方向的手轮，使电极丝轻触工件，观察放电火花，应使放电火花在工件的 $X$ 轴方向的端面上均匀。不均匀时，可调节上丝架上的 $X$ 轴方向调节旋钮，如图 5-25 所示。

⑧ 再次转动 $Y$ 轴方向手轮，移动工作台，使电极丝沿 $Y$ 轴方向轻触工件，观察放电火花。应使放电火花在工件 $Y$ 轴方向的端面上均匀。不均匀时，可调节上丝架上的 $Y$ 轴方向调节旋钮。$X$ 轴方向和 $Y$ 轴方向调节完毕后，按 F8 键返回“电源”子菜单。再次按 F8 键，返回“测试”子菜单。

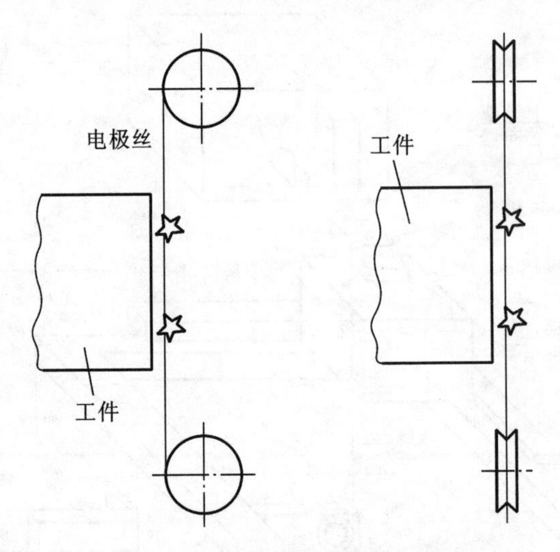


图 5-25 放电火花找正钼丝垂直

⑨ 在“测试”子菜单中，按 F2(关泵)键关闭冷却液，再按 F5 键关闭运丝电动机，之后按 F8(退出)键返回机床主菜单界面。再按关机按钮，关闭控制系统，再旋转总电源开关，关闭机床。

对加工要求较低的工件，可直接利用工件上的有关基准线或基准面，沿某一轴向移动工作台，借助于目测或 2～8 倍的放大镜，在确认电极丝与工件基准面接触或使电极丝中心与基准线重合后，记下电极丝中心的坐标值，再以此为依据推算出电极丝中心与加工起点之间的相对距离，将电极丝移动到加工起点上，如图 5-26 所示。

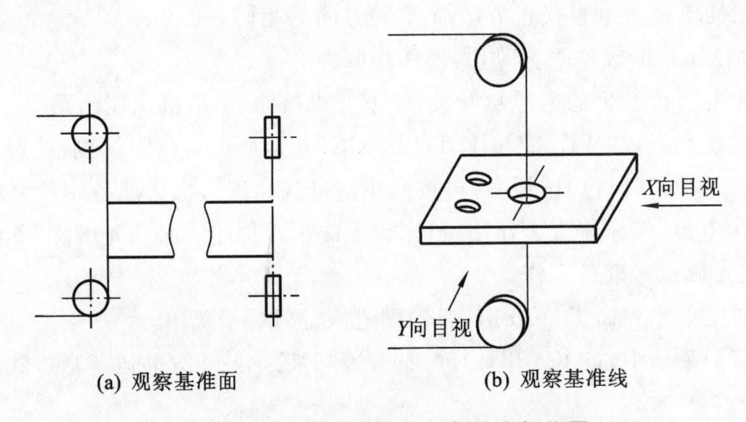


(a) 观察基准面　　(b) 观察基准线

图 5-26 目视法调整电极丝初始坐标位置

很多情况下采用火花法，即利用电极丝与工件在一定间隙下发生火花放电来确定电极丝的坐标位置，操作方法与对电极丝进行垂直度校正基本相同。调整时，移动工作台，使电极丝逐渐逼近工件的基准面，待出现微弱火花的瞬间，记下电极丝中心的坐标值，再利用电极丝半径值和放电间隙来推算电极丝中心与加工起点之间的相对距离，最后将电极丝移动到加工起点。

此法简便、易行，但因电极丝靠近基准面开始产生脉冲放电的距离往往并非正常切割时的放电间隙，且电极丝运转时易抖动，从而会出现误差；同时，火花放电会使工件的基准面受到损伤。

有时也采用接触感知法。利用机床的接触感知功能来进行电极丝定位最为方便，如图 5-27 所示。

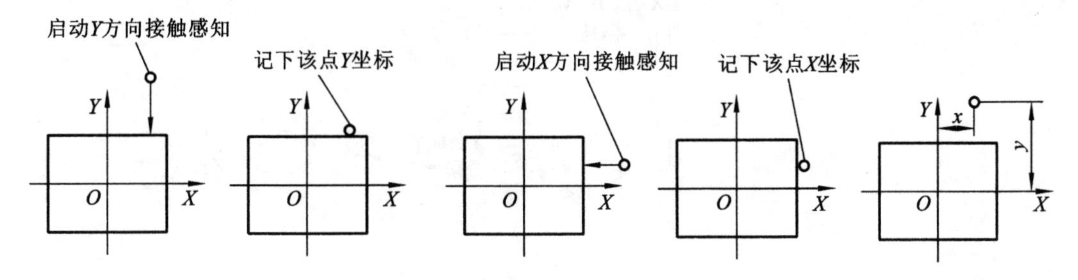


图 5-27 接触感知法

首先启动 X(或 Y)方向接触感知,使电极丝朝工件基准面运动并感知到基准面,记下该点坐标,据此算出加工起点的 X(或 Y)坐标;再用同样的方法得到加工起点的 Y(或 X)坐标,最后将电极丝移动到加工起点。

基于接触感知,还可以实现自动找中心功能,即让工件孔中的电极丝自动校正后停止在孔中心处实现定位。具体方法为:横向移动工作台,使电极丝与一侧孔壁相接触,记下坐标值 $X_1$,反向移动工作台至孔壁另一侧,记下相应坐标值 $X_2$;同理,也可以得到 $Y_1$ 和 $Y_2$,则基准孔中心的坐标位置为$[(|X_1|+|X_2|)/2,(|Y_1|+|Y_2|)/2]$,将电极丝中心移至该位置即可定位,如图5-28所示。

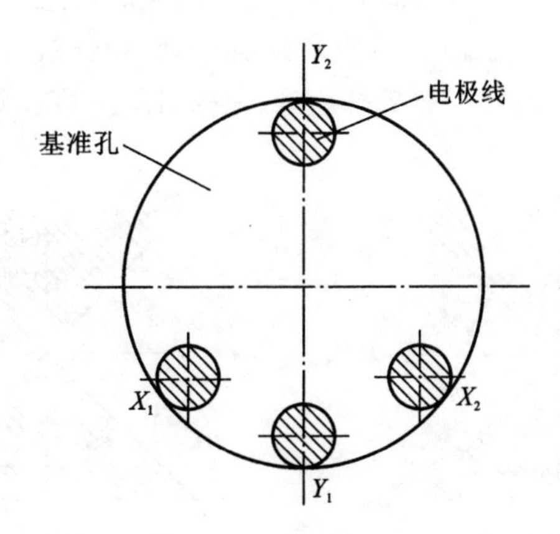


图 5-28 自动找中心

## 5.2 数控线切割编程

数控线切割程序编制的方法有手工编程和自动编程(本书只介绍手工编程方法)。我国数控线切割机床常用的手工编程的程序格式为 3B、4B 和 ISO 等。

### 5.2.1 3B 格式程序编制

#### 1. 程序格式与编程方法

3B 代码编程格式是数控线切割机床上最常用的程序格式,在该程序格式中无间隙补偿,但可通过机床的数控装置或一些自动编程软件,自动实现间隙补偿,具体格式为:

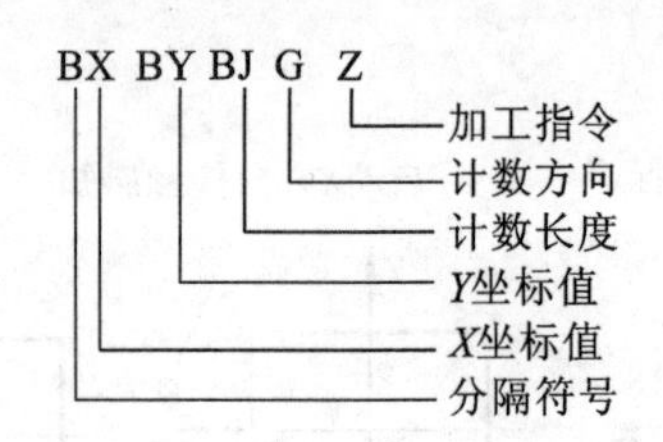

:有的系统要求在整个程序的最后有停机符“MJ”,表示程序结束(加工完毕)。

1) 坐标系与坐标 $X$、$Y$ 值的确定

平面坐标系规定面对机床操作台,工作台平面为坐标系平面,左右方向为 $X$ 轴,且右方向为正;前后方向为 $Y$ 轴,前方为正。编程时,采用相对坐标系,即坐标系的原点随程序段的不同而变化。加工直线时,以该直线的起点为坐标系的原点,$X$、$Y$ 值取该直线终点的坐标值;加工圆弧时,以该圆弧的圆心为坐标系的原点,$X$、$Y$ 值取该圆弧起点的坐标值,单位为 $\mu$m。坐标值的负号不写。对于与坐标轴重合的线段,在其程序中 $X$ 和 $Y$ 值均不必写出。

2) 计数方向 $G$ 的确定

不管是加工直线还是加工圆弧,计数方向均按终点的位置来确定。加工直线时,终点靠近哪个轴,则计数方向取该轴,加工与坐标轴成 45°角的线段时,计数方向取 $X$、$Y$ 轴均可,记作 GX 或 GY,如图 5-29(a)所示;加工圆弧时,终点靠近哪个轴,则计数方向取另一轴,加工圆弧的终点与坐标轴成 45°角时,计数方向取 $X$、$Y$ 轴均可,记作 GX 或 GY,如图 5-29(b)所示。

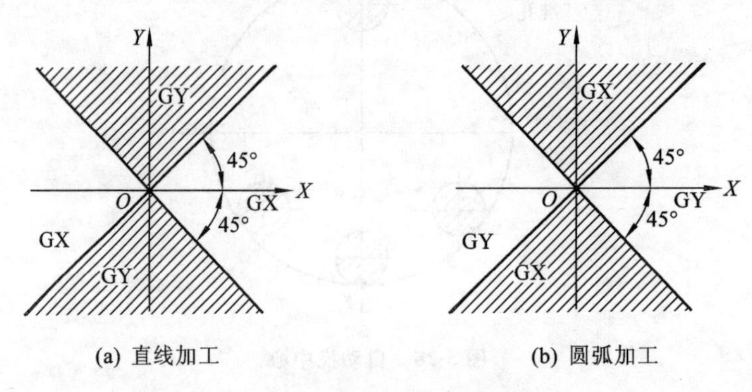


(a) 直线加工　　(b) 圆弧加工

**图 5-29　计数方向的确定**

3) 计数长度 $J$ 的确定

计数长度是在计数方向的基础上确定的。计数长度是被加工的直线或圆弧在计数方向坐标轴上投影的绝对值总和,其单位为 $\mu$m。

4) 加工指令 $Z$ 的确定

加工直线时有 4 种加工指令:L1、L2、L3、L4。如图 5-30(a)所示,当直线在第一象限(包括 $X$ 轴,不包括 $Y$ 轴)时,加工指令记作 L1;当直线在第二象限(包括 $Y$ 轴,不包括 $X$ 轴)时,记作 L2;L3、L4 依此类推。

加工顺时针圆弧时有 4 种加工指令:SR1、SR2、SR3、SR4。如图 5-30(b)所示,当圆弧的起点在第一象限(包括 $Y$ 轴,不包括 $X$ 轴)时,加工指令记作 SR1;当起点在第二象限(包括 $X$ 轴,不包括 $Y$ 轴)时,加工指令记作 SR2;SR3、SR4 依此类推。

加工逆时针圆弧时有 4 种加工指令:NR1、NR2、NR3、NR4。如图 5-30(b)所示,当圆弧的

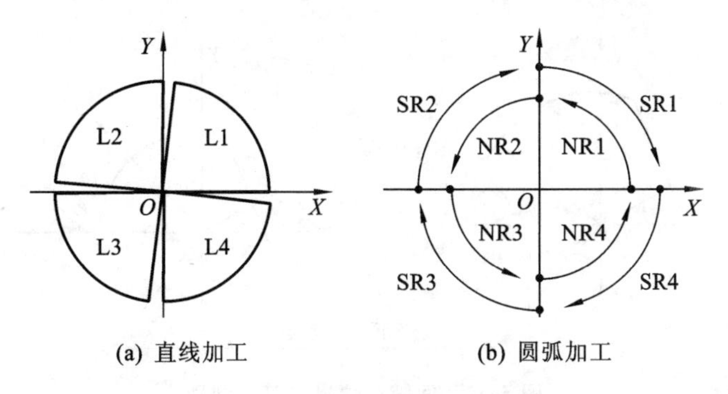


(a) 直线加工　　(b) 圆弧加工

图 5-30　加工指令的确定范围

起点在第一象限(包括 $X$ 轴,不包括 $Y$ 轴)时,加工指令记作 NR1;当起点在第二象限(包括 $Y$ 轴,不包括 $X$ 轴)时,加工指令记作 NR2;NR3、NR4 依此类推。

**2. 间隙补偿**

电极丝直径与放电间隙如图 5-31(a)所示。

线切割数控机床在实际加工中是通过控制电极丝的中心轨迹来加工的,图 5-31(b)、(c)所示的电极丝中心运动轨迹用虚线表示。在数控线切割机床上,电极丝的中心轨迹和图样上工件轮廓之间差别的补偿称为间隙补偿,间隙补偿分编程补偿和自动补偿两种形式。

1）编程补偿法

加工凸模类工件时,电极丝中心运动轨迹应在所加工图形的外面,如图 5-31(b)所示;加工凹模类工件时,电极丝中心运动轨迹应在所加工图形的里面,如图 5-31(c)示。所加工工件图形与电极丝中心运动轨迹间的距离,在圆弧的半径方向和线段垂直方向都等于间隙补偿量 $f$。

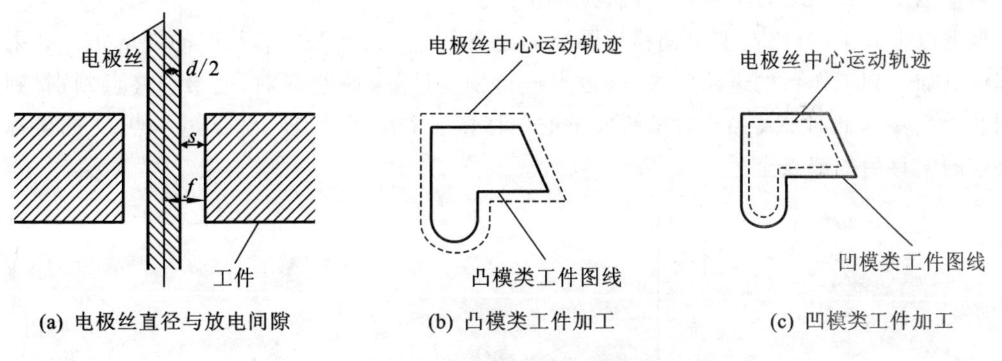


(a) 电极丝直径与放电间隙　　(b) 凸模类工件加工　　(c) 凹模类工件加工

图 5-31　电极丝中心运动轨迹

确定间隙补偿量正负的方法如图 5-32 所示。间隙补偿量的正负可根据在电极丝中心运动轨迹图形中圆弧半径及直线段法线长度的变化情况来确定。对圆弧,用于修正圆弧半径 $r$;对直线段,用于修正其法线长度 $P$。对于圆弧,当考虑电极丝中心运动轨迹后,其圆弧半径比原图形半径增大时,取 $+f$;减小时,则取 $-f$。

2）自动补偿法

加工前,将间隙补偿量 $f$ 输入到机床的数控装置。编程时,按图样的名义尺寸编制线切割程序,间隙补偿量 $f$ 不在程序段尺寸中,图形上所有非光滑连接处应加过渡圆弧修饰,使图形中不出现尖角,过渡圆弧的半径必须大于补偿量,以保证在加工时,数控装置能自动将过渡圆弧处增大或减小一个 $f$ 的距离实行补偿,而直线段保持不变。

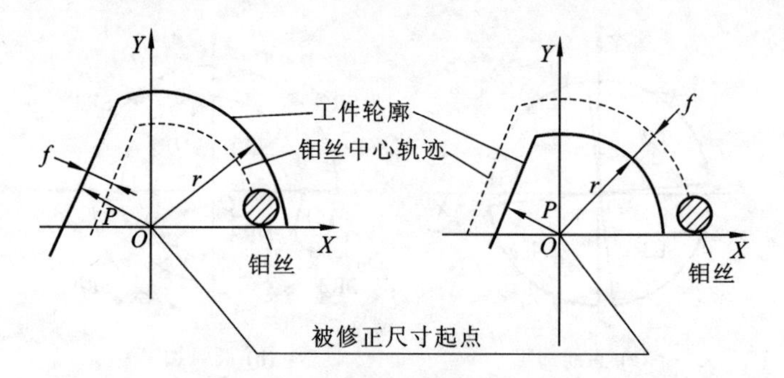


图 5-32　间隙补偿量的符号判别

## 5.2.2　4B 格式程序编制

为减少线切割加工编程工作量，目前已广泛应用带有间隙补偿功能的数控系统，这种数控系统根据工件图形的基本尺寸编制程序，能使电极丝相对于编程的图形自动向内或向外偏移一个补偿距离来完成切割加工。只要编制一个程序，便可加工出有配合关系的两个零件。

**1. 间隙补偿原理**

数控装置自动将圆弧半径增大或减小 $\Delta R$ 的插补运算称为偏移运算。下面以向外偏移为例，说明间隙补偿原理。

图 5-33 所示工件轮廓为圆弧 $DE$，其半径为 $R$。在加工时要使圆弧 $DE$ 向外偏移一补偿值 $\Delta R$，电极丝中心运动轨迹为圆弧 $D'E'$。根据几何关系可得：

$$\Delta X/X_o = DD'/OD = \Delta R/R，\Delta Y/Y_o = \Delta R/R，\Delta J/J_o = \Delta R/R$$

式中增量 $\Delta X = X_e - X_o$，$\Delta Y = Y_e - Y_o$，$\Delta J = J_e - J_o$。

根据以上式子，可逐点求出偏移后圆弧的起点坐标 $X_e$、$Y_e$ 和投影长度的增量 $J_j$。如果从 $D$ 点起逐点加入到工作台的进给中去，并逐点进行偏差计算、偏差判别、进给和终点判别，到终点 $D'$ 时偏差为零。此时 $\Delta X$、$\Delta Y$ 就是所要求的偏移量 $\Delta R$ 在 $X$、$Y$ 轴上的增量，点 $D'$ 的坐标值就是要求的偏移后的起点坐标。

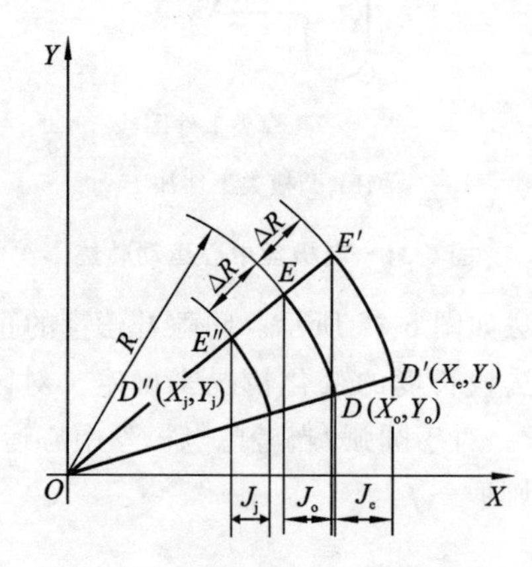


图 5-33　间隙自动补偿偏移原理

**2. 间隙补偿切割加工程序格式**

4B 的间隙补偿切割加工的程序格式比 3B 的多一个圆弧半径 $R$（数值码）和图形曲线形式的信息符号，需增加一个分隔符号，其程序格式为：

BX　BY　BJ　BR　G　D(DD)　Z

R值为所要加工的圆弧半径，对于加工图形的尖角，一般取$R=0.1$ mm的过渡圆弧编程。D代表凸圆弧，DD代表凹圆弧。半径增大时为正补偿，减少时为负补偿。数控装置接收补偿信息后，能自动区别是正补偿偏移还是负补偿偏移。

## 5.2.3 ISO指令程序编制

### 1. ISO指令

数控线切割机床常用的ISO指令见表5-6。

表5-6 数控线切割机床常用的ISO指令

| 指令 | 功用 | 指令 | 功用 |
|---|---|---|---|
| G00 | 快速定位 | G55 | 加工坐标系2 |
| G01 | 直线插补 | G56 | 加工坐标系3 |
| G02 | 顺圆插补 | G57 | 加工坐标系4 |
| G03 | 逆圆插补 | G58 | 加工坐标系5 |
| G05 | *X*轴镜像 | G59 | 加工坐标系6 |
| G06 | *Y*轴镜像 | G80 | 接触感知 |
| G07 | *X*、*Y*轴交换 | G82 | 半程移动 |
| G08 | *X*、*Y*轴镜像 | G84 | 微弱放电校正电极丝 |
| G09 | *X*轴镜像，*X*、*Y*轴交换 | G90 | 绝对尺寸 |
| G10 | *Y*轴镜像，*X*、*Y*轴交换 | G91 | 增量尺寸 |
| G11 | *X*、*Y*轴镜像，*X*、*Y*轴交换 | G92 | 定起点坐标 |
| G12 | 消除镜像 | M00 | 程序暂停 |
| G40 | 取消半径补偿 | M02 | 程序结束 |
| G41 | 左偏半径补偿 | M05 | 接触感知解除 |
| G42 | 右偏半径补偿 | M96 | 主程序调用文件程序(子程序调用) |
| G50 | 消除锥度 | M97 | 主程序调用文件结束 |
| G51 | 锥度左偏 | W | 下导轮到工作台面的高度 |
| G52 | 锥度右偏 | H | 工件厚度 |
| G54 | 加工坐标系1 | S | 工作台面到上导轮的高度 |

### 2. ISO指令编程

1）快速定位指令G00

在机床不加工的情况下，G00指令可使指定的某轴以最快速度移动到指定位置。其编程格式为：

G00 X-Y-；

2）直线插补指令G01

该指令可使机床在各个坐标平面内加工任意斜率直线轮廓和用直线段逼近曲线轮廓。其编程格式为：

G01 X-Y-；

现阶段，可加工锥度的线切割数控机床具有*X*、*Y*坐标轴及*U*、*V*附加轴工作台，其编程格式为：

G01 X-Y-U-V-;

提示：① 线切割加工中的直线插补和圆弧插补程序中不要写进给速度指令。

② $U$、$Y$ 轴使电极丝工作部分与工作台平面保持一定的几何角度，由丝架拖板移动来实现，用于切割锥度。

③ 程序中尺寸字取值的单位为 $\mu$m，不用小数点。

3）圆弧插补指令 G02/G03

G02 为顺时针圆弧插补指令，G03 为逆时针圆弧插补指令。指令编程格式为：

G02 X-Y-I-J-;/G03 X-Y-I-J-;

X、Y 取值分别为圆弧终点坐标，I、J 取值分别为圆心相对圆弧起点在 $X$、$Y$ 方向的增量尺寸。

4）指令 G90、G91、G92

G90 为绝对尺寸指令，表示该程序中的编程尺寸是按绝对尺寸给定的，即移动指令终点坐标值 $X$、$Y$ 都是以工件坐标系原点（程序的零点）为基准来计算的。G91 为增量尺寸指令，该指令表示程序段中的编程尺寸是按增量尺寸给定的，即坐标值均以前一个坐标位置作为起点来计算下一点坐标位置值。3B、4B 程序格式均按此方法计算坐标点。G92 为定起点坐标指令，G92 指令中的坐标值为加工程序的起点坐标值。其编程格式为：

G92 X-Y-;

5）镜像及交换指令

在加工零件时，常遇到零件上的加工要素是对称的，此时可用镜像或交换指令进行加工。

G05——$X$ 轴镜像，函数关系式：$X=-X$。

G06——$Y$ 轴镜像，函数关系式：$Y=-Y$。

G07——$X$、$Y$ 轴交换，函数关系式：$X=Y$，$Y=X$。

G08——$X$ 轴镜像，$Y$ 轴镜像，函数关系式：$X=-X$，$Y=-Y$。即 G08＝G05＋G06。

G09——$X$ 轴镜像，$X$、$Y$ 轴交换，即 G09＝G05＋G07。

G10——$Y$ 轴镜像，$X$、$Y$ 轴交换，即 G10＝G06＋G07。

G11——$X$ 轴镜像，$Y$ 轴镜像，$X$、$Y$ 轴交换。即 G11＝G05＋G06＋G07。

G12——消除镜像。每个程序镜像结束后使用。

**6. 丝半径补偿指令**

G41 为左偏半径补偿指令，其编程格式为：

G41 D-;

G42 为右偏半径补偿指令，其编程格式为：

G42 D-;

D 表示半径补偿量。

提示：左偏、右偏是沿加工方向看，电极丝在加工图形左边为左偏，电极丝在右边为右偏，如图 5-34 所示。

7）锥度加工指令 G50、G51、G52

锥度加工都是通过装在导轮部位的 $U$、$V$ 附加轴工作台实现的。加工时，控制系统驱动 $U$、

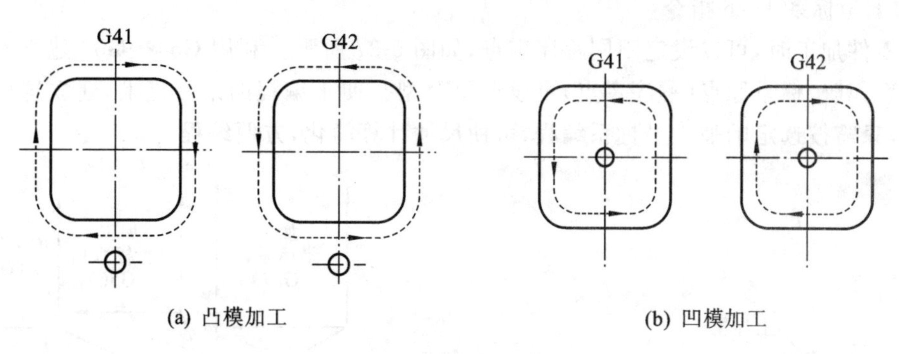

(a) 凸模加工　　(b) 凹模加工

**图 5-34　丝半径补偿指令**

*V* 附加轴工作台，使上导轮相对于 *X*、*Y* 坐标轴工作台移动，以获得所要求的锥角。

G51 为锥度左偏指令，即沿走丝方向看，电极丝向左偏离。顺时针加工，锥度左偏加工的工件为上大下小，如图 5-35(a)所示；逆时针加工，左偏时工件上小下大，如图 5-35(b)所示。锥度左偏指令的编程格式为：

G51 A-;

G52 为锥度右偏指令，用此指令顺时针加工，工件上小下大，如图 5-35(c)所示；逆时针加工，工件上大下小，如图 5-35(d)所示。锥度右偏指令的编程格式为：

G52 A-;

A 为锥度值，G50 为取消锥度指令。

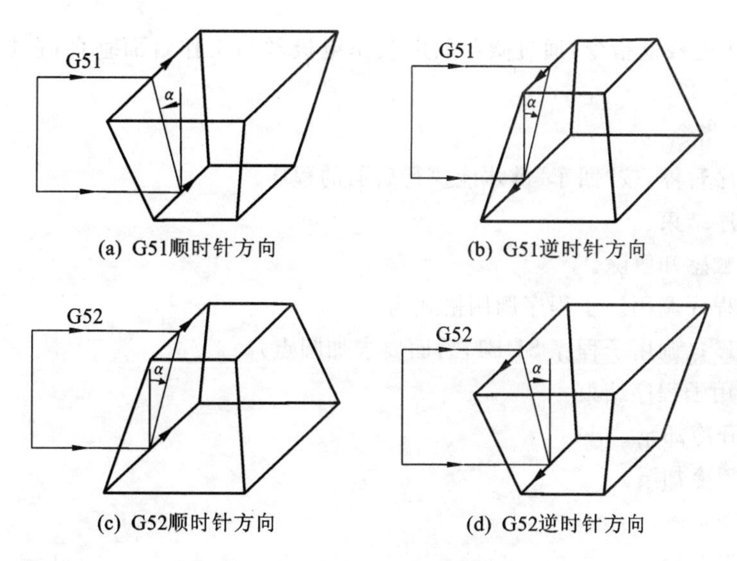

(a) G51顺时针方向　　(b) G51逆时针方向

(c) G52顺时针方向　　(d) G52逆时针方向

**图 5-35　锥度加工指令的意义**

进行锥度线切割加工时，必须首先输入 *S*(上导轮中心到工作台面的距离)、*W*(工作台面到下导轮中心的距离)、*H*(工件厚度)等参数。锥度加工中各参数的定义如图 5-36 所示。

建立锥度加工(G51 或 G52)和退出锥度加工(G50)程序段必须是 G01 直线插补程序段，分别在进刀线和退刀线中完成。锥度加工的建立是从建立锥度加工直线插补程序段的起始点开始偏摆电极丝，到该程序段的终点时电极丝偏摆到指定的锥度值。锥度加工的退出是从退出锥度加工直线插补程序段的起始点开始偏摆电极丝，到该程序段的终点时电极丝摆回 0°值(垂直状态)。

8) 加工坐标系 1～6 指令

多孔零件加工时，可以设定不同程序零点，如图 5-37 所示。利用 G54～G59 建立不同的加工坐标系后，其坐标系原点(程序零点)可设在每个型孔便于编程的某一点上，建立这样的加工坐标系后，只需按选定的加工坐标系编程，可使尺寸计算简化，方便编程。

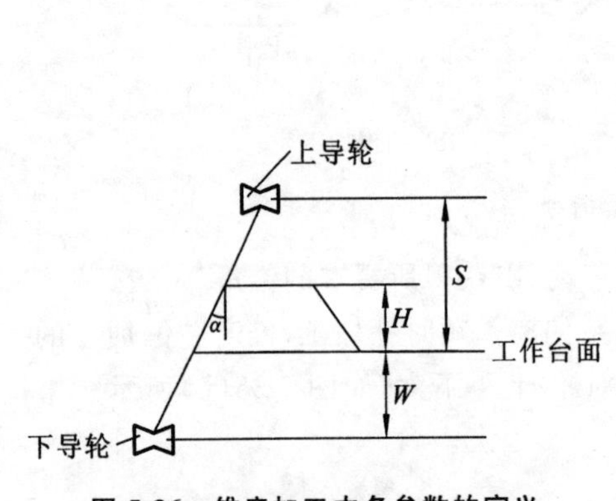


图 5-36　锥度加工中各参数的定义

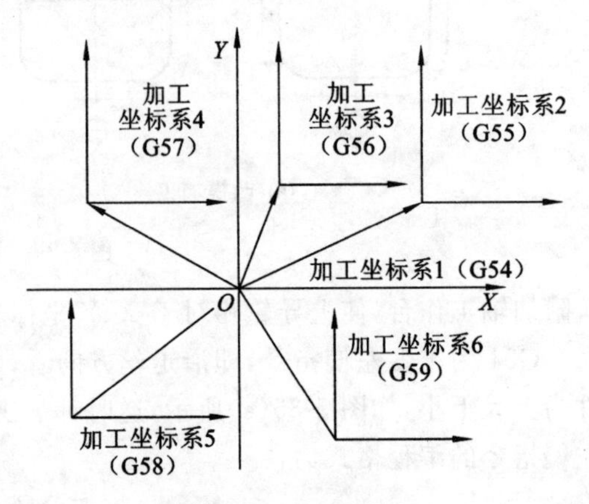


图 5-37　加工坐标系

9) 手动操作指令 G80、G82、G84

G80——接触感知指令，使电极丝从现行位置接触到工件，然后停止。

G82——半程移动指令，使加工位置沿着指定坐标轴返回一半距离，即当前坐标系中坐标值一半的位置。

G84——校正电极丝指令，通过微弱放电校正电极丝与工作台面垂直，在加工前一般要先进行校正。

10)辅助功能指令

M00——程序暂停，按“回车”键才能执行后面的程序。

M02——程序结束。

M05——接触感知解除。

M96——子程序调用。子程序调用格式为：

M96　SUB1.;(调用子程序 SUB1，后面要求加圆点)

M97——调用子程序结束。

T84——打开冷却泵。

T85——关闭冷却泵。

T86——启动走丝。

T87——关闭走丝。

# 5.3　数控线切割加工与编程实例

## 5.3.1　“8”字形凸、凹模零件加工与编程

“8”字形凸、凹模零件加工图样如图 5-38 所示。

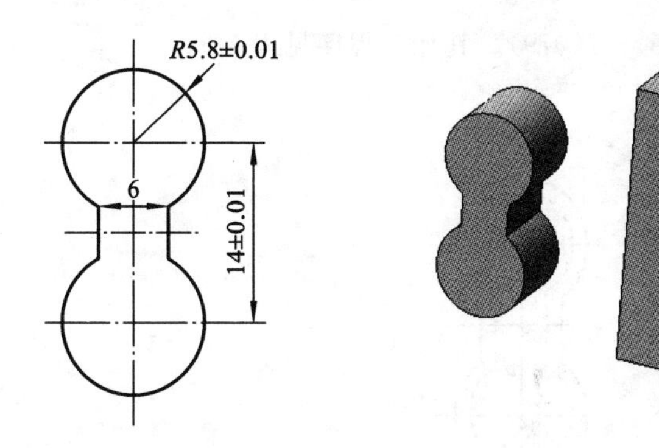


图 5-38 “8”字形凸、凹模零件加工图样

**1. 凸模加工编程**

“8”字形凸模加工中心轨迹与坐标如图 5-39 所示，其间隙补偿是 $f_{凸}=(0.065+0.01-0.01)$ mm $=0.065$ mm。圆心 $O_1$ 的坐标为(0,7)，计算虚线上圆线相交点 $a$ 的坐标为 $X_a=3+f_{凸}=3.065$ mm，$Y_a=7-\sqrt{(5.8+0.065)^2-X_a^2}=2$ mm。按对称性得其余各点坐标分别为：$O_2$(0,−7)，$b$(−3.065,2)，$c$(−3.065,−2)，$d$(3.065,−2)。加工时先用 L1 切进去 5 mm 至 $b$ 点，沿凸模按逆时针方向切割回 $b$ 点，再沿 L3 退回 5 mm，至起点，其加工程序见表 5-7。

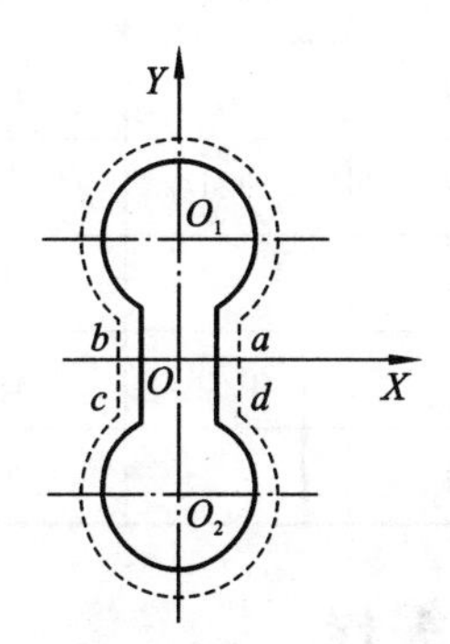


图 5-39 “8”字形凸模加工中心轨迹与坐标

表 5-7 “8”字形凸模加工程序(3B 格式)

| 序号 | B | X | B | Y | B | J | G | Z |
|---|---|---|---|---|---|---|---|---|
| 1 | B | | B | | B | 5000 | GX | L1 |
| 2 | B | | B | | B | 4000 | GX | L4 |
| 3 | B | 3065 | B | 5000 | B | 17330 | GX | NR2 |
| 4 | B | | B | | B | 4000 | GX | L2 |
| 5 | B | 3065 | B | 5000 | B | 17330 | GX | NR4 |
| 6 | B | | B | | B | 5000 | GX | L3 |
| 7 | D | | | | | | | |

2. 凹模加工编程

“8”字形凹模加工中心轨迹与坐标如图 5-40 所示，其间隙补偿是 $f_{凹}=0.065$ mm$+0.01$ mm $=0.075$ mm。圆心 $O_1$ 的坐标为(0,7)，虚线交点 $a$ 的坐标为 $X_a=3-f_{凹}=2.925$ mm，$Y_a=7-\sqrt{(5.8-0.075)^2-X_a^2}=2.079$ mm。按对称性得其余各点坐标分别为：$O_2$(0,−7)，$b$(−2.925,

2.079)，$c$(−2.925，−2.079)，$d$(2.925，−2.079)。其加工程序见表 5-8。

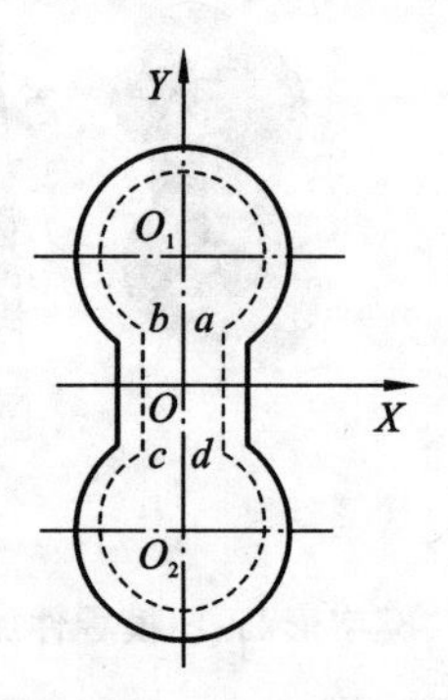


图 5-40 "8"字形凹模加工中心轨迹与坐标

表 5-8 "8"字形凹模加工程序(3B 格式)

| 序号 | B | X | B | Y | B | J | G | Z |
|---|---|---|---|---|---|---|---|---|
| 1 | B | 2925 | B | 2079 | B | 2925 | GX | L1 |
| 2 | B | 2925 | B | 4921 | B | 17050 | GX | NR4 |
| 3 | B |  | B |  | B | 4158 | GY | L4 |
| 4 | B | 2925 | B | 4921 | B | 17050 | GX | NR2 |
| 5 | B |  | B |  | B | 4158 | GY | L2 |
| 6 | B | 2925 | B | 2079 | B | 2925 | GX | L3 |
| 7 |  |  | D |  |  |  |  |  |

## 5.3.2 型孔工件加工与编程

型孔工件加工图样如图 5-41 所示。

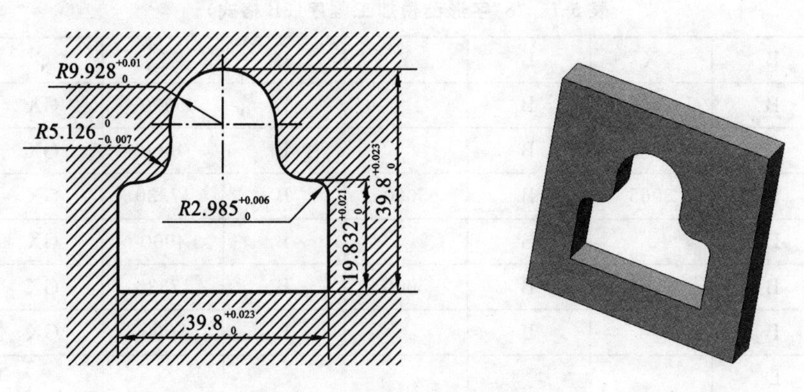


图 5-41 型孔工件加工图样

型孔工件切割时，电极丝直径为 0.12 mm，单边放电间隙为 0.01 mm。建立图 5-42 所示坐标系并计算出平均尺寸，补偿距离 $\Delta R$＝0.12/2 mm＋0.01 mm＝0.07 mm。型孔工件切割加工顺序为：$O \to H \to I \to J \to K \to L \to A \to B \to C \to D \to E \to F \to G \to H \to O$。加工程序见表 5-9。

表 5-9 型孔工件加工程序(4B 格式)

| 序号 | B | X | B | Y | B | J | B | R | G | D(DD) | Z | 备注 |
|---|---|---|---|---|---|---|---|---|---|---|---|---|
| 1 | B | | B | | B | 009933 | B | | GX | | L3 | |
| 2 | B | | B | | B | 004193 | B | | GY | | L4 | |
| 3 | B | 5123 | B | | B | 005123 | B | 005123 | GX | DD | SR4 | |
| 4 | B | | B | | B | 001862 | B | | GX | | L3 | |
| 5 | B | | B | 2988 | B | 002988 | B | 002988 | GY | D | NR2 | |
| 6 | B | | B | | B | 016755 | B | | GY | | L4 | |
| 7 | B | 100 | B | | B | 000100 | B | 000100 | GX | D | NR3 | 过渡圆弧 |
| 8 | B | | B | | B | 039612 | B | | GX | | L1 | |
| 9 | B | | B | 100 | B | 000100 | B | 000100 | GY | D | NR4 | 过渡圆弧 |
| 10 | B | | B | | B | 016755 | B | | GY | | L2 | |
| 11 | B | 2988 | B | | B | 002988 | B | 002988 | GX | D | NR1 | |
| 12 | B | | B | | B | 001862 | B | | GX | | L3 | |
| 13 | B | | B | 5123 | B | 005123 | B | 005123 | GY | DD | NR3 | |
| 14 | B | | B | | B | 004913 | B | | GY | | L2 | |
| 15 | B | 9933 | B | | B | 019866 | B | 009933 | GY | D | NR1 | |
| 16 | B | | B | | B | 009933 | B | | GX | | L1 | 引出 |
| 17 | | | | | | | | | | | D | 停机 |

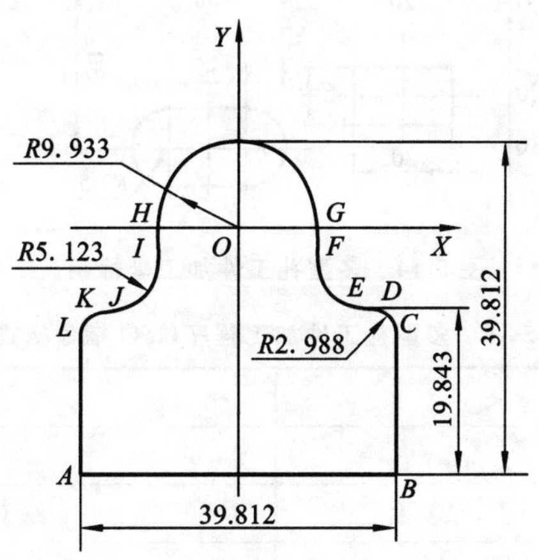


图 5-42 型孔工件加工坐标系

## 5.3.3 多型孔工件的加工与编程

多型孔工件的加工图样如图 5-43 所示。

加工时采用直径为 0.12 mm 的钼丝为电极丝，单边放电间隙为 0.01 mm。穿丝孔位于型孔的几何中心，图中尺寸为平均尺寸。偏移量为 0.12/2 mm+0.01 mm=0.07 mm。建立图 5-44 所示的多型孔工件加工坐标系，其加工程序见表 5-10。

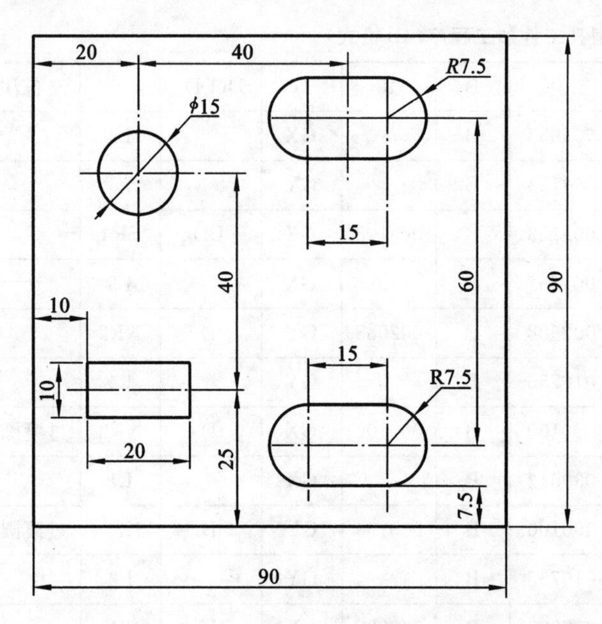

图 5-43　多型孔工件加工图样

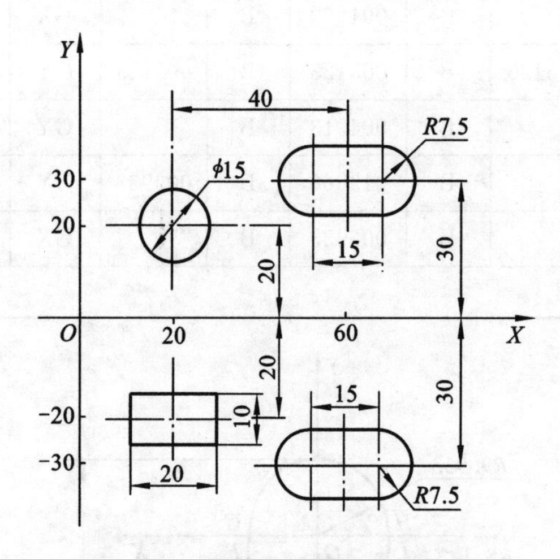


图 5-44　多型孔工件加工坐标系

表 5-10　多型孔工件加工程序(ISO 指令格式)

| 程　　序 | 说　　明 |
| --- | --- |
| AM2； | 主程序名 |
| G90 G54； | 绝对坐标,坐标系 1 |
| G92 X0 Y0； | |
| G00 X20000 Y20000； | |
| M00； | 程序暂停,装钼丝 |
| M96 C:ZCX1.； | 调用 C 盘文件,ZCX1 为加工孔 ϕ15 mm 子程序 |
| M00； | 暂停(拆钼丝) |
| G54； | |
| G00 X60000 Y30000； | |

续表

| 程　　序 | 说　　明 |
| --- | --- |
| M00； | 装钼丝 |
| M96 C:ZCX2.； | |
| M00； | 拆钼丝 |
| G54； | |
| G00 X60000 Y－30000； | |
| M00； | 装钼丝 |
| M96 C:ZCX2.； | |
| M00； | 拆钼丝 |
| G54； | |
| G00 X20000 Y－20000； | |
| M00； | 装钼丝 |
| M96 C:ZCX3.； | |
| M97； | |
| M02； | |
| | |
| ZCX1； | 子程序 1 |
| G55 G92 X0 Y0； | 坐标系 2，如图 5-45(a)所示 |
| G42 D70； | |
| G01 X7500 Y0； | |
| G02 X7500 Y0 I－7500 J0； | |
| G40； | |
| G01 X0 Y0； | |
| M02； | |
| | |
| ZCX2； | 子程序 3 |
| G56 G92 X0 Y0； | 坐标系 2，如图 5-45(b)所示 |
| G42 D70； | |
| G01 X7500 Y7500； | |
| G02 X7500 Y－7500 I0 J－7500； | |
| G01 X－7500 Y－7500； | |
| G02 X－7500 Y7500 I0 J－7500； | |
| G01 X7500 Y7500； | |
| G40； | |
| G01 X0 Y0； | |
| M02； | |

续表

| 程　序 | 说　明 |
|---|---|
| | |
| ZCX3; | 子程序 3 |
| G57 G92 X0 Y0; | 坐标系 4,如图 5-45(c)所示 |
| G41 D70; | |
| G01 X0 Y5000; | |
| G01 X−10000 Y5000; | |
| G01 X10000 Y−5000; | |
| G01 X10000 Y5000; | |
| G01 X0 Y5000; | |
| G40; | |
| G01 X0 Y0; | |
| M02; | |

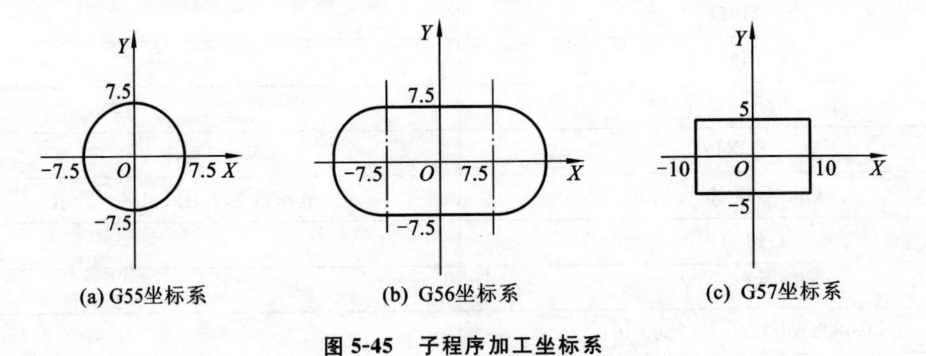


图 5-45　子程序加工坐标系

# 参考文献 CANKAOWENXIAN


[1] 王兵.好数控车工是怎样炼成的[M].北京:化学工业出版社,2016.

[2] 王兵.数控加工工艺与编程实例[M].北京:电子工业出版社,2016.

[3] 周晓宏.线切割机床及数控冲床操作与编程培训教程[M].北京:中国劳动社会保障出版社,2006.

[4] 刘立,丁辉.数控编程[M].2版.北京:北京理工大学出版社,2012.

[5] 尹明.数控编程及加工实践[M].北京:清华大学出版社,2013.

[6] 吕宜忠.数控编程与操作[M].北京:机械工业出版社,2013.

[7] 陶维利.数控铣削编程与加工[M].北京:机械工业出版社,2010.

[8] 朱明松.数控车床编程与操作项目教程[M].北京:机械工业出版社,2009.

[9] 李桂云.数控编程及加工技术[M].大连:大连理工大学出版社,2014.